作者简介

崔 浩 男，1963年生，河南省鹿邑县人。浙江大学马克思主义学院副教授，政治学博士、法学博士，硕士研究生导师。主要从事马克思主义理论、政治学理论、行政法等学科领域的教学与研究工作。已经出版著作教材共12部，发表学术论文40余篇，主持省部级课题和其它课题共20余项。

中国书籍·学术之星文库

环境保护公众参与理论与实践研究

崔 浩◎著

中国书籍出版社
China Book Press

图书在版编目（CIP）数据

环境保护公众参与理论与实践研究/崔浩著.
—北京：中国书籍出版社，2016.5
ISBN 978-7-5068-5592-1

Ⅰ.①环… Ⅱ.①崔… Ⅲ.①环境保护—公民—参与管理—研究—中国 Ⅳ.①X-12

中国版本图书馆 CIP 数据核字（2016）第 110053 号

环境保护公众参与理论与实践研究

崔 浩 著

责任编辑	李雯璐
责任印制	孙马飞　马　芝
封面设计	中联华文
出版发行	中国书籍出版社
地　　址	北京市丰台区三路居路 97 号（邮编：100073）
电　　话	（010）52257143（总编室）　　（010）52257153（发行部）
电子邮箱	chinabp@ vip. sina. com
经　　销	全国新华书店
印　　刷	北京彩虹伟业印刷有限公司
开　　本	710 毫米×1000 毫米　1/16
字　　数	278 千字
印　　张	15.5
版　　次	2017 年 1 月第 1 版　2017 年 1 月第 1 次印刷
书　　号	ISBN 978-7-5068-5592-1
定　　价	68.00 元

版权所有　翻印必究

前　言

公众参与是公众在社会公共领域的参与活动。公众参与以民主理论为基础，是在反思批评选举制度和为弥补选举制度的不足而逐步产生发展起来的，是对极权主义政治运动和福利国家增长模式的制度回应。扩大公众参与、使社会公众在参与公共事务治理和公共决策过程中得到直接的民主体验和锻炼，既是公众参与的重要内容和目的，也是对始于 20 世纪 80 年代西方国家以期在公共管理模式转变过程中实现"政府再造"的外部条件与动力。公众参与在某种程度上表达了民主制与官僚制之间的紧张关系，是对官僚制出现背离公共责任倾向并引发"公共性"行政危机的纾解。建设高效透明的服务型政府，假若没有公众有效的参与治理和政府对社会公众需求的不断满足，假若失去公众在重构公共物品供给主体过程中的公共性与民主性支持，公共治理难以达到其理想的目的，必将遮蔽民主制度的品格。

中国社会正处在深刻转型的历史时期，在由封闭走向开放、由无序走向法治的历史进程中，各种矛盾与问题交织冲突。社会阶层结构发生了重大变化，形成了复杂的社会阶层、多元的利益结构、多样的权利诉求。强调社会治理的公共性、追求社会公平正义、保障公众公共参与权利，让公众在参与过程中获得社会治理的直接体验并塑造其公共品格，无疑是形成社会团结、化解社会矛盾的强力剂。

中国共产党在十六大、十七大报告中特别强调，公众参与是发展社会主义民主的重要形式与途径，明确提出"从各个层次、各个领域扩大公民有序政治参与，最广泛地动员和组织人民依法管理国家事务和社会事务、管理经济和文化事业"，明确提出要"保障人民的知情权、参与权、表达权、监督权"，这无疑是以公众参与为核心的具有中国特色的参与式民主理论与制度的创新，也是有序扩大公民政治参与的政治依据。然而，当下中国公民的参与领域和参与活动多是与个体经济利益直接相关，参与行为表现为自下而上的利益诉求和利益表达、参与水平和参与层次不高、参与能力不强，与民主形式的公众有序参与相距甚远。公众参与比较普遍的领域和事项主要集中在农村基层治理和城市社区治理、环境保护、与个体利益直接相关的城市规划和城市建设、基层公共预算以及其他公共事业管理领域。

环境保护公众参与是环境保护民主原则的具体体现，是鼓励和保障公众积极参与环境决策与管理，对政府环境行为进行评价和监督，为实现公共环境利益而直接进行的有关环境保护活动。环境保护是公众最早参与的领域，相关法律法规对公众参与环境保护、环境规划和环境评价等有明确的规定，各级环保行政部门大力支持公众参与环境保护，在环境保护领域公众关注面广、参与程度深、参与组织化水平高、参与效果比较显著。

2014年4月24日，十二届全国人大常委会第八次会议修订了《中华人民共和国环境保护法》，自2015年1月1日起施行。新修订的《环境保护法》更加重视环保公众参与问题，明确把公众参与作为环境保护必须坚持的一项重要原则，在该法第五章专门规定"信息公开和公众参与"问题，从而有力保障了公民、法人和其他组织获取环境信息、参与和监督环境保护权利的实现，有利于促进社会公众参与和监督环境保护，提高参与环境保护的实效。

本书以环境保护领域的公众参与行为作为研究对象，从环境法制视角系统研究环境保护公众参与行为，研究公众参与行为理论、环境保护公众参与制度供给和具体参与实践，对环境立法、环境决策、环境执法等过程中的公众参与活动进行专门研究。

本书共九章，研究了三个方面的问题：

第一，基本理论研究。第一章至第三章研究了环境保护公众参与的基本理论问题，梳理公众参与理论，阐述环境保护公众参与的功能意义、价值与目标，探讨公众环境参与权利。

第二，具体参与行为研究。第四章至第八章对我国环境保护具体领域与环节的公众参与行为进行研究，分别研究了环境立法过程中的公众参与、环境决策过程中的公众参与、环境执法过程中的公众参与和环境公益诉讼等问题。

第三，域外经验借鉴。第九章研究了发达国家环境保护公众参与问题。

本书是对环境保护领域公众参与问题的初步探讨，不足之处在所难免，恳请读者赐教。在研究过程中，参阅了国内外学者对公众参与问题的有关研究成果，在此一并表示谢意。

作者
2016年6月6日

目 录
CONTENTS

前 言 ………………………………………………………………… 1

第一章　环境保护公众参与行为 …………………………………… 1
第一节　公众参与的涵义与相关概念 …………………………… 1
第二节　公众参与行为解析 ……………………………………… 8
第三节　环境保护中的公众参与 ………………………………… 23

第二章　环境保护公众参与的价值与目标 ………………………… 31
第一节　从人类中心主义到和谐环境价值观的演变 …………… 31
第二节　环境治理的市场"失灵"与政府"失灵" ………………… 39
第三节　公众环境利益与环境公平 ……………………………… 45
第四节　社会环境秩序和公众环境自由 ………………………… 52

第三章　公众环境参与权利 ………………………………………… 57
第一节　公众环境参与权的产生及理论基础 …………………… 57
第二节　公众环境参与权利的构成及其性质 …………………… 67
第三节　公众环境参与权利保障 ………………………………… 77

第四章　中国环境保护公众参与概况 ……………………………… 90
第一节　中国环境保护公众参与的发展过程 …………………… 90
第二节　中国环境保护公众参与范围与途径 …………………… 99
第三节　中国环境保护公众参与存在的主要问题 ……………… 103

第五章 环境立法公众参与 ……………………………………… 109
第一节 环境立法公众参与概述 ……………………………… 109
第二节 中国环境立法公众参与的主要制度 ………………… 115
第三节 完善中国环境立法公众参与制度 …………………… 123

第六章 环境决策公众参与 ……………………………………… 127
第一节 环境影响评价中的公众参与 ………………………… 128
第二节 环境规划中的公众参与 ……………………………… 136
第三节 环境行政许可中的公众参与 ………………………… 142

第七章 环境执法公众参与 ……………………………………… 148
第一节 环境执法公众参与概述 ……………………………… 148
第二节 环境执法公众参与依据与参与形式 ………………… 150
第三节 加强环境执法公众参与的对策 ……………………… 162

第八章 环境公益诉讼与公众参与 ……………………………… 165
第一节 环境公益诉讼制度 …………………………………… 165
第二节 我国环境公益诉讼的探索实践 ……………………… 173
第三节 完善环境公益诉讼制度 ……………………………… 176

第九章 发达国家环境保护公众参与 …………………………… 180
第一节 发达国家环境保护公众参与状况 …………………… 180
第二节 发达国家环境法律中关于公众参与的规定 ………… 184
第三节 发达国家环境保护公众参与的主要内容 …………… 188
第四节 发达国家环境保护公众参与的主要途径 …………… 208
第五节 发达国家环境保护公众参与的主要经验 …………… 213

附：中国环境法律法规中关于公众参与的有关规定 ……………… 217

参考文献 …………………………………………………………… 232

后　记 ……………………………………………………………… 237

第一章　环境保护公众参与行为

环境保护公众参与是公众参与社会公共活动和公共事务的一个重要领域，本章在全面分析公众参与行为的基础上，区分政治参与、行政参与与社会参与，阐述环境保护公众参与的功能意义。

第一节　公众参与的涵义与相关概念

当今，人们在不同的语义场景中广泛使用着公众参与这一概念，但在学术界至今并没有形成关于"公众参与"的普遍认可的统一定义。英语中 Public Participation、Citizen Participation、Involvement、Engagement 等词汇都含有公众参与的意思，其中，Public Participation 一词最为常用。[①] 国内外学者在深入研究公众各种参与活动的基础上，形成了基于不同参与活动特点的定义。

一、国外学者和国际组织对公众参与的解释

世界银行认为参与是一个过程，通过这一过程利益相关者（Stakeholders）可以共同影响并控制发展的导向、决策权和他们所控制的资源。[②] 拉美经济委员会指出参与是人们对国家发展的一些公众项目的自愿贡献，但他们不参加项目的总体设计或者不批评项目本身的内容。[③] 斯凯夫顿报告（Skeffington

---

[①] 蔡定剑教授认为，Citizen Participation 直译是公众参与，Public Participation 直译是公共参与，Involvement 强调参与的过程，民众能够实质性地参与其中，Engagement 意味着在效果上给予民众一个真实的机会让人们对影响到自身的发展规划或建议发表意见。用"公共参与"只强调参与是个公共过程，而没有参与的主体；用"公民参与"显然不能概括参与的主体，参与的不仅是公民，而应是所有的居民。所以，统一用"公众参与"比较准确，突出了参与的主体是公众，而不是没有"人"的参与。参见蔡定剑主编《公众参与：风险社会的制度建设》，法律出版社 2009 年版，第 5 页。
[②] 国家环境保护局编：《世界银行技术文件（第 139 号）（环境评价资料汇编）》，1993 年。
[③] Edwards M., *The irrelevance of development studies in Third World Quarterly*. 1984, June.

Report）认为公众参与是指公众和政府共同制定政策和议案的行为。参与涉及发表言论及实施行动，只有在公众能够积极参加制定规划的整个过程之时，才会有充分的参与。①

Amstein 认为公众参与是公众的一种权利。参与是权力的再分配，通过这种再分配，那些被排除在现有的政治和经济政策形成过程之外的无权民众，能够被认真地囊括进（社会）来。② Glass 认为公众参与是一个可供民众参与政府的决策规划过程的机会。③ Esman 认为公众参与是对产生利益的活动进行选择之前的介入。④

Smith 认为公众参与是指任何相关的民众（个人或团体）所采取的以影响政府决策、计划或政策的行动。⑤ Langton 认为公众参与是指公民（citizen）有目的地参与和政府管理相关的一系列活动。⑥ Cahn 和 Passeff 认为市民参与是对权力的再分配，目的是将目前处于政治经济过程外围的穷人能够在将来被吸纳到权力束中。⑦ Swell 和 Coppock 认为公众参与是通过一系列正规及非正规的机制直接使公众介入决策。⑧ Pearse 和 Stiefel 认为，公众参与是人们在给定的社会背景下为了增加对资源及管理部门的控制而进行的有计划、有组织的努力，他们曾经是被排除在公共资源及管理部门控制之外的群体。⑨

二、国内学者对公众参与的解释

国内有学者从最广义的角度对公众参与做了普遍性定义，认为公民参与

---

① Ministry of Housing and Local Government, *people and planning* (Skeffington Report), Her Maiestry's office (1969).
② Amstein, S. R., *A Ladder of Citizen Participation*, Journal of American Institute of Planners, Vol. 35, No. 4 (1969).
③ Glass, O. J, Citizen., Participation in Panning: The Relationship between Objections and Techniques, *Journal of American Institute of Planners*, Vol. 45, No. 2 (1979).
④ Uphoff, Esman (1990), In "*Reader of Participation*" (1992), SPRING Center, University of Gennany.
⑤ Smith, L. G., Public Participation in Policy Making: The State-of-the-Art in Canada, *Geoforum*, Vol5, No. 2 (1984).
⑥ Langton, S., "What is Citizen Participation" in Stuart Langton ed. *Citizen Participation in American*, Lexington Books (1978), p. 13.
⑦ Cabin, Passeff, Chambers Robert. *Challenging the professions: Frontiers for Rural Development*. Intermediate Technology Publications. 1993.
⑧ Swell, Coppock, Chambers Robert. Participatory Rural Development: analysis of experience. *World Evelopment*. 1994, 22 (9).
⑨ Friedmann J. Empowerment: *The Polities of Alternative Development*, MA. Blackwell, Cambridge. 1992.

可以称为公共参与、公众参与,是公民试图影响公共政策和公共生活的一切活动。公民参与由参与主体、参与领域和参与渠道三个基本要素构成。[①] 有学者认为公众参与是指具有共同利益、兴趣的社会群体对政府的涉及公共利益事务决策的介入,或提出意见与建议的活动。公众参与包括参与主体、参与对象、参与方式三个要素。[②]

有学者从民主制度建设的角度对公众参与进行了界定,认为作为一种制度化的公众参与民主制度,公众参与是指公共权力在进行立法、制定公共政策、决定公共事务或进行公共治理时,由公共权力机构通过开放的途径从公众和利害相关的个人或组织获取信息、听取意见,并通过反馈互动对公共决策和治理行为产生影响的各种行为。它是公众通过直接与政府或其他公共机构互动的方式决定公共事务和参与公共治理的过程。公众参与所强调的是决策者与受决策影响的利益相关人双向沟通和协商对话,遵循"公开、互动、包容性、尊重民意"等基本原则。[③]

有学者从公法领域专门研究行政过程中的公众参与行为,认为公众参与是在行政立法和决策过程中,政府相关主体通过允许、鼓励利害相关人和一般社会公众,就立法和决策所涉及的与其利益相关或者涉及公共利益的重大问题,以提供信息、表达意见、发表评论、阐述利益诉求等方式参与立法和决策过程,并进而提升行政立法和决策公正性、正当性和合理性的一系列制度和机制。[④] 有学者认为公众参与指的是行政主体之外的个人和组织对行政过程产生影响的一系列行为的总和。[⑤] 有学者认为参与行政是公民在行政过程中所实施的影响行政主体形成行政行为的各种活动总称。[⑥]

有学者对城市规划中的公众参与行为进行了界定,认为公众参与是市民的一项基本权利,在城市规划过程中必须让广大市民尤其是受到规划内容影响的市民参加规划的讨论和编制,规划部门必须听取各种意见并且要将这些意见尽可能反映到规划决策之中。[⑦] 有学者认为城市规划过程中的公众参与是

---

① 贾西津主编:《中国公民参与:案例与模式》,社会科学文献出版社2008年版,第1~2页。
② 李艳芳:《公众参与环境影响评价制度研究》,中国人民大学出版社2004年版,第16页。
③ 蔡定剑主编:《公众参与:风险社会的制度建设》,法律出版社2009年版,第6页。
④ 王锡锌主编:《行政过程中公众参与的制度实践》,中国法制出版社2008年版,第2页。
⑤ 江必新、李春燕:《公众参与趋势对行政法和行政法学提出挑战》,载《中国法学》2005年第6期。
⑥ 方洁:《参与行政的意义——对行政程序内核的法理解析》,载《行政法学研究》2001年第1期。
⑦ 孙施文:《现代城市规划理论》,中国建筑工业出版社2007年版,第462页。

指那些具有开放性的、公众可以介入其中并能对规划决策有所影响的一系列程序的总称。①

有学者对公共管理中的公众参与行为进行了一般界定，认为公众参与就是各利益群体通过一定的社会机制，使更广泛意义上的公众尤其是弱势群体能够真正介入到决策制定的整个过程中，实现资源公平、合理配置和有效管理。②

三、公众参与的相关概念

由于公众参与行为的多样性和参与领域的广泛性，从某一具体参与领域来界定公众参与概念难以形成普遍认同的定义。全面理解公众参与的涵义，必须对与之密切相关的政治参与、行政参与、社会参与等概念进行区别。

（一）政治参与

政治参与概念是在第二次世界大战之后西方学者首先开始使用的，对政治参与问题的研究是从研究选举行为发展而来的。随着政治社会学的兴起，政治参与问题的研究范围不断拓展，对政治参与涵义的理解不断深入。学者们普遍认为"政治参与是普通公民通过各种合法方式参加政治生活并影响政治体系的构成、运行方式、运行规则和政策过程的行为"。③ 政治参与是现代公民的一项重要政治行为和政治权利，公民政治参与活动是现代国家政治生活的重要组成部分。"政治参与问题的核心与实质是公民的政治权利尊重、保障和救济问题，即所有应获得平等的政治权利，即平等的被选举权，立法、行政和司法参与权和监督权。"④ 公民政治参与是与民主制度的发展联系在一起的，政治参与是政治民主的重要体现，反映着公民在社会政治生活中的地位、作用和选择范围。

政治参与是普通公民参与政治的活动，政治参与的主体是普通公民，不包括政府官员以及职业政治活动家的活动。由于政治参与者的政治活动是业余性质的、非连续的，因而，政治参与者不包括政府公职人员、政党骨干、政治候选人以及专门从事院外游说活动的人。公民不仅可以作为单独的个人参与政治活动，如参加选举投票，而且还可以组成各种形式的利益团体、非政府组织甚至政党来实现政治参与的权利。公民的制度化政治参与只限于以

---

① 陈振宇：《城市规划中的公众参与程序研究》，法律出版社2009年版，第005页。
② 王凤：《公众参与环保行为机理研究》，中国环境科学出版社2008年版，第35页。
③ 王浦劬主编：《政治学基础》，北京大学出版社1995年版，第207页。
④ 王维国：《公民有序政治参与的途径》，人民出版社2007年版，第16页。

合法手段影响政府的活动，诸如政治选举、投票、抗议、游行示威等，暴动甚至叛乱等不属于政治参与的形式。政治参与是体制内的非暴力行为，与大规模的体制外暴力行为不同，政治参与的目的在于积极影响政府构成和政府特定政策的行为，而非推翻政府的行为。公民政治参与不只是囿于政府决策，而是包括所有直接或间接同政府活动相关的公共政治生活。公民政治参与的形式与途径多种多样，主要形式与途径有政治投票、政治选举、政治结社、游行集会，等等，在我国还有公民投书信访、与政府官员直接对话等形式。

政治参与是公民沟通政治意愿、制约政府行为，实现公民政治权利的重要手段。公民通过政治参与表达自己的政治意愿，对政府政策产生直接或间接影响，政府政策以民意为基础，是一个政治系统稳定运行的重要保证。

（二）行政参与

公民政治参与是弥补代议制民主的缺陷、推进民主向更广范围和更深层次发展、实现由代议制民主向参与式民主转变的必然途径和重要助推力量。而行政参与则"是弥补由于行政权的膨胀和管制的加强而造成的'民主赤字'所必需的"。为了弥补行政权的膨胀对公民民主权利挤压所造成的"民主赤字"，"必须将民主的理念引入行政管理体系"。[①] 因此，行政参与不是公民通过代议机关的参与，而是直接参与公共行政活动。

行政参与与公民政治参与二者有着直接联系。行政作为整体上统一实施公共政策的国家管理活动，它不仅受政治的影响与控制，而且行政在执行国家意志的同时也在一定程度上表达着国家意志。行政机关在行使行政权的同时，还行使一部分实质意义上的立法和司法权能，如行政立法、行政裁决等，因而，从某种意义上看，公民的行政参与就是一种广义上的政治参与。然而，政治参与并非都是行政参与，除了行政参与之外，还包括宪政上的参与和政党事务的参与。政治参与是代议民主制度下的公民间接参与，行政参与是公民在法律上的直接参与。政治参与作为一种宪政参与，它可以成为行政法律关系中当事人双方沟通机制的基础性制度设置，以保障当事人为了自己独立的权利和义务而直接参与行政管理活动。

公民行政参与行为的广泛出现并得到法律的保障是在20世纪五六十年代，随着政府服务意识和合作精神的出现以及各国行政程序法的制定，公民行政参与才有了新的政治空间和法律保障，相对人开始由行政管理的客体逐步成为行政的参与者。对行政参与问题集中进行研究的学科是行政法学。在

[①] 江必新：《行政法制的基本类型》，北京大学出版社2005年版，第224页。

行政法学中，行政的参与者被称为"行政相对人"，是指在行政法律关系中与行政机关相对一方的公民、法人和其他组织。行政相对人的参政权利是参加国家行政管理的权利，是相对人依法以各种形式和渠道参与决定、影响或帮助行政权力依法有效行使的权利。因而，行政参与权"是相对人基于行政法主体的地位，在行政主体为其设定权利义务时参与意思表示，从而形成、变更和消灭行政法律关系的权利，是一种个人参与权、直接参与权和法律上的参与权"。① 行政相对人的参政权利包括批评建议权、控告检举权、协助公务权、知情权等，这些权利在行政立法、行政决策、行政规划、行政征收征用、行政许可、行政处罚等具体行政管理活动中都有体现。

（三）社会参与

社会参与是公众在社会公共领域的参与活动，是公众对社会事务的管理。近代资本主义市场经济的发展，使政治国家与市民社会产生了相对的真正分离，在国家与家庭、政府与企业之间形成了自治的社会公共领域。这一领域具有非官方性、自主性和组织的自愿性，公众通过自我管理实现公民社会的结构整合和秩序优化。社会公共领域是公众社会参与的空间，社会公共利益是公众参与的动机，公共理性是公众参与的前提基础。伴随公民社会的逐步成长，公民参与的范围逐渐从国家的正式领域扩大到社会的非正式领域。

"公民社会就其一般意义而言是指社会中各个个人私人利益关系的总和……公民社会的显著特征在于它是相对于政府而言的非官方的社会结构和过程，诸如各种民间组织机构、非政府机构、中介组织、社会运动等均属于市民社会的范围。"② 因此，社会参与的主体是与社会公共利益相涉并积极反映自己利益诉求的公民和各种民间组织机构、非政府机构、中介组织。社会参与的领域是社会公共事务的管理领域，公众通过参与具体社会建设活动实现参与意义，包括参与社区和村落的治理、涉及个体生活的行政决定和决策过程，以及在基本民生建设（包括劳动就业、收入分配、住房、社会保障、教育和公共医疗卫生等）、社会秩序与安全建设、现代社会管理等建设活动中的参与。

"'社会参与'是构建和谐社会的主要途径，是公众参与的题中应有之义。"③ 在社会转型期，中国社会从同质的单一性社会结构向异质的多样性社

---

① 叶必丰：《行政法的人文精神》，北京大学出版社2004年版，第157~158页。
② 俞可平：《增量民主与善治》，社会科学文献出版社2003年版，第196页。
③ 王锡锌主编：《公众参与和中国新公共运动的兴起》，中国法制出版社2008年版，第70页。

会结构转变，多种经济成分并存、个人收入分配方式多样、社会组织形式复杂、社会利益结构多元，社会结构和利益的分化引致群体性甚至阶层性的利益矛盾和冲突，并对社会稳定产生了冲击。因而，通过有序的广泛政治参与实现利益表达、协调利益冲突和矛盾，不仅是和谐社会建设的需要，也是公众参与的一个基础性条件。① 另一方面，社会结构的变迁、公众主体意识的觉醒、社会对公共生活"公共性"的需求等因素推动着公众参与的兴起。因而，通过社会参与推进社会建设，通过社会组织的发展实现社会参与的模式化、组织化、规范化和制度化，有助于有效形成多方互动的社会管理格局。

（四）公共参与

在不同领域，公众参与的内容和参与方式是不同的。依据参与内容和方式，公众参与可以分为政治参与、行政参与、社会参与、公共参与、基层治理参与，等等。政治、行政、社会是公众参与的主要领域空间，也是公众参与的主要事项，参与主体在不同领域的参与活动形成了政治参与、行政参与和社会参与。尽管公众在政治、行政、社会等领域的参与内容不完全相同，但其参与活动都具有公共性特征。在公共行政层面，公众参与意味着参与者的意愿要对公共行政权力的行使产生影响或帮助，以约束行政权力依法有效行使、保障公共利益能够实现；在政治层面，"公众参与意味着影响和改变公共行为的运作模式——决策由权力机构主导演变为公众参与，政府与社会互动、协商的过程"。② 社会参与者是以追求社会公共利益为目标，参与社会公共事务管理和参与解决社会共同面临的问题，如环境问题、人口问题、贫困问题、能源问题等，以期在社会利益的权威分配中维护自己的正当利益。因而，政治参与、行政参与和社会参与在实质意义上可以用公众公共参与来概括。

（五）公众参与不同于政治参与、行政参与

虽然公众参与、政治参与、行政参与和社会参与在内涵上都涉及"参与"，但它们的外延并不等同。公众参与比政治参与、行政参与和社会参与具有更广的外延，公众参与是从参与主体来界定的，政治参与、行政参与和社会参与是从参与领域来界定的，政治参与、行政参与和社会参与是公众这一参与主体在政治、行政和社会等领域的具体参与活动。

公众参与不同于政治参与。第一，公众参与不包括选举活动。公民参加

---

① 魏星河等：《当代中国公民有序政治参与研究》，人民出版社2007年版，第115页。
② 蔡定剑主编：《公众参与：风险社会的制度建设》，法律出版社2009年版，第8页。

选举是代议制民主的典型活动形式，公民参加选举投票或者参加竞选当然是政治参与，但不是规范意义上的公众参与。公众参与作为一种新生的民主制度，是在反思批评选举制度和为弥补选举制度的不足而产生发展起来的。参与式民主包括公共讨论、参与预算、协商、会议等诸多方式，使公民得以参与到公共决定的过程中来。这里不包括对公共代表的挑选，这些方式不同于通常的选举参与形式。因而，参与式民主是代议制民主的一种重要补充形式的民主制度，它不包括更不能取代以选举为核心的代议制民主本身。第二，公众参与不包括"街头行动"。公众参与是一种制度化的民主制度，公众参与的核心是政府与公众的互动，它强调政府公开有诚意地听取并吸纳公众意见，公众能够参与决策和治理活动。公众参与不包括游行、示威、罢工等街头行动，街头行动只是一种意见表达，不是政府与公众的互动决策和治理的过程，这种意见表达与公众参与是不同的。[①]

公众参与不同于行政参与。在公共行政领域，公众参与意指在公共权力行使过程中，行政机关听取利益相关人意见的程序和机制，利益相关人依法参与行政管理活动、影响或帮助行政权力依法有效行使的过程。公众的行政参与无疑是约束公共行政权力的外在力量，对行政权力的正当行使起着保障和制约作用。然而，公众参与并不等于行政参与。第一，除非正式外部行政关系中参与主体不确定之外，行政参与主体在大部分情况下是处在特定行政法律关系中的一方当事人，其参与权利是程序性权利，其参与权利、参与方式和步骤等受法律保护；而公众参与的主体资格取得是不确定的，在很多情况下参与者的数量不固定，参与者不受身份、职业等因素的限制，一些公众参与行为无法构成法律关系，不能成为法律事实行为。第二，当事人正当行政参与权利若无法实现，可以通过行政复议或行政诉讼等手段进行救济，而公众参与行为由于无法进入行政法律关系之中，其参与行为及其结果均不能通过行政复议或行政诉讼等手段进行救济。

第二节 公众参与行为解析

公众参与是社会公众在公共领域的参与活动。公众参与行为具有不同于政府决策行为的基本特征，公众参与行为由参与主体、参与对象、参与领域、参与形式与途径、参与方式与手段等内容构成。

[①] 蔡定剑主编：《公众参与：风险社会的制度建设》，法律出版社2009年版，第6~7页。

一、公众参与行为的基本特征

"参与"仅就词义而言是一种由外向内的涉入、介入，参与行为本身不是"做决定"，而只是对"做决定"会有影响。参与行为是一种事实行为，不是主体的主观意思表示行为，是在合理目的支配下以事实效果为目的的主动行为。公众参与是公众利益表达和利益实现的一种方式，具有明确的目的性，公众参与活动是为了实现某种结果。公众参与活动是一种合法活动，参与行为是一种合法行为，参与方式和手段必须为国家法律所认可。公众参与行为不是决策行为，也不是决策主体的内部行为。但是，公众参与行为与公共领域密切相关，是参与公共事务和公共领域的活动。最普遍的参与是政治参与、行政参与和社会公共事务参与。因而，公众参与行为具有以下基本特征：

目的性。参与行为是一种参与者有明确目的的行为，目的性是参与行为的最一般特征。公众参与某一活动是因为这一活动与其利益直接或间接相关，参与就是为了表达和实现自己的利益。

工具性。参与作为公众促进或捍卫其利益的一种手段，通过参与公共事务来实现其参与目的，在参与过程中参与的目的性转化为工具性。

互动性。公众参与双方的互动是参与的核心环节。参与是公众与决策者、管理者、公共机构等的互动过程，公众通过参与具体事务或具体活动与决策者进行交流、沟通和协商对话，表达自己的意见和愿望；决策者听取、考虑、尊重、接受（或不接受）公众的意愿，与公众之间达成"协议"并形成参与结果。因而，参与行为是参与双方的互动行为，只有单方行动而没有互动过程的行为不能称为公众参与。公众参与是公众通过直接与政府或其他公共机构以互动的方式决定公共事务和参与公共治理的过程。

自愿性。公众参与行为必须是自愿的，只有自愿参与，才是真正的参与。参与的自愿性是指公众主动参与公共事务和公共活动，通过积极参与来有效影响政府公共政策和决策过程，自愿性是公众参与真实性和有效性的前提和基础。

二、公众参与主体

参与主体是参与行为的表现者和参与活动的实现者，是指谁有权参与和有能力参与。公众参与的主体当然是"公众"，但通常所说的"公众"只是一个笼统的日常术语，而不是准确的法律概念。社会主体中到底有哪些"公众"受到法律的支持，能够以制度形式参与公共事务，归根结底要看法律的具体规定。从我国现行法律规定来看，法律所涉及的"公众"范围较广，包括：公民个人、专家、法人、其他组织、社会组织、社会团体、单位、行业协会、中介机构、学会、消费者等。由于公众参与领域的广泛性，参与主体具有多样性，在不同领域中对参与主体的表述也不相同，如政治领域的公民参与、群众参与、政党参与；公共行政领域的相对人参与；社会公共治理领域的公众参与、民间组织参与等。下面对公民、公众、居民、专家、社会团体等参与主体的特定内涵进行界定，以避免不加区分地使用这些概念。

1. 公民

公民参与概念中所指的"公民"是一切非政府的公民个体或公民团体行为者。就公民个人而言，现代社会中的公民有明确的法律界定，是指具有一国国籍、根据该国宪法和法律规定享有权利和承担义务、并受该国法律约束和保护的自然人。公民首先是一种法权身份，一个人只有拥有并能自由行使宪法赋予他的全部权利时，他才具有公民权。公民享有的权利根本上是政治权利，公民与其政治权利是紧密地联系在一起的。公民政治权利表明公民个人作为政治行为的主体得以自主地参与公共事务，所以，公民必须同时具有法律及政治意义，是在法律地位上平等的个人。

在西方，"公民"一词最早出现在古希腊雅典的城邦中，当时公民仅仅是指在法律上享有特权的小部分自由民公民，而不是现代意义上的公民。现代"公民"是近代资产阶级革命的产物，随着"自由、平等、权利、契约"等观念的形成与发展，公民范围逐渐扩大。现代公民的产生与成长是公民主动行使政治权利与多数人通过"社会契约"在法律上追求人人平等的结果。在我国，很长一段时期内公民的称谓被"人民"代替，尽管"人民"与"公民"的含义基本一致，但在行使公民权利和履行公民义务上有一定条件规定，如被依法剥夺了政治权利的自然人就不属于人民的范畴，但仍然是我国的公民。因而，属于人民范围的人一定是公民，而享有公民权利和履行公民义务的人不一定完全属于人民的范畴。公民是描述国家与社会权利分配时的概念，是法律概念在政治学中的运用。在现实政治生活中，可以找到人民的代表而不能找到人民的个体，而公民这一概念既可以是整体概念，也可以从个体上进行运用。公民参与的主要目的是为了实现政治权利，公民参与在实质上就是政治参与。公民参与是公民自愿地通过各种合法方式参与政治生活的行为，公民参与的范围包括建立在个体认同社会公共利益基础上试图影响公平分配资源的活动和以保障本身权利为目的试图影响权利分配的行动，公民参与的内容包括参与政治生活、影响政治决定、分享公共政策制定过程等。

2. 公众

公众参与的主体是公众，就一般意义而言，"公众"是一个国家、社会或地区中基于共同利益、或共同兴趣、或关注某些共同问题的社会大众或群体。"公众"有狭义与广义之分，狭义的公众是指普通大众，广义的公众包括社会团体、企业、社会组织和个人。尽管"公众"不是一个规范的学科概念，但是，在一些关涉到一定区域的全体社会成员的共同利益的问题上，公众往往又是被作为一个确定的群体来看待。公众是一个外延较为广泛的概念，大致包括个人、企业、非政府组织等"社会主体"，是与以政府为代表的"公"主体相区别而言的。

尽管公民是公众的最基本的构成部分，但公众概念并不等同于公民概念，尤其是环境保护、社区治理等公共活动中的"公众"还包括并不具有公民资格的人群，如外国人、无国籍人，也包括企业和其他社会组织。"公众"概念外延的不确定性，为研究社会参与、基层参与等内容广泛的公共活动时以"公众"作为参与主体进行限定来准确地表达这些活动的涵义和特征提供了便利。但是，由于具体公共事务内容的差异，在具体参与领域"公众"的内涵不完全相同，人们在使用公众概念时通常是指公众中的一部分人或者组织。例如，在环境保护领域，有时也常把大企业等经济力量优势者作为与公众相对的另一方，原因在于环境事务中的公众概念更加强调利益的被动性、受侵害性和力量弱小性。因而，越来越多的环境法律文件开始使用公众概念。[①] 同时，由于环境决策和环境事务管理的特殊性，只有使用公众这一概念才能准确表述环境法律所关注问题的目标和范围。再如，社区基层治理活动中的参与主体——"公众"就具体化为主要是村民和居民。村民和居民是社会的基本成员，村民参与村民自治组织中各项事务，居民参与城镇社区治理中的各项活动，他们愿意以个人身份参与社区治理活动而成为社会参与的基本主体。

3. 居民

居民是公众参与的重要主体，在某种程度上可以说是最重要的主体。但要注意的是，能够参与特定公共决策的"居民"范围是有条件的，即必

---

① 1991年2月25日，联合国在芬兰缔结的《跨国界背景下环境影响评价公约》首次尝试了在国际环境法中对"公众"一词进行界定，规定"公众是指一个或一个以上的自然人或者法人"。1998年欧洲部长会议签订的《奥胡斯公约》第2条第4项规定，"公众是指一个或一个以上的自然人或者法人，根据各国立法和实践，还包括他们的协会、组织或者团体"。此外，各国环境立法也广泛使用"公众"这一概念，如美国环境质量委员会关于实施美国国家环境政策法的条例、加拿大环境影响评价法、日本环境影响评价法、俄罗斯环境影响评价条例、我国环境影响评价法等均使用了"公众"概念。

须是在公共行政行为发生地并且权益受到直接影响的居民，而不是不限地域的所有居民，故有些立法中又用"相关公众"一词来指代。同时，居民不完全等同于"个人"，位于公共行政行为发生地、其合法环境权益遭受直接影响的"单位"或"其他组织"也应视为"居民"的一部分，享有参与权。

作为利益受到直接影响的社会主体，居民参与公共决策既是必要的又是必须的。一方面，居民看待政府活动的视角和态度与专家不同，虽然不具有专业性，但往往更符合实际生活，具有专家所起不到的作用，有一定参考价值。另一方面，政府进行公共决策时参考利益直接相关方的意见和诉求也是公平正义的要求，是自然正义、正当程序的体现。然而，由于居民利益多元、具体情况差异很大，且组织松散、无法全面表达他们的利益诉求，所以，他们的意见不可能得到全部满足和采纳，主要是作为"参考"。但无论如何，保障其对相关信息的"知情"与利益"表达"是很有必要的。

4. 专家

现代社会是技术发达且结构复杂的风险社会，很多公共事务本身具有高度的科技背景和专业要求，公共决策离不开专业人士的意见和建议。因而，完善专家咨询制度，建立健全公众参与、专家论证和政府决定相结合的行政决策机制，对全面推进依法行政、提高公共决策的科学性具有重要意义。例如，在我国的环境决策活动中，我国环境法非常注重发挥专家的作用，多部法律法规都把专家的参与和论证作为环境决策和立法的必经程序或重要阶段。在环境影响评价中，规划环评、项目环评都要征求专家意见，规划环境影响报告书的审查小组中也必须要有专家代表。环评中的专家意见具有较强的话语权，如果不予采纳，必须要在文件中予以说明。正因为专家的重要性，环保部专门出台《环境影响评价审查专家库管理办法》，规定由环保部门设立"专家库"并进行管理，对入选专家的条件、方式、程序、管理方式、权利、义务、责任等都作了详细规定。专家参与法案制定与论证已成为我国立法工作的常态，在立法领域，《全面推进依法行政实施纲要》提出要"改进政府立法工作方法，实行立法工作者、实际工作者和专家学者三结合，建立健全专家咨询论证制度"。《行政法规制定程序条例》《规章制定程序条例》《环境保护法规制定程序办法》等都分别规定了专家参与的条款。

5. 社会组织

民间组织是我国特有的概念，是指那些由民间力量举办、为社会提供服务、不以营利为目的的社会组织。在国外，民间组织被称为非政府组织

(NGO)或者非营利组织（NPO）、第三部门等。民间组织具有组织性、民间性、自主性和非营利性等特征。在我国，社会团体、民办非企业单位和基金会是民间组织的重要构成部分，这些组织由民政部门登记管理和业务部门管理。此外，在工商管理部门登记或暂未登记的一些公益性组织，如环保组织"自然之友""地球村"等，也属于民间组织。社会团体是人们基于共同利益或兴趣爱好而自愿组成的一种非营利社会组织，是公众参与公共事务的重要组织形式和参与公共事务的场所。它们在一些公共服务中扮演着重要角色。社会组织的参与活动在弥补"市场缺陷"和"政府失灵"、减轻政府负担、提高公共物品的供给效率、支持弱势利益和群体等方面发挥重要作用。社会团体在政府与民众之间起着沟通桥梁作用，激励民众积极关心和参与社会事务，是社会公众利益的代言人。

环保NGO是指以环境保护为宗旨的非营利性社会组织。环保NGO是社会组织的一种，按照我国法律的规定属于"社会团体法人"，但其与一般社会团体、法人、单位相比，具有更强的环保目的、更坚决的环保立场和更丰富的环保知识，是环境保护公众参与的中坚力量，故应将其视为一种独立的"公众"类型。我国环境法中没有把"环保NGO"作为独立法律主体加以单独规定，环保NGO的参与依据是有关社会组织参与的一般性规定，如环境立法规定的"任何单位"可以检举、控告环境违法活动，奖励在环保领域做出突出贡献的"单位"，同样适用于环保NGO。《水污染防治法》规定的可以支持因水污染受到损害的当事人向人民法院提起诉讼的"有关社会团体"主要即为环保NGO。在环境立法、环境规划、环境影响评价等活动征求"社会公众"意见时，环保NGO可作为"公众"的一员参与其中、表达意见。

三、公众参与范围

公众参与以民主理论为基础，同时也是对20世纪以来出现的极权主义政治运动和福利国家增长的制度回应。公众参与在某种程度上表达了民主制与官僚制之间的紧张关系，是对官僚制出现背离公共责任倾向并引发"公共性"行政危机的舒缓。因此，"公众参与的本质意义，可以被理解为通过寻求政府过程的'公共性'，超越无政府主义和'利维坦'这毫无生机与希望的两极，实现两者之间的平衡"。"公众参与实际上是重构公共物品供给主体和过程的公共性和民主性的制度化努力。"[1]

---

[1] 王锡锌主编：《公众参与和行政过程》，中国民主法制出版社2007年版，第74~75页。

公众参与的范围是公共领域，即国家与社会之间互动形成的公共"生活空间"。公众参与强调参与的公共性，参与的事务必须是公共事务，在公共领域公众对具有公共利益的事务进行意见表达、讨论、评价、协商，具体公共事务是公众参与的对象和参与内容。公众参与的具体领域由参与对象、参与内容、参与范围和参与事项等要素构成。从公众参与的实际情况来看，立法、公共决策、城市规划、环境保护、公共事业管理和基层治理等是公众参与最为普遍的领域和事项。

1. 立法

立法领域参与是公众最高层面的参与。在立法过程中，立法主体通过允许、鼓励利益相关人和其他社会公众，就所立之法涉及的与其利益相关或者涉及公共利益的重大问题，以提供信息、表达意见、发表评论、阐述利益诉求等方式参与立法过程，以提高所立之法的公正性、正当性和合理性。公众主要通过参加立法听证会、立法说明会和论证会，通过利益集团参与立法，通过网络、书信、传真、电话和当面陈述等方式与途径参与立法活动。关于立法过程公众参与，我国《立法法》《行政法规制定程序条例》《规章制定程序条例》等法律法规，以及中共中央十八届四中全会通过的《关于全面推进依法治国基本重大问题的决定》、国务院《全面推进依法行政实施纲要》都对立法过程中听取公众意见提出了要求，但对公众参与立法的具体制度和程序尚未在法律法规的层面上明确。一些地方政府从探索地方立法公众参与的有效性和可行性出发，对公众参与立法的相关制度做了完善，如广州市制定了《广州市规章制定公众参与办法》。

2. 公共决策

公共决策参与实际上是公共利益决定与分配领域中的公众参与，是政府和公共机构在制定与公众利益相关的政策过程中的参与。美国当代著名政治学家戴维·伊斯顿（David Easton）认为，政府决策是对一个社会进行的权威性价值分配。[①] 政府公共政策是关系社会公众利益需求的维护、增进或损害的制度安排，公共政策与公众的利益密切相关，公众必然会通过一定渠道、以一定方式参与和影响政府决策和公共政策执行。在公共政策制定和执行过程中，只有充分的民意表达、汇聚和综合，公共政策才能代表社会公共利益。公众参与政府政策过程，对加强决策者与社会公众的联系、对形成政府与社

---

① ［美］戴维·伊斯顿：《政治体系——政治学状况研究》，马清槐译，商务印书馆1993年版，第122页。

会之间的互动关系起着沟通作用,"对于公共问题的发现和界定,对于政策议程的建立,对于政策方案的规划,以及政策方案中各种相互冲突的利益需求的相互调整,从而对于政策过程和公共政策的性质,都具有重要影响"。[①]

在众多公共政策活动中,公众参与最多最普遍的领域是公共预算。公众参与预算的目的是规范政府财政支出行为,提高财政资金的利用效果。公众参与预算可以提高预算决策的民主化和科学化,提高预算的透明度,提高财政资金的使用效率,减少浪费,对打破政府部门对预算的垄断性控制,使公众有机会了解到与公共财政预算相关的信息和程序等具有促进作用。普通民众在公共预算的编制、审议以及执行等环节中都有参与的权利,例如,浙江省温岭市的一些乡镇政府采取"民主恳谈"方式让公众参与到公共预算过程中,公众通过参加"恳谈会"发言、讨论、通过填写问卷等途径对政府投资的项目进行筛选评价。广东省佛山市政府聘请专家或专业技术人员参与预算的评价评审,参与财政支出绩效评价评审的专家对财政支出相关制度、对参与评价的部门和被评价项目的情况等有知情权、质询权,可以在评价过程中到有关部门、项目现场进行实地考评。河南省焦作市财政局对财政预算编制和审查举行公开听证,听证包括在预算部门内部的半公开听证和面向社会的公开听证,把公共项目放到政府有关网站上让公众评价投票,根据得票多少确定列入政府预算的项目。江苏省无锡市政府采取"参与式预算",将一些拟实施的公共服务建设项目计划方案和预算方案向公众公布,由群众代表投票决定哪些项目应该优先实施。

3. 城市规划

公众主动参与城市规划的制定和实施,对保证规划的科学性和规划行为的公平、公正与公开,对城市规划体现广大公众利益需求并进而确保规划顺利实施都具有重要影响。城市规划从本质上看是与切身利益相关的居民、追求利益最大化的利益集团(开发商等)、技术实施者(规划师、建筑师等)和公共利益的代表者(政府及相关部门)等多方利益博弈下的"均衡结果"。城市规划要体现其本应具有的公共性特征,必须发挥公众对规划决策的影响力,政府及有关部门必须对参与过程中公众所表达的意见给予足够重视,在经济上给予补偿或者在政策上给予回馈。2008年1月1日开始实施的《城乡规划法》对公众参与城市规划作了明确规定,公众的知情权作为一项基本权利得以确认;建设部颁布的《城市规划编制办法》进一步强调了公众参与城

[①] 赵成根:《民主与公共决策研究》,黑龙江人民出版社2000年版,第169页。

市规划编制的权利。公众在城市规划中的参与主要在两个阶段：编制城市总体规划阶段的参与和编制控制性详细规划阶段的参与。规划编制部门在规定的时间内将规划草案予以公示公告，让公众充分获悉规划内容，通过召开论证会、听证会或者其他方式征求专家和公众的意见。修改控制性详细规划时必须征求规划地段内利害关系人的意见，对修改必要性进行论证。城市总体规划报送审批前应当依法采取有效措施，充分征求社会公众意见；规划调整方案应当向社会公开，听取有关单位和公众意见，并将有关意见的采纳结果公示。

4. 公共事业管理

公共事业是关系社会公众生活和共同利益，具有社会公共性的社会经济事务。公共事业属于公共产品和准公共产品的范畴，公共性是其本质特征。政府和社会公共组织是公共事业管理的重要主体，负有为社会公众提供充足优质公共产品的责任。然而，随着公共事业管理范围、方式和手段的变化，政府控制公共事业管理的体制越来越难以满足社会公众对公共产品的需求。公众参与公共物品和服务提供的全过程并对其进行监督，对促进公共产品和服务的有效供给，满足公众的公共产品需求具有积极意义。公众参与公共事业管理主要包括公共产品提供领域的参与和公共事务管理领域的参与，公共产品提供领域的参与主要有：铁路运输、民航运输、城市公共交通等领域的参与；重大公共工程建设领域的参与；公立学校管理、医疗卫生科技文化体育等公共事业的管理等领域的参与。公共事务管理领域的参与主要有：环境保护参与、重大突发性事件处置参与、城市管理领域（包括市容市貌管理、道路交通管理、医疗市场管理、违法建筑、土地监察、畜禽屠宰管理等）参与。在公共事业管理领域中，公众参与的形式主要有听证会、座谈会、专家论证会、公民建议、民意调查，等等。

5. 基层治理

基层治理中的公众参与是指在农村村级、城市住宅小区自治范围内公众与自治组织一起以各种方式共同决定和管理公共事务并监督自治组织的过程。在农村，村民参与自治管理的活动包括村民的民主决策、民主管理和民主监督活动；在城市，社区居民的参与包括业主自治管理和对业主委员会的民主监督。从内容上看，基层治理中的公众参与既有区域内公共事务自治活动的参与，也有基层民主制度建设中的政治参与。

四、公众参与的类型

公众参与内容丰富，参与形式多样，依据不同标准可以将公众参与作如下分类。

1. 依据公众参与的制度化程度，公众参与可以分为制度化参与与非制度化参与

"制度是指稳定的、受到尊重的和不断重视的行为模式。……制度化是组织与程序获得价值和稳定性的过程。"① 制度化程度是衡量公众参与渠道是否畅通，是公众能否有秩序、有组织地表达其要求的基础性设置。因而，公众的制度化参与就是公众依法在制度设置的框架内，通过制度途径和法律渠道有序表达其利益诉求。公众制度化参与的实质就是在制度化渠道内吸纳整合社会参与力量，缓和社会多元利益主体在实现各自利益诉求过程中发生的冲突，使参与者能够不断认可并自觉遵守制度化的参与原则和参与程序。由于制度和规则的相对稳定性，公众制度化参与活动具有可预测性和连贯性。在制度化与参与比率较高的社会，公众参与的作用主要是通过制度进行组织安排来实现的，一套相对稳定的制度程序在缓和社会多元主体利益冲突过程中发挥着重要的缓冲作用。在政治领域，通过选举、政治结社、政治表达等制度设置，以保障公民通过政治投票、参加政党和政治社团、参加政治集会和政治请愿、发表政治言论等渠道和方式来实现政治参与的权利。在社会公共管理领域，通过政府信息公开制度、重大事项社会公示制度、听证制度、公开征求意见等制度设置，以保障公众能够及时全面了解信息、参加听证、发表意见、提出看法，对政府决策和利益分配产生一定影响。

制度化参与之外的各种各样的利益表达形式，就是非制度化参与活动。由于社会利益的高度分化，利益主体的多元化和利益结构的复杂化决定了公众利益表达方式的多样化，非制度化参与具有随机性和不可预见性。非制度化参与实质上就是无序参与，通常情况下，它与利益表达无效有关，是正常利益表达不能通过有效参与形式表现出来时所采取的激进表达方式，包括制度性无序、程序性无序、形式性无序和主体性无序。从参与者个体来看，可能因涉及自己或者家庭的直接利益或权利，如拆迁、土地征用、劳动纠纷等，与政府机关或公职人员直接接触，采取越级上访、围堵政府机关大门、围堵政府机关车辆等行为来表达自己的要求或不满；也可能是与公民自己的个人

---

① [美] S. 亨廷顿：《变化社会中的政治秩序》，王冠华等译，华夏出版社 1988 年版，第 12 页。

利益并不直接相关的问题或政策决定等,如对环境保护、城市规划、城市管理等,向政府有关部门或公职人员写信、打电话、发邮件等表达自己的看法。非制度化参与也可能是群体性参与,表现为在特定时空中因某一政策、偶发事件或个人而激发起来的群体性自发行动,如群体上访、集体抗议、游行示威,等等。

我国政治参与制度包括根本制度、基本制度和一系列具体制度三个层次,已经建立了人民代表大会制度、共产党领导的多党合作制度和政治协商制度、民族区域自治制度、基层群众自治制度等,这些制度保障了我国公民有序政治参与渠道的畅通和政治参与权利的实现。但是,由于一些具体制度设置其制度化程度不高,制度化参与渠道狭窄,法制途径成本过高,表达民意机构功能虚化,使得原本法律规定的公众参与权利得不到落实。参与制度化的短缺导致了大量的非制度化和非理性化的参与,公众的愿望和利益诉求难以真实表达出来,进而影响社会稳定和社会有序运行。

2. 依据主体的参与态度,公众参与可以分为自主参与和动员参与

自主参与是公众为了争取、实现和维护自身权益或与自身密切相关的权益,有意识地主动参与公共决策和公共事务管理的过程。动员参与是公众不具有自主参与要求,在外部因素的影响和促动下,被动地参与社会公共事务的过程。"自主性参与是公民在自身利益的驱动下,主动地介入政治生活之中,实现利益的表达和利益的维护。它表现为稳定、一致、持续,遇到障碍能够积极克服,所以效果比较明显。被动参与是通过他人引导、劝说、威胁所进行的活动,因而公民参与热情不高,属于一种受他人支配或迫于某种情势无可奈何的参与,因而在行为上就会变化不定、左右摇摆、热情不高,其作用效果就会不明显。"①

自主参与与动员参与是以参与者参与态度的主动性程度为依据进行划分的,这种划分只是理论上的区分,在现实中与亨廷顿分析政治参与时认为的动员参与与自动参与之间的界限难以分辨的结论一样②,公众的自主参与行为与动员参与行为难以分开。因为现实中的公众参与行为是参与主体的参与动机愿望、参与态度和参与结果的综合体现,不仅仅是一种参与愿望和态度,所以公众的参与行为常常既是自主的行为,又是政府或其他组织动员的结果。

---

① 王维国:《公民有序政治参与的途径》,人民出版社2007年版,第105页。
② [美] S. 亨廷顿、琼·纳尔逊:《难以抉择:发展中国家的政治参与》,汪晓寿等译,华夏出版社1988年版,第8页。

对于具体参与者而言，参与态度也会不断变化，开始参与的时候也许是被动的，但随着参与过程的推进，自己又会主动参与其中，即由动员参与转化为自主参与。

3. 依据公众参与的诱因，公众参与可以分为政府引导参与和外力推动参与

蔡定剑教授认为中国公众参与有两种发动形态：[①] 一是政府引导的公众参与。政府主导参与，由政府主动提出公共议题进行公众参与。这种形态的参与有些是真实的参与，如在环保方面和立法方面，这些参与取得了良好的效果；有些是假参与，参与只是为了过法律关，甚至通过程序把参与变为操作的结果。二是自下而上、由外至内的外力推动型。公众参与事件以公众推动和来自民众的压力为起因，公众发动公众参与提出公共议题的方法主要有：向政府上书、提出专家建议稿、提起法律程序，如行政诉讼，在媒体上报道、发表评论，提出公开质疑等。公众运用这些参与手段使某一事件成为公共事件，进入公众视野，自下而上、自外向内的力量倒逼政府开放公众参与。公众提出的公共议题得不到政府的反应，就不能成为有效公众参与，只是公众的行动或建议。

4. 依据公众个体参与的方式，可以分为直接参与与间接参与

直接参与是个体向有关政府部门和公务人员直接表达自己的意见和利益诉求，以对公共事务和公共政策产生影响，如给政府有关部门写信、发电子邮件、拨打市长热线、直接信访等表达自己的看法，直接参加听证会、座谈会，政府直接征求专家或群众代表的建议等。间接参与是公众通过民意代表、社会团体、社会中介组织以及所在单位等向有关政府部门和公务人员间接表达自己的意见和利益诉求。间接参与虽然不能完整表达个人利益诉求，但由于间接参与的组织性，使得通过组织形式的个体参与其利益实现富有成效。

五、公众参与的形式与途径

公众参与有多种不同的形式，听证会、座谈会、论证会、讨论会和公开征求意见等是传统的公众参与形式，随着信息技术和网络技术的发展，公众参与的形式也在不断增加，如电视辩论、网络论坛、手机短信、通过信函和电子邮件等方式征求意见，等等。

[①] 蔡定剑主编：《公众参与：风险社会的制度建设》，法律出版社2009年版，第15页。

1. 听证会

听证（public hearing）是指政府部门在做出直接涉及公众利益的公共决策时，应当听取利害关系人、社会各方及有关专家的意见，以实现良好治理的规范性程序设计。听证最初是作为司法审判活动的必经程序而使用的，被称为"司法听证"，后来逐渐为立法所吸收，在立法领域进行听证。到 20 世纪晚期，听证正式运用到行政领域，并且获得了长足的发展。听证是为公众提供陈述意见的机会和利益表达的途径，是保障当事人享有的自我保护性权利实现的制度设计。听证制度通过政府部门与公众代表之间的质证和辩论，使双方对事实的认识得以交流，使公众有机会表达自己的愿望和要求，政府有可能采纳和吸收公众的意愿，从而有利于实现相互理解、信任和协作，它是科学立法和民主决策的重要形式。

听证制度是我国公众参与的直接渠道之一，这一制度在各种公众参与的途径中成为最具有代表性的参与形式。我国在 1996 年《行政处罚法》中首次以立法的形式确立了行政处罚领域的听证制度，在 1997 年的《价格法》与 2000 年的《立法法》中将听证的范围扩展到政府定价领域与行政立法领域，2003 年通过的《行政许可法》中规定了行政许可领域的听证制度。

目前，听证制度在行政决策过程、立法过程以及行政处罚领域、行政许可领域中有了比较广泛的实践。听证会主题广泛，覆盖了行政立法、决定解除禁令（如燃放烟花爆竹的禁令）、教育和医疗收费、公共服务和公共产品的价格确定、拆迁安置等方面。在这些听证制度中，价格听证制度是比较典型的决策性听证，也是近年来在社会上引起重大反响的一项制度设计。1998 年 5 月 1 日实施的《中华人民共和国价格法》第 23 条规定："在制定关系群众切身利益的公用事业价格、公益型服务价格、自然垄断经营的商品价格等政府指导价、政府定价时，应当建立听证制度，由政府价格主管部门主持，征求消费者、经营者和有关方面意见，论证其必要性、可行性。"2002 年 1 月，举行了第一个全国性的公开听证会——"铁路春运票价浮动价格听证会"；2004 年 11 月，北京市发改委就故宫、天坛、颐和园、八达岭长城等世界文化遗产景点调整门票价格举行听证会；2005 年 4 月，国家环保总局就"圆明园防止水渗漏维修工程"举行环境影响评价听证会。价格听证制度在我国价格决策过程中的初步实施，一定程度上拓宽了公众参与渠道，促进了价格决策逐步走向民主化、公开化、公正化、法制化。行政立法中的听证会只在少数省市规定了行政规章的立法听证办法，而没有统一的行政法规和部门规章听证的规则出台，在实践中举行行政立法听证的相当少。

听证会制度推动了我国公众参与公共事务的热情，公众已经开始习惯在重大事项上表达自己的观点，而不再被动地接受上级指令。但是，在实践中听证会制度存在的一些问题必须正视和解决，如听证会主持者的条件和中立性、程序的公开、听证代表遴选的公平和代表性、听证记录的法律约束力、听证会意见和一般公众意见的关系等问题在实践中都比较突出，这些问题直接影响着听证会制度的程序公平、程序机制的可操作性以及对立法和决策的参与效力。

2. 座谈会、论证会

座谈会、论证会是一种重要的听取公众意见的方式。我国的《立法法》《行政法规制定程序条例》和《规章制定程序条例》都将这两种方式作为听取公众对行政立法意见的方式之一。在行政决策过程中这两种方式也经常得到运用。座谈会在我国是一种传统的政府听取民意的方式，在日常政治生活中被政府所广泛使用。座谈会形式是我国民众熟悉的一种政府与公民交流形式，因此，从实际效果来看采用座谈会形式听取公众对行政立法和决策的意见是一种比听证会更加有效的手段。

论证会是邀请有关专家对立法草案内容和决策的必要性、可行性和科学性进行研究论证，作出评估。在立法草拟阶段和重大问题做出决策时，听取专家意见以保证立法和决策科学化的制度就是专家咨询制度。专家参与立法和决策对促进决策科学化进程具有重要意义。近年来，我国中央政府和各级地方政府采用了行政立法和重大决策咨询专家、让专家参与立法和决策的做法。同时成立了一批相关机构，如国务院政策研究室、国家发改委经济预测中心以及地方政府设立的政策研究机构，有时，也会通过委托高校、科研机构做一些咨询和论证工作。我国一些行政法规的出台和重大决策制定过程中，专家都发挥了重要作用，如在农村税费制度改革政策的形成过程中、"南水北调"工程的决策制定过程中都有专家参与决策。

尽管座谈会与论证会在公众参与上发挥着重要作用，但座谈会与论证会仍然需要完善，如召开座谈会和论证会的规则，行政机关在邀请专家或公众时的程序、方法和规则，以及座谈会、论证会的法律约束力等都需要有统一或相对统一的规定。

3. 公开征求意见

立法领域书面征求意见的办法，就是将法律、法规或者规章草案发送有关国家机关、社会团体、企业事业单位，请他们研究提出书面意见。凡提交全国人大常委会审议的法律草案，法律委员会和法制工作委员会都要将草案发送中央有关部委、社会团体征求意见。同时发各省、自治区、直辖市和部分较大的市的人大常委会，委托他们征求当地有关部门的意见，汇总研究后寄全国人大常委会。无论是《立法法》《行政法规制定程序条例》《规章制定程序条例》，还是地方的规章制定规则，都对起草和制定法律文件提出了听取公众意见的要求。

公开征求意见作为一种听取民意的方式有巨大空间。在实践中，政府经常采用各种途径公开征集意见。发放意见征询表、召开座谈会、听证会、专家咨询会是环境影响评价公众参与的主要形式，如《水污染防治法》《环境噪声污染防治法》中均规定，"应当听取该建设项目所在地单位和居民的意见"。《环境影响评价法》对咨询意见的方式作了统一规定，该法第11、21条规定"举行论证会、听证会，或者采取其他形式，征求有关单位、专家和公众"的意见。问卷调查是社会调查的一种，可以用访谈、通信、问卷和电话等方式进行调查。公开征求意见必须认真对待公众意见，决策者应当对不同利益诉求进行考虑，其决策结果必须让公众满意。

4. 利用大众传播媒体和现代通信手段征求意见

公众参与公共政策制定以及公共事务讨论，需要有发表意见的场所和讨论问题的平台。报刊尤其是广播电视媒介的出现，使更多的人可以关注公共事件。互联网的诞生，不但使公众视野进一步扩大，而且更易发表自己的观点和意见，参与到公共事件的讨论中。当这种讨论积聚到一定程度，便会形成舆论压力，能够迫使权力机关修正原有决策或制定新的政策。通过大众传媒关注问题、表达意愿、影响决策，是当前最常见的公众参与方式，亦是公民行使知情权、表达权、参与权、监督权的重要途径。

利用现代通信手段听取公众对行政立法草案和行政决策的意见是现代行政发展出的一种新的听取意见方式。王锡锌教授认为我国《行政法规制定程序条例》第58条规定中的"听取意见可以采取座谈会、论证会、听证会等多种形式"已经包含了通过信函、电子邮件等方式听取意见的方式①。这种听取意见的方式既可以提高行政效率，也便于公众对行政立法草案和政府公共决策发表意见。

---

① 王锡锌主编：《行政过程的公众参与的制度实践》，中国法制出版社2008年版，第11页。

第三节 环境保护中的公众参与

环境保护公众参与是环境保护民主原则的具体体现,是允许、鼓励和保障公众积极参与环境决策与管理,对政府环境行为进行评价和监督,为实现社会公共利益而直接进行的有关环境保护活动。

一、环境保护公众参与的缘起

1. 解决日益严峻的环境问题是环境保护公众参与的现实起点

在人口数量不多、生产规模不大的农业社会,环境问题不突出,也没有引起人们的普遍关注。到了以产业革命为基础的工业社会,伴随生产力的快速发展,人类对环境的破坏性影响越来越大。到20世纪中叶,环境问题已成为威胁人类生存和发展的严峻问题。根据环境问题造成的危害后果,有学者将环境问题分为环境污染和自然环境破坏两大类。环境污染是指人类活动所引起的环境质量下降而有害于人类及其他生物的正常生存和发展的现象。自然环境破坏是人类不合理地开发利用自然环境,过量地向环境索取物质和能量,使得自然环境的恢复和增殖能力受到破坏的现象。[①] 环境污染、自然环境破坏所带来的日益严重的环境问题,不仅打破了自然生态环境的平衡、降低了环境的自净能力,而且环境污染、无限度开发和资源浪费严重影响了人类的可持续发展,给人类的生存和发展带来了威胁,给人类的生命与健康带来了严峻挑战。因而,防止环境污染和生态环境破坏、合理开发利用自然资源、促进人类与自然和谐发展,是人类维护自身生存和发展的需要,是人类可持续发展的需要。保护环境、战胜环境生态危机,实现人与自然和谐发展,是公众参与环境保护的现实起点。

从20世纪30年代开始到60年代,西方工业化国家发生的马斯河谷事件、多诺拉烟雾事件、伦敦烟雾事件、日本水俣病事件、四日市哮喘事件、米糠油事件、痛痛病事件、洛杉矶光化学烟雾事件等严重的环境公害事件,使发达的工业化国家产生了环境恐慌,人们对环境威胁产生了危机感。由于当时的法律并未把环境侵害纳入调整范围,政府部门的职责范围中也没有把解决环境问题纳入其中,各种行政制度也没有为环境受害者提供任何合法的利益诉求和救济渠道,导致大量环境受害者得不到合理补偿和公正对待,污染事

---

① 吕忠梅:《环境法新视野》,中国政法大学出版社2000年版,第16页。

件一再爆发。在这种情况下，广大公众为了自身的生存与发展，纷纷走上街头，通过游行、示威、抗议等方式，要求政府采取有力措施治理和控制环境污染，防治环境破坏。

2. 维护公平环境利益是环境保护公众参与的直接动因

环境和生态是公共物品，是稀缺的公共资源，大气、阳光及水等物品与个人的经济地位和社会地位无关，所有人都应当可以自由地利用。然而，公众对公共环境资源的享用可能会产生正负外部性，当每一主体对环境的保护和改善可以给其他人带来利益时，环境资源就具有正外部性；当每一个主体在享用环境资源时减少或损害其他人的环境资源享用权益时，环境资源就具有负外部性。正是由于环境的这种正负外部性，产生了个人理性与社会理性的矛盾，基于个人理性，每个人都倾向于尽可能地利用环境，而对环境保护则倾向于"搭便车"，而从社会整体上看这是非理性的，这也是最终产生"公地悲剧、环境危机的根本原因"。[1] 避免环境公共资源享用中出现的"搭便车"和"污染者污染受益，社会大众埋单受损"的权责不对等现象，政府必须以增进环境公共利益为主要目的，不能因私的利益而改变公共环境资源的一般使用状态或改变环境资源的分配形式。公平分配环境利益和环境负担是社会公众的正当要求，"在公民之间公平地分配环境利益和环境负担，赋予公民环境权这一法律武器，就成为环境正义的核心内容"。[2] 公众参与环境保护与治理是维护公共环境利益、实现环境公平正义的重要促进因素。公众参与环境保护以提高环境质量、改变并尽量消除生态环境危机的威胁为目的，公众通过广泛参与对公共权力部门和社会强势群体构成制约力量，以在环境利益分配和环境决策过程中体现公平的环境利益，提高政府环境决策和环境政策的质量，降低环境政策执行的成本和阻力，从而进一步促进和保障环境公共利益的实现。

3. 实现自身环境利益是环境保护公众参与的直接目的

环境质量的好坏直接关系到每个人的生活质量，在良好的环境中生活是公众的基本权利和需求。"基本环境利益是一种重要的人身利益，是人得以生存的基本条件之一。"[3] 公众参与环境保护的直接目的是为了实现和维护自身环境利益，实现个体和阶层之间的环境权益平等。公众参与环境保护是参与

---

[1] 陈德敏：《环境法原理专论》，法律出版社2008年版，第69页。
[2] 晋海：《城乡环境正义的追求与实现》，中国方正出版社2008年版，第32页。
[3] 同上。

者试图通过参与公共环境事务来表达自己的愿望、意见和利益诉求，在社会利益的权威分配中维护自己的环境利益，为自己提供更好的自我发展和选择的基础，扩大自己所在群体、阶层的权利和自由。保护和改善环境是全人类的事情，但从个体角度看，每一位公民都有权利通过适当的途径参与到环境保护中，都有通过环境参与以促进环境公平和正义价值实现的权利。同时，公众享有环境权利时要求以维护公共环境权益为前提，必须履行保护环境的义务，达到环境权利与环境义务的统一。实现环境权利与义务统一的参与过程是提高公众环境意识的过程，提高公众环境权利义务意识必须不断扩大环境参与范围、深化环境参与过程。

4. 环境保护公众参与是实现可持续发展战略的必然选择

1992年联合国里约环境与发展大会通过的《21世纪议程》认为："公众的广泛参与和社会团体的真正介入是实现可持续发展的重要条件之一。"公众是可持续发展战略的执行者和最终受益者，公众、团体和组织的参与方式和参与程度，将决定可持续发展目标实现的进程。① 公众只有真正参与到环境保护当中，才能促进可持续发展目标的实现，环境权利才有可能接近代内公平、代际公平和种际公平。

5. 弥补环境保护中的"政府失灵"客观上要求公众参与

政府是环境公共产品的最主要供给者，在环境公共产品供给中政府居于决定性地位，公众参与居于次要地位、具有从属性，而且公众参与只有在与政府合作治理的基础上才能发挥应有作用。然而，不可否认，在环境保护过程中存在着"政府失灵"现象，一方面，随着"行政国家"的出现，社会"交托行政机关的任务非常繁重，以致如果没有各方面某种程度的合作，它就不可能完成这些任务；如果我们试图避免公共代理人专政，就必须使全体公民广泛地参与行政管理"。② 由于政府部门和官员的腐败以及权力寻租、污染者对官员的贿赂，社会对接受其委托而管理社会的国家权力产生了不信任，于是，社会出现了许多非政府组织或者非营利组织代表公众直接行使环境社会管理权并对政府环境权力的行使进行监督；另一方面，"国家往往具有追求经济增长的嗜好，而对环境问题缺乏兴趣，需要社会团体予以推动和监督"。③ 因此，公众参与环境保护是弥补政府环境管理过程中存在"失灵"现

---

① 陈德敏：《环境法原理专论》，法律出版社2008年版，第65页。
② ［法］勒内·达维：《英国法与法国法：一种实质性比较》，潘华仿等译，清华大学出版社2002年版，第118页。
③ 胡静：《环境法的正当性与制度选择》，知识产权出版社2008年版，第244页。

象的需要，公众参与是对政府的环境决策和环境管理的有效监督，是实现政府环境管理公平、公正、公开的重要条件，对环境行政管理中的自由裁量权形成了有效限制。

6. 弥补环境保护中的"市场失灵"客观上要求公众参与

市场机制在资源配置过程中富有效率，但是，市场并不是万能的，它在环境保护方面存在明显的"失灵"。由于环境公共产品在消费上的非排他特性，决定了单纯依靠市场机制既无法解决环境公共产品供给与需求之间的矛盾，也无法解决环境资源使用的外部不经济问题。环境资源和环境产品的公共性，决定了依靠市场机制难以解决环境公共资源使用中出现的"搭便车"现象和"污染受益者与被污染受害者"的权责不对等现象，无法解决环境保护谁来"付费"、谁来组织的保护行动的问题。因此，环境资源的公共性特征使得在环境保护问题上需要有"集体行动"，需要由政府来组织环境保护行动、由环境资源的使用者付费、由社会公众的广泛参与来弥补市场机制在环境资源配置过程中的不足。

二、环境保护公众参与的特征

环境保护领域的公众参与与其他领域的公众参与相比，具有以下特征。

1. 环境保护的参与主体具有多元性

环境保护的参与主体是公众，即一个国家、社会或地区中的普通民众和社会组织。如前所述，公众是一个外延广泛的概念，包括个人、企业、非政府组织等"社会主体"，是与以政府及相关部门为代表的"公"主体相区别而言的。在环境保护领域，有时也把污染企业等经济力量优势者作为与公众相对的另一方，原因在于环境事务中的公众概念更强调利益的被动性、受侵害性和力量弱小性。公民是公众的最普遍构成单位，公众概念并不同于公民概念，在环境保护中的公众除本国公民外还包括那些并不具有公民资格的人，如外国人、无国籍人、国内外环保组织。因此，由于环境决策和环境事务管理的特殊性，只有使用"公众"这一概念才能准确表述环境法律所关注问题的目标和范围。

在具体的环境关系中，公众的具体角色是不同的。公众既可能是积极参与环境保护的普通民众，也可能是特定环境议题中的利益相关群体的一员，如被划归为环境保护区所在地的居民，相应的环境决策可能直接影响他们的利益；公众也可能是直接受到环境污染或者环境事件影响的人，如某存在环境风险的石化项目所在地的居民，相关决策将对整个区域的空气、水资源造成一定影响。公众既可以作为个人如普通居民、消费者、环境保护主义者而存在，也可以作为一个群体的一部分，如工会成员、环境保护组织成员或工商联合会成员存在，也可以是参与环境保护的企业、社会团体以及民间环保组织，等等。无论何种角色的公众均有权利参与到环境保护活动，只是不同情景下公众参与环境保护的方式与力度有所差异。

2. 环境保护公众参与目的具有公共利益性

尽管环境保护公众参与的直接目的是为了实现自身环境利益，但这种参与与其他领域的单个公民或少数团体为实现其个人或小集团利益开展的各种"参与"活动有本质的区别。公众参与环境事务的根本目的或者说最终结果是为了维护社会公共利益，尽管个人利益与社会公共利益并不能截然分开，但至少就参与者而言，其必须是为其所代表的相当程度的公众利益，而非仅仅个人私利之时，其参与行为才具有需要决策者予以格外关注的正当性，参与者的个人利益只能通过其所代表的公共利益的维护而实现。

3. 环境保护公众参与内容与范围的广泛性

与选举人大代表、任免政府官员等政治性参与不同，公众参与的对象通常是与公众切身利益相关的社会性公共事务，即那些与公众生活和生存密切相关的公共事务。在环境领域，公众参与的事项在内容上是与环境公共利益直接相关的。吕忠梅教授从参与过程角度对公众参与的内容进行了归纳概括，她把环境保护公众参与的内容概括为：预案参与、过程参与、末端参与和行为参与。预案参与是公众参与综合决策部门或环境保护主管部门制定环境政策、法规、规划或进行开发建设可行性论证活动；过程参与是监督参与，是公众参与各项环境政策、法规、规划及项目建设、区域开发的实施过程并对这些活动进行监督；末端参与是对环境污染和生态破坏之后的参与；行为参与是公众自为性的参与，是公众"从我做起"自觉保护环境的参与。① 公众参与环境保护的内容丰富、参与领域范围广泛，在环境立法、环境决策、环境规划、环境行政许可、环境影响评价、环境执法、环境公益诉讼等各个领域和环节，以及环境宣传教育活动和日常性环境治理活动中都有公众广泛的参与。

4. 环境保护公众参与手段的合法性

从广义上说，公众在客观上影响环境事务、维护公共利益的一切活动都可视为一种"参与"。早期环境运动中的公众多是以集会、抗议、群体自力救

---

① 吕忠梅：《环境法新视野》，中国政法大学出版社2000年版，第258~260页。

济甚至直接暴力干涉等"非法"方式对环境事务进行"干预",这种方式严格意义上说是一种对抗而非参与。当今的公众参与主要是指公众通过合法手段、在法律许可的范围内从事有益环境的活动。只有强调公众参与手段与方式的合法性,才能把合法参与行为与非法"参与"行为区别开来,才能在确保发挥公众参与力量的同时避免失范无序社会行为产生破坏性作用。公众参与环境保护手段的合法性,要求通过法律明确规定公众参与的方式手段、参与程度、参与程序及参与效力,依法对公众参与行为进行引导和规范。《环境影响评价法》规定,对环境可能造成重大影响的建设项目,建设单位应当在报批建设项目环境影响报告书前"举行论证会、听证会,或者采取其他形式,征求有关单位、专家和公众对环境影响报告书草案的意见"。《行政许可法》规定对涉及公共利益的重大环境项目、环境行政许可申请人或利害关系人申请举行听证的,环境行政机关必须主持召开听证会。《环境保护法》第6条规定,"一切单位和个人都有保护环境的义务,并有权对污染和破坏环境的单位和个人进行检举和控告"。环保组织为了保护公共环境利益、制止危害环境的行为可以提起环境公益诉讼。

5. 环境保护公众参与方式的多样性

除了在日常生活中注重环境行为以及环境友好型生活方式的养成之外,公众可以通过以下方式和途径参与环境保护:通过成立或参与环境 NGO 组织,成为环境志愿者,在 NGO 的平台上开展环境保护的宣传教育、政策执行监督以及政策游说;参与环境影响评价(EIA)对环评工作提出意见和建议;参与决策体制内的各种地方性、政策性环境咨询委员会,如社区咨询委员会,作为地方公众的代表影响环境决策;作为环境决策的直接利益相关者或普通公众参与政府部门举办的各种环境评估、环境规划与决策的听证会与座谈会等。当某一公众成为环境决策中的利益相关群体的代表时,他不仅会被邀请参与前述的各种环境评估与决策听证会、公开会议和座谈会,同时还有权利对已经发生的环境损害提起行政申诉与环境诉讼。

三、环境保护公众参与的功能意义

环境保护公众参与的价值功能是公众在环境保护中所承担的角色、发挥的作用和影响的综合体现。无论从参与者个体角度来看,还是从社会角度分析,环境保护公众参与都具有重要的功能意义,具体体现在以下几个方面。

1. 促进环境利益表达

"所谓利益表达，是公民或社会组织通过各种非法或合法的政治途径表达自身利益或社会利益的活动。"① 利益表达是公民或社会组织为了达到所争取利益的目的而采取的施加压力的方式，"利益需求的主观性与利益满足的客观性决定了人们必须参与政治，而社会资源的有限性又决定了公民必须通过利益表达去争取"。② 公众参与环境保护活动也是同样的道理。公众参与环境保护能够表达自己对环境公共事务的愿望、意见和利益诉求，在社会利益的权威分配中能够维护自己的环境权益。由于环境资源的有限性，公众要实现环境利益的最大化，必须积极参与环境管理和环境公共事务并在其中积极表达利益诉求，这样才有可能维护和实现自己的环境权益。公众只有通过参与把利益诉求充分表达出来，才能引起决策者对其所在群体、阶层环境权利和自由的重视和考虑，才能为自我发展创造条件。可见，环境保护公众参与既是公众环境利益表达的途径和载体，又是合理有效配置环境资源、最大限度地满足社会各方环境利益要求的运行机制。公众的积极参与使不同主体的环境利益得到有效诉求，环境保护就会有源源不断的动力，环境质量就会得到改善提高。

2. 监督环境公共权力

公众参与是一种广泛而有力的社会监督，可以有效防止公权力的滥用。公众参与环境保护是对公权力部门行使环境决策权力与管理权力的必要监督。公众参与构成对政府环境部门的监督和制约，促进政府环境行政和环境公共政策质量的改进，提高政府环境决策的科学性和民主性，降低政策执行的成本和阻力。否定公众的环境参与权，公权力就有可能成为政府官员获取个人私利的工具。一般而言，环境污染者贿赂公众的成本远远大于贿赂官员的成本，与污染者相比，公众难以形成贿赂政府的统一的集体行动；加之，行政机关在环境管理中有很大的自由裁量权，存在着行政机关滥用执行权力的可能性。环境法律赋予环境违法行为的受害人或环境团体有向司法机关提起环境诉讼的权利，对于污染者、对不履行或不正当履行环境管理职责的行政机关都是有力的制约和监督。因此，公众参与环境保护意味着用公众的参与权利来制约监督环境公共权力，使之更好地为公众服务，使公共权力始终以维护和实现公共环境利益为价值取向。

---

① 魏星河等：《当代中国公民有序政治参与研究》，人民出版社2007年版，第110页。
② 同上书，第112页。

3. 保障公共环境利益

环境保护公众参与与政府的环境管理二者追求的目标在理论上应当是一致的，即都是以维护和实现公共环境利益为目标。公众参与意味着公众有机会或有可能与环境管理机关和政府官员平等商议和制定环境政策、讨论环境规划等，使公众的环境参与权真正得到落实；同时，公众参与能够有效汇聚社会公众的公共需求信息，使政府所代表的公共利益更具有代表性和回应性。因此，公众参与环境保护在实现自身环境权益的同时，对公共环境利益也起着保护作用和维护功能。

4. 影响环境权益公平

如前所述，公众参与环境保护是人们表达自己对环境公共事务的愿望、意见和利益诉求，在社会利益的权威分配中能够维护其环境权益，最终达到环境公平、实现环境正义。环境公平正义包含了所有人均享有安全、健康、富有的生产力和可持续的环境权利。人们通过公众参与和增强个人与群体能力的方式来行使这些权利，并根据个体和群体的需要得以维护、实现和尊重。环境公平要求环境利益和风险在不同个人和人群之间的分配要公平，环境破坏的责任应当与环境保护的义务相对称，环境保护的成果要公平分配。公众参与有利于实现环境权益的公平分配和社会利益结构的重新组合，使受公共权力影响的公众环境利益在环境决策中得到维护，促进环境权益公平正义。

5. 形成环境支持合作意识

参与的过程就是学习的过程，正如"公民通过政治参与可以学习如何发挥自己的政治作用，变得关心政治，增强对政治的信赖感，并感到自己是社会的一员，正在发挥着正确的政治作用，从而得到一种满足感"。[①] 公众参加环境宣传教育、参与环保社团活动可以提高环境责任意识，形成关心环境、保护环境的理念；参加环境听证、参与环境影响评价等活动，有利于提升公民的民主意识和参与精神，促进整个社会环境保护水平的提高。公众自觉主动性参与环境保护，有利于公众对所关心的环境问题与政府部门、企业达成共识，在不同利益主体之间形成环境合作意识。公众参与对环境政策、环境保护决策有积极意义，不仅可以保证环境政策和决策的民主化、科学化，而且可以减少政策实施过程中的阻力，弥补政府环境管理能力的不足，有效动员社会力量参与环境保护事业。

---

① [日] 蒲岛郁夫：《政治参与》，解莉莉译，经济日报出版社1989年版，第118页。

第二章 环境保护公众参与的价值与目标

环境污染给人类造成了严重危害，也逐步唤醒了人们保护环境的意识，迫使人们思考生态环境对人类存在和发展的价值与意义，思考如何实现资源环境的可持续发展，思考保护环境的有效措施等问题。人们在参与环境保护的过程中，对生态环境价值的认识不断深化，逐步形成并确立科学的环境价值观，并为追求正当的生态环境利益和实现环境公平而努力。

第一节 从人类中心主义到和谐环境价值观的演变

2009年12月，在丹麦首都哥本哈根召开的世界气候大会，围绕节能减排、应对气候变化等内容展开磋商，依据共同而有区别的责任原则签订了《哥本哈根协议》，为人类环境保护确定了基本方针。哥本哈根气候大会的召开表明了环境保护不是一个国家自己的事情，而是整个人类都必须参与和应对的共同事情。人们逐步认识到人类中心主义的弊端，认识到人类要实现可持续发展必须抛弃以自私自利为特征的"人类中心主义"环境价值观，树立人与自然和谐的环境价值观。

一、人类中心主义环境价值观

人类中心主义环境价值观是长期以来人们利用自然、处理人类与自然关系的主导性认识，经历了从传统到现代的认识变迁。诚然，这一环境价值观为人类发展做出过巨大历史贡献，但它所带来的危害性后果也是值得深思的。

（一）传统人类中心主义

古希腊哲学家普罗泰戈拉（Protagoras）"人是万物的尺度"和近代德国著名哲学家尼采（Nietzsche）"人是目的"，这两句话很好地体现了传统人类中心主义的本质。传统的人类中心主义将人与自然对立开来，认为人是主体，是整个生态系统的中心。人类以自身的利益作为价值尺度，通过实践来规范、调整和控制自然这一客体,即所谓的一切都以人为中心,把人的利益作为一切人类行为的唯一尺度,并以自身的利益为依据去对待其他事物。

传统的人类中心主义思想萌芽于古希腊,并成为西方文明和生产发展的核心指导思想,特别是"地心说"理论的产生和确立,奠定了传统人类中心主义的基础。人类中心主义思想在不断发展过程中逐渐在人们心中确立,并成为人类统治自然、征服利用自然的指导思想。亚里士多德(Aristotélēs)认为:"植物的存在就是为了动物的降生,其他一些动物也是为了人类而生存。驯养动物是为了便于使用和作为人们的食品,野生动物虽非全部,但其绝大部分都是作为人的美味,为人们提供衣物以及各类器具而存在。如若自然不造残缺不全之物,不做徒劳无益之事,那么它是为着人类而非为了所有动物。"[1] 由此可以看出,从古希腊时期开始人们的活动就已经注重自身利益的获取,将自然作为人类发展可以任意支配和利用的对象。

中世纪时期是人类文明的黑暗时期,封建神学思想对于人类中心主义思想的发展具有一定影响。中世纪时期,由于科技落后,人们的思想愚昧,加之教廷和传教士的传教,为上帝的存在留下了合理而权威的空间。人们对于自身"原罪"的顾忌以及对于希望摆脱眼前生活的痛苦和对来世生活的憧憬,将上帝"救世主"的地位牢牢地树立在自己的心中。作为上帝的"创造物",人类时刻遵照上帝的要求行事,以求得来世永生。特别是在《圣经》中指出,自然环境是上帝为了人们的生存而创造的,是为人类能够很好地生存而服务的,人们只需心中对上帝虔诚,就可以无条件地、不加限制地利用自然。这就使人类中心主义思想上升到了一种正义且权威的地位。虽然中世纪的人类中心主义思想与古希腊时期相比并没有什么新的突破,但它所披的宗教外衣为它的合理存在和发展铺平了道路。

文艺复兴时期,"人性"彻底摆脱"神性",人们开始注视实在的东西,包括人的尊严、人生的意义,以及人与自然间的相互关系,人类中心主义伦理价值观也得到了极大发展。文艺复兴运动"对人的发现"培养了人们的人文主义精神,使人们对"人"这个中心地位的认识更加巩固,对传统人类中心主义的发展产生了巨大的推动作用。文艺复兴所崇尚的"科学"和"理性"推动了自然科学的发展,人们开始运用科学知识来开发利用自然资源,以棉纺织业和使用机器为标志的第一次工业革命和以电力为标志

---

[1] [古希腊]亚里士多德:《亚里士多德全集》第9卷,苗力田译,中国人民大学出版社1994年版,第17页。

的第二次工业革命，使人类利用自然和征服自然的速度加快，同时也激发了人类自私的心态和征服自然的野心，人类中心主义也从早期的"温和"变得"粗暴"。在传统人类中心主义思维模式下，人类将自己置身于自然之外并高踞自然之上，以一种居高临下的态度来思考对自然的开发和利用。工业革命使人类从此掌握了依照自我意愿改造自然的权力以及巨大能力，并由此妄自尊大、忘乎所以，在开发和利用自然资源过程中超越环境的容量和再生能力，导致了环境严重污染、资源浪费、生态破坏的严重后果。

（二）现代人类中心主义

面对传统人类中心主义的局限性，人们开始反思传统人类中心主义，试图通过实践和探索来找到一种新的人类中心主义来指导实践，而这个结果就是现代人类中心主义的产生。现代人类中心主义可以分为两大类，一类是强式人类中心主义，另一类是弱式人类中心主义。[1]

"强式人类中心主义是仅仅从人的偏好、感性意愿出发满足人的眼前利益和需要的价值理论。"[2] 它强调人类的主导地位，认为人类可以凌驾于自然之上，环境应当无条件地为人类服务。W. J. 麦基（W. J. Mcgee）和 R. D. 古德瑞（R. D. Guthrie）是该理论的主要代表人物。麦基的强式人类中心主义思想强调人类是平等的，在利用自然上每个人都有同等的权利，主张人高于自然，作为利用群体的人类享有利用自然的平等权利。他尖锐地批判了资本家和特权者任意挥霍和大量浪费自然资源的行为，指出其他人并没有充分地一视同仁地享受到环境资源利用方面的权利。他认为环境的破坏只是少部分人对自然的滥用，他们太过于看重自己眼前的利益，而视其他群体和后代的利益于不顾。由此看出，麦基的认识蕴含着在环境利用中不仅应当实现代内公平，而且应当确保代际公平的思想，他认为现代人有享用环境的权利，子孙后代也有此平等权利，因而，现代人不能让后代挨饿受冻、处于资源匮乏状态，这是麦基强式人类中心主义思想进步之处。

古德瑞是美国阿拉斯加大学的动物学家，他的强式人类中心主义思想在于他认为人类的伦理道德只能适用于人类，不能将这种道德义务和准则推广到动物中去，道德只对人类才有效，把道德扩展到自然界是不符合逻辑的。自然界中的一切生物关系应该按照自然的法则来运行，人类不能用自己的道

---

[1] 参见巴耶·G. 诺顿（B. G. Norton）《人类中心主义的现代表达：环境伦理学和弱人类中心主义》，文中提到托马斯·阿奎那、笛卡尔、康德等人持强式人类中心主义观点，而诺顿本人则持弱式人类中心主义观点。

[2] 傅华：《生态伦理学探究》，华夏出版社2002年版，第12页。

德逻辑对自然的客观法则进行干扰,同时他还在人与其他动物的相互关系上论证了人类行为是有道德可言的,而动物最多只是一种本能或者模仿人类,谈不上人类所谓的道德。他强调人类在自然界中是处于支配地位的,对于自然的开发和利用也是按照人类的需要来进行的,不需要过多地顾忌自然自身的环境承载力以及一些动物的感受。

强式人类中心主义思想虽然经过现代的发展摆脱了传统人类中心主义思想的一些愚昧因素,也进一步完善了人类中心主义的内涵,发展了诸如环境利用公平和代际公平,但它只是传统人类中心主义的一个翻版,其基本内涵还是停留在人类地位的绝对中心、环境处于臣属地位的状态,所以,"从强式人类中心主义寻找其理论上的欠缺的任务,就历史地被弱式人类中心主义理论承担下来了"。[1]

弱式人类中心主义虽然和强式人类中心主义一样,将人类定位在绝对的支配地位,但不同的是,弱式人类中心主义强调人类在为自身利益而利用自然的过程中,必须要以理性为指导,不能盲目地浪费自然资源。美国著名哲学家诺顿(B. G. Norton)是弱式人类中心主义思想的代表人物。诺顿认为面对人类滥用自然而导致的环境破坏和资源流失,我们需要建立一种环境的伦理学,而这个伦理学应该是弱势的人类中心主义。诺顿的弱势人类中心主义环境伦理思想的独特之处在于,他承认自然界的所有物种都有其自身的内在价值,承认自然客体具有满足人的需要的价值,即自然事物可以转换为人类的需要,自然客体提供人类体验和改变人类感性意愿的价值。他认为,人类的道德关心之所以要延伸到自然界,是由于自然环境是人类实现自己的目的和价值的手段。也就是说,人对人以外的生物和整个自然界给予道德关心、承认和保护,对生命和自然界承担道德责任,是因为保护生命和保护自然界就是保护自己,是为了对人类自身包括子孙后代利益的关心。可以看出,弱式人类中心主义相对于强式人类中心主义具有不同的内涵,相对于强式人类中心主义对环境的"粗暴",弱式人类中心主义给予环境一种不同的人文主义关怀,对于目前环境保护具有一定的启迪价值。

(三)人类中心主义的实践后果

人类中心主义是从人对自然环境的绝对支配地位作为人类行动的出发点而展开其思想的,这种思想认识付诸实际后不仅使环境本身承受着巨大的压

---

[1] R. D. Guthrie, the Ethical Relationship between Humans and other Organisms [J]. *Perspectives in Biology and Medicine*, 1967 (11), pp. 51–62.

力，而且这一环境价值观已经产生了环境污染、资源浪费、生态破坏等可怕的严重后果，其中一些后果正严重危害着人类的生命和健康。"环境正义基金会发表的一份报告警告称，由于全球气候变暖，在未来40年，10%的全球人口，约为5亿到6亿人，将面临沦为"气候难民"的危险，届时他们将被迫迁往其他国家。目前，已有2600万人因为气候变暖而开始搬迁，到2050年时，这一数字可能上升至1.5亿。"① 全球气温升高和环境恶化使大批物种灭绝，据科学家保守估计，到2050年全球物种将消失15%－37%，即平均有26%的物种将因为气温升高而无法寻找到适宜的栖息地而灭绝。联合国粮农组织的报告说，到2050年全球人口将增加至91亿。在环境持续恶化和气温升高的情况下，全球的粮食产量将平均减少35%以上。到2050年全球粮食需求能否实现自给自足，粮农组织持谨慎态度。气候变暖使全球陷入疫症恐慌之中，热带病毒向较冷地区扩散，如西尼罗病毒、疟疾、黄热病等，甚为可怕的是，由于冰川的融化，一些被冰封的史前病毒有可能会重新爆发出来。中国的情况也不容乐观，中国农科院农业与环境可持续发展研究所的研究指出，由于大量温室气体的排放逐年增加，温度升高，农业用水减少和耕地面积下降会使中国2050年的粮食总生产水平，较目前下降14%~23%。温度的升高也使海平面逐渐上升，到2050年，珠江、长江、黄河三角洲等沿海地区的大片土地将被海水淹没。人们对环境的破坏造成了极端天气的增加，高温干旱天气、低温极寒天气、洪水次生灾害趋于多发，严重影响着人民的生命和财产安全。所以，寻求一种更为科学的、合理的生态环境伦理价值观是人们的共同目的。

二、人与自然和谐的环境价值观

人类与环境的紧张关系决定了人们必须寻求一种新的环境价值观来指导人类的环境开发和利用，人类中心主义环境价值观的实践后果表明了它不是一种能够顺应整个生态发展和人类发展的环境价值理念。

（一）和谐环境价值观的逻辑起点

马克思认为："自然界，就它自身不是人的身体而言，是人的无机的身体。人靠自然界生活。这就是说，自然界是人为了不致死亡而必须与之处于持续不断的交互作用过程的人的身体。所谓人的肉体生活和精神生活同自然

---

① 李雪：《2050年全球6亿人将成为气候难民》，2009年11月3日，环球网 http：//www.huanqiu.com/zhuanti/world/climate（2016年3月22日访问）。

界相联系，不外是说自然界同自身相联系，因为人是自然界的一部分。"① 所以，人类和自然不是一个对立的矛盾体，既然人是自然界的一部分，人类就没有所谓的绝对主导力量去主导和控制自然，人类必须受制于自然，应按照自然界的规律来利用自然和发展自己，否则会持续人与自然环境相互关系的一个悖论："人类要想生存发展就必须向自然索取，然而，这种索取又酝酿着人类的灭亡。"② 如何解决这个悖论就需要人类重新回到自然的怀抱，实现与自然的和谐相处，必须抛弃人类中心主义思想中所谓的人类对自然环境的绝对支配地位和态度，以一种负责的和理性的态度善待自然，善待自然中的一切动物和植物，这就是要树立和坚持一种人与自然和谐的环境价值观。

当然，人与自然和谐的环境伦理价值观并不是禁止人类去利用自然环境，它只是人类利用自然环境的一个规范。就终极目的而言，人类发展必定离不开自然环境，人类应该去利用自然环境。和谐环境价值观的作用在于新的人与自然和谐关系的建立，人与自然的和谐首先要捍卫人类的生存利益。人类作为地球上唯一具有思想意识的动物，他的存在至少对于其他地球生物来说具有推动和维持作用，如果不顾及人类生存的利益，那么保护其他物种对环境保护来说就没有任何意义可言。人与自然和谐的环境价值观，就是在保护人类生存利益的情况下，将人类的道德态度、权益平等的原则扩大到其他生命和自然界。和谐不是目的，它只是一种手段，它的目的最终还是要服务人类。在破坏人类生存利益的前提下保护自然环境，那就不存在人与自然"和谐"的生态关系。

人与自然和谐环境价值观中的"人类利益为中心"与人类中心主义是有区别的。一方面，人与自然和谐环境价值观是将人类的道德标准和要求推广到自然界。人们在利用自然过程中必须以理性为指导的，在利用自然环境的同时也注重对自然界的回报和保护，它在人与自然的伦理关系上持平等态度，而不是将人类居于主导和绝对支配地位，是一种"共生共荣"的关系。人类中心主义的价值观是一种"竭泽而渔"思想，它将人放在一种绝对的地位，将自然视为"奴隶"，不断地对其剥削，人类与自然是一种极不平衡的生态关系。另一方面，两种生态环境价值观导致的结果不同，和谐环境价值观在人与生态环境平衡关系的基础上，人类不仅要利用自然，同时也要保护和维持正常的生态环境，它们之间是良性的生态循环，结果有利于自然的和谐发展。

---

① 马克思：《1844年经济学哲学手稿》，人民出版社2000年版，第56页。
② 李承宗：《和谐生态伦理学》，湖南大学出版社2008年版，第32页。

相反，人类中心主义的环境价值观利用自然环境的思想，其结果是生态环境的不断恶化，最终后果导致人类生存也受到严重危害。

（二）人与自然和谐环境价值观的目的

任何理论的存在都是为一定目的服务的，人与自然和谐环境价值观也不例外。

1. 人与自然和谐环境价值观的首要目的

人类中心主义环境价值观把人设定为最高价值和最高目的，以人类自身为中心，从人类自身出发，把一切其他事务作为"为人服务"的存在物，以自己的价值尺度任意对环境进行取舍。这一思想与基本的自然规律是相违背的，它的存在并不能起到长期推动人类发展的作用，其结果是显而易见的。虽然人类中心主义价值观在几个世纪的发展过程中不断地得到修正和改良，但其逐渐显露的弊端是无法最终得到克服的。因而它不能通过自身来解决弊端，唯一的出路是用一种新的环境价值观念来取代它。所以，人与自然和谐环境价值观就是要摒弃人类中心主义中的错误思想，在人类心中树立起适合人类发展的环境价值观，这是人与自然和谐环境价值观的首要目的。

2. 人与自然和谐价值观的主要目的

卡逊（Rachel Carson）在《寂静的春天》一书中以惊世骇俗的笔调描绘了滥用农药对未来人类环境的毁灭性影响，提出了人类应该与其他生物相协调、共同分享地球的思想，并向"控制自然"的观念发起了挑战。1972年以米都斯（Dennis Meadows）为首的罗马俱乐部发表了关于人类困境的报告——《增长的极限》，报告从第二次世界大战以来世界人口激增、工业化迅速发展、生产消耗和生活消费空前增加这些事实出发，认为世界人口和经济如按照当时的增长速度继续下去的话，用不了100年，地球上的大部分天然资源就会枯竭，污染将超过人类所能忍受的限度，耕地会绝对不足、严重匮乏，人类可能遭到毁灭，世界将会面临一场"灾难性的崩溃"。这些只是人类文明在发展过程中的困境的一些缩影，尽管该报告对世界系统趋势的预测过于简单，并且提供的解决方案本身也缺乏可行性，但它不可忽视的历史贡献在于无情批判了"经济增长就是一切"的传统价值观和发展观。它使人类对工业文明发展过程中人与自然不和谐的根源有了更进一步的认识，促使人们认真反思现行的价值观、发展模式，积极寻求变革途径。人与自然和谐价值观就是要在人类中间建立起人与自然的和谐关系，改变人类破坏环境的行为，恢复正常的良好生态环境，这是人与自然和谐环境价值观的主要目的。

3. 人与自然和谐环境价值观的终极目的

人与自然和谐环境价值观就是将人与人之间的道德行为从社会扩大到自然，让人类将道德的元素应用到人与自然的关系中去，通过道德中的"善""良心"等，让人类约束自己对环境的不道德行为。和谐的环境价值观就是要激发起人类利用环境的自律能力，"提高人们的生态道德认识，培养人们的生态道德情感，培育人们的生态道德良心"。① 通过人类内心生态道德能力的提高，可以使人类能够清楚地认识到当今环境所面临的巨大危机，以及造成这一危机的主要原因。在对人类不断"灌输"和谐环境价值观的作用下，人类可以逐渐将这种外化的力量内化为自身的环境道德意识，并由此转化为人类合理利用自然的行为，即一种"内外化"的作用。在利用自然的过程中，人类一直以"经纪人"的理念来指导实践，以利益最大化为目标，不断枯竭自然资源，这其实从根本上破坏了人类生存发展的基本物质条件，也最终破坏了人类社会的和谐。以环境为代价的盲目的经济活动，它的补偿途径最后还是要从人类这里取得。人与自然和谐的环境价值观，就是要改变目前"经纪人"的人格模式，使人类向"生态人"转变。"生态人"在活动过程中，始终保持和谐的状态，在处理发展问题上始终以生态利益的原则为准绳，总是追求可持续发展，人们进行决策时始终贯彻生态利益与经济利益双赢的原则，当二者发生矛盾的时候，经济利益必须让位于生态利益，以保持整个人类社会的持续发展。因此，和谐环境价值观就是要培养一种理性的地球公民，它的目的不是寻求治理地球环境污染和生态破坏的暂时解决方式，而是要以这种价值观念唤起人类内心失去的道德和良心，从而建立起适合人类长期发展的生态环境氛围和正确的人类行为规范。所以，从一定意义来说，人与自然和谐环境价值观的终极目标就是要建立人与自然的和谐关系和和谐的生态环境氛围。

（三）人与自然和谐环境价值观的确立

人与自然和谐环境价值观目标明确，就是要构建一种新的人与自然和谐的关系，然而它只有确立起来才能发挥其价值。作为一种价值观本身是无形的，它"抓不到""摸不着"，人与自然和谐环境价观的确立需要一系列硬件条件。

首先，和谐环境价值观确立需要一个和谐的社会为平台。和谐社会建设对其他社会性建设起着基础性的作用，它为其他和谐元素的建立提供了一个

---

① 李承宗：《和谐生态伦理学》，湖南大学出版社 2008 年版，第 33 页。

基础平台。法国哲学家爱尔维修（Helvétius）指出："我们在人与人之间所见到的精神上的差异，是由于他们所处的不同环境，由于他们所处的不同教育所致。"① 所以，社会环境对于和谐环境价值观在人们心中的确立是非常重要的，是一种潜移默化的影响。

其次，制度设置为和谐环境价值观的确立起到框架性作用。制度是指要求大家共同遵守的办事规程或行动准则，也指在一定历史条件下形成的法令、礼俗等规范或一定的规格。制度具有规范作用，它在人们利用环境中起着规范作用，同时也发挥着提高人类利用自然的预见性作用。制度性设置能够预防人类回到人类中心主义思想所产生的破坏生态环境的行为，为维护和谐环境价值观发挥保障性作用。

最后，和谐环境价值观的确立，最终还是要回归到人，因为环境价值观的作用最终是以人的行为为存在形式的。既然和谐环境价值观的最终目标是要建立起新的人与自然和谐的关系，将"经济人"的人格模式转变为"生态人"的人格模式，这就要求在和谐环境价值观塑造过程中加强对人的教育，不断对人们进行环境保护与和谐生态精神的"灌输"，使人们内化和谐生态的理念，并以此来指导自身实践。同时，要加强环境法律规范的制定和宣传，对人类利用环境的行为进行规范，对不符合和谐生态精神的环境行为进行惩罚，推进向"生态人"模式的转变。

第二节 环境治理的市场"失灵"与政府"失灵"

环境污染与人类行为是分不开的，大多数发达国家走的是"先污染，后治理"的道路，造成环境污染治理滞后，环境污染不断加重。政府与市场在环境治理过程中发挥着不同的功能作用，在制度和法律不完善、市场主体受自身利益驱使的情况下，政府与市场的作用难以得到充分发挥，相反，政府与市场的某些行为在一定程度上还有可能导致环境破坏，在环境治理中出现政府"失灵"和市场"失灵"。

一、环境治理的市场"失灵"

市场经济条件下，市场机制起着资源配置的决定性作用，其作用的广泛

---

① 北京大学哲学系外国哲学史教研编译：《十八世纪法国哲学》，商务印书馆1963年版，第467～468页。

性和有效性是不可替代的。然而，市场经济也存在着一些自身无法克服的缺陷，市场机制作用的自发性、盲目性、滞后性及其功能的局限性、信息的不对称性与不完全性，都会导致"市场失灵"，即市场机制在某些领域不能使社会资源的配置达到最佳。市场失灵在经济活动的每个领域都会出现，在环境保护领域同样存在。

（一）"市场失灵"理论

所谓"市场失灵"（Market Failure）是指由于公共物品的公共性、经济外部性和市场不完善等原因，使市场经济体制下资源优化配置的基本条件无法满足，因而使市场调节的功能失效。

市场失灵是市场经济本身的特点和结构决定的，市场在资源配置中并非万能，也有其弱点和不足。庇古（Pigou）在其《福利经济学》一书中认为，外部性理论不仅对环境问题的经济根源做出了合理解释，而且也为环境问题的解决提供了明确思路。[①] 市场经济在环境资源配置上存在着失灵，失灵的原因在于环境资源配置活动有着显著的外部性。所谓外部性是指经济活动中私人成本与社会成本或私人利益与社会利益的不一致现象，外部性有负外部性与正外部性之分，前者是指某一项经济活动的私人成本小于社会的情况，后者是指私人利益小于社会收益的情况，在一般情况下环境问题的产生就是由于环境负外部性所致。从环境利用过程的外部性概念可以看出，"'市场失灵'是自然环境外部性产生的内在原因"。[②]

（二）环境治理"市场失灵"的原因

对于生态环境和自然的保护，单纯依赖市场调节很难发挥作用，以至于无能为力，在环境治理中产生市场"失灵"状态，主要由于以下原因。

环境资源作为物品的公共性。承认环境资源是商品、环境具有经济价值是利用市场机制配置环境资源的前提。在市场经济条件下，环境资源和其他一切商品的共同之处，就在于它们都是人们愿意支付一定代价来换取的价值实体。但是，环境资源是一种公共资源，属于全社会所有，它的公共性具有不同于一般商品的特点：其一，消费的非排他性。它不像私人物品那样只能独占使用，环境资源是可以被公众所共享。其二，消费的非竞争性。作为公共资源，在许多情况下，一部分人对环境资源的消费并不会影响或妨碍其他

[①] 转引自聂国卿：《我国转型时期环境治理的经济分析》，中国经济出版社2006年版，第19~20页。

[②] 鲁传一：《资源与环境经济学》，清华大学出版社2004年版，第34页。

人对同一环境资源的消费。所以,市场机制对环境这一公共产品的分配进行调节,在环境治理中市场机制的作用就显得十分有限。

生态环境资源的自然垄断性。由于某些原因,在一些生态环境资源市场上,买者和卖者的数量很少,从而他们之间的竞争性不强,市场竞争不完全。不完全竞争市场就会导致效率缺失,而且生态环境市场往往是自然垄断市场。这种垄断地位决定了生产者不用过于在乎产品的质量和服务,价格也不与产品的质量成正比,同时也不用顾及生态环境的代价。

生态环境信息的不完全性和非对称性。"信息是生态经济系统中的重要组成要素之一。"[①] 信息的不完全性在于信息资源是相对稀缺的。对于人类来说,由于大部分生态系统是以一种"非显性"状态存在的,人们难以了解生态系统内部的运行规律,所以,人们获取的生态信息总是有限的。而且有些人一旦获取某些关于生态系统的信息之后,就会保持对信息的"封锁",不然这些生态信息就会进入公共领域成为公共消费品,而这部分人就会失去信息优势。信息的非对称性是生态系统信息的另一个特征,由于环境信息的传播局限性,加上市场主体普遍存在市场投机心理,因此,很容易导致环境信息的不对称。例如,污染者对自身企业所造成的污染以及对受污染者造成的危害要比其他人更了解情况,但污染者受自身利益驱使,往往会隐瞒这些污染信息。相反,受污染者由于所了解的环境污染信息少,想要维护自己的环境权益就需要获得更多的环境信息,这就增加了受污染者的信息成本,这也是受污染者为什么会在很多情况下忍受污染的原因之一。

外部不经济问题大量存在。"所谓外部不经济性问题,是指某些市场主体的活动会造成外部主体的经济损失而不予以赔偿。"[②] 外部不经济造成企业内部成本外部化,环境污染和生态破坏是典型的外部不经济性的产物。在市场经济条件下,追求经济效益最大化是一切经济活动的主要目标,对效益的追求导致市场主体间的激烈竞争。这种竞争促使生产企业关注其自身的内部经济性,而很少考虑其行为对社会造成的外部经济性问题。这种现象在环境保护领域表现为市场主体为了追求自身利益的最大化,往往会以牺牲环境为代价,从而造成环境污染破坏。

二、环境治理的政府"失灵"

市场机制作为资源配置的基础手段和经济运行载体,在环境治理过程中

---

① 沈满洪:《环境经济手段研究》,中国环境科学出版社2001年版,第33页。
② 陈仁、朴光洙:《环境执法基础》,法律出版社1997年版,第8页。

有其天然的和内在的功能缺陷,这就为政府干预提供了空间。然而,政府干预也绝非万能,或因其行为能力及客观因素制约而难能实现预期目标;或者即便实现了预期目标,但效率低下、成本高昂,并引致某种负效应,出现"政府失灵"问题。

(一)"政府失灵"理论

"政府失灵"(Government Failure)又称"政府失效",一般是指用政府活动的最终结果判断的政府活动过程的低效性和活动结果的非理想性,是政府干预经济的局限、缺陷、失误等的可能与现实所产生的影响。

美国著名学者布坎南(Buchanan)在《公共选择理论》一书中,用公共选择理论对"政府失灵"进行了经济理论分析。他认为政府公共决策失误或政策失败的主要原因来自于这些公共决策过程本身的复杂性和困难以及现有公共决策体制和方式的缺陷。首先,"在公共决策或集体决策中,实际上并不存在根据公共利益进行选择的过程,而只存在各种特殊利益之间的'缔约'过程"。[①] 社会并不存在作为政府公共政策追求目标的所谓公共利益,在社会政策制定过程中,存在着的只是特殊利益的协调。其次,信息的不完全使公共决策产生偏差。任何决策信息的获取都是需要成本的,无论是选民还是政治家,所拥有的信息都是有限的,因此,许多公共决策实际上都是在信息不完全的情况下作出的,这就很容易导致决策失误。最后,政策执行上的障碍。即使是好的政策,如果不被执行,也同样会导致政策失效。政策的有效执行依赖于各种因素或条件,包括政策本身的特性,政策执行机构与执行人员的执行能力、技巧成败所要考虑的因素。这些因素中的任一方面或它们之间的配合出了问题都可能导致政策执行失效。

公共选择理论对于"政府失灵"进行的经济分析表明了政府并非在任何条件下都能有效促进环境的保护和治理。主要表现在两方面:第一,政府制定不利于有效利用环境资源的政策,有些政策的出台在某种程度上加快了环境的污染和恶化,例如对农药的推广等;第二,政府在环境治理中的某些作用值得怀疑,如果政府只是从自身利益最大化出发而不是从社会利益最大化出发来考虑问题,政府就不可能真正有动机去制定与执行好有关环境治理的政策,所制定出来的政策也起不到保护环境的作用。

[①] Buchanan, A Constraction Paradigm for Appling Economics [J], *American Economics Review*, 1975, pp. 255~230.

(二) 环境治理过程中"政府失灵"的原因

在环境治理过程中，政府的调控作用不是万能的，政府"失灵"的原因主要有以下几个方面。

环境管理体制不顺，上下级政府缺少协调性。不同层级政府环境治理责任是按照条块分割来确定的，然而环境资源的整体系统性决定了环境管理和治理必须在整体上是一致的和协调的。在具体环境事务中，地方政府与中央政府之间往往存在着利益不一致的情况，地方政府在执行中央政策过程中存在与中央政府讨价还价、阳奉阴违的现象，"上有政策、下有对策"的情况比较普遍。地方政府为了本地区利益，有时会给一些污染严重但对地方财政收入起着重要作用的企业充当"保护伞"，以环境破坏换取经济利益。

环境法律法规不健全，执法力度不严。环境保护和治理必须依法进行，但环境保护法律法规的制定往往具有"滞后性"。由于科技进步和生产工艺的快速更新，政府难以及时根据这种情况对环境政策做出相应调整，环境法律法规的制定与修改跟不上实践的步伐，法律法规难以对具体环境问题进行规定。同时，在环境执法过程中存在执法力度不够、执法不彻底，使污染企业有机可乘。一些地方环境违法现象严重，环境行政管理部门未能依法及时查处。有些违法案件虽然受到了查处，但处罚措施却得不到落实，"雷声大""雨点小"。环境执法不规范，为违法排污企业开"小灶"，"友情执法""协商执法""简单执法"现象还存在，大事化小、小事化了或"一罚了之"，更有甚者收受企业财物，包庇袒护环境违法企业，使违法者逃避法律制裁，存在"执法犯法"现象。

环境治理重视程度不够，环境治理投入少。在环境保护方面，除了"防患于未然"，防止环境污染和生态破坏的行为出现外，对于已经发生的污染治理需要投入相当的物力、财力和人力。目前一些地方政府只重视经济建设，将环境治理作为次要工作，环境治理财力投入少，环境治理不能真正展开，环境治理效果不明显。

环境治理机制不完善，公众参与和监督机制缺失。环境治理不仅仅是政府的事情，它需要社会公众进行参与，通过一种"由上而下、上下协同"的模式来实现环境治理。在"管制型"政府模式下，以政府政策和规定下达的命令形式作为管理国家的手段，缺乏与公众的沟通，使环境治理过程缺乏互动以及群众力量的发挥。

三、弥补环境治理过程中的政府"失灵"和市场"失灵"

在环境治理过程中运用好政府"有形之手"和市场"无形之手",协调政府与市场两个主体的作用,发挥市场资源配置的决定性作用和政府的宏观调控职能,对于环境治理具有重要促进作用。弥补政府与市场的"失灵",协调两者的作用,可以进行如下方面的努力。

转变发展方式,将生态经济作为新的经济增长点。经济发展必须注重可持续性,必须转变以牺牲环境为代价来换取经济短期增长的发展方式。生态经济作为经济发展的新增长点,是指在生态系统承载能力范围内,运用生态经济学原理和系统工程方法改变生产和消费方式,挖掘一切可以利用的资源潜力,发展高效益产业,建设体制合理、人与自然和谐的文化、生态健康、景观适宜的环境。生态经济是实现经济发展与环境保护、物质文明与精神文明、自然生态与人类生态的高度统一和可持续发展的经济。

转变政府职能,服务环境保护。政府的作用不仅仅是管理,而在于对社会各机构运行进行协调,因而,服务是政府的重要功能。在对经济和社会发展决策时,要始终贯彻环境保护的基本国策,坚持经济建设与生态环境建设同步规划、同步发展,以环境保护为前提,实现经济和生态环境的可持续发展。同时,以市场作为资源配置的导向,政府不干预市场的正常经济行为,调节和维护市场主体的利益。政府作为公共品的供给部门,要加大对环境保护的投入,扩大环境公共产品的供给。

制定完善的环保法律法规,规范人们的环境行为。生态环境被破坏的一个重要原因是保护生态环境的法律法规不完善,难以有效约束人类破坏环境的行为,难以有效遏制人类对环境的破坏。因而,需要加强环境保护法制建设,细化完善环保相关法律法规,明确环保政策,建立完善的环境保护制度性框架。

拓展保护渠道,提高公众参与环境保护水平。公众参与环境保护可以弥补政府和市场在环境治理上的不足,公众在环境利益上的诉求可以被政府相关部门了解,并针对问题进行及时反馈。搭建公众参与环保的沟通平台可以协调环境利益各方的利益矛盾,缓解冲突。因而,拓宽公众参与环境保护渠道,建立规范公众参与的制度性保障,对环境保护具有重要意义。将信访制度、环境听证制度、环境影响评价制度、环境信息公开制度、环境诉讼和环境仲裁制度有效结合起来,建立环境保护的制度结构网,公众根据其环境利益诉求的不同和参与途径的特性进行选择,将环境保护的公众力量和制度力量有效发挥出来。

第三节 公众环境利益与环境公平

环境资源与人类的生活和生产息息相关。作为公共物品的环境资源，人们有平等利用它的权利。我国宪法和《环境保护法》都对环境利益进行了明确的规定，宪法第二十六条规定："国家保护和改善生活环境和生态环境，防治污染和其他公害。"《环境保护法》第一条规定："为保护和改善生活环境与生态环境，防治污染和其他公害，保障人体健康，促进社会主义现代化建设的发展，制定本法。"环境利益是一种"公利益"或者说是社会利益，它不包含私利益，国家对关系多数人的社会利益进行保护，保障人们平等地利用环境资源。

一、公众环境利益

利益是人们在生产活动中对自身需要的满足，利益离不开经济活动，多数利益是以经济利益作为存在形式的，环境利益是人类诸多利益中的一种。环境是人类经济活动的场所，也是人类经济活动所需原材料的来源，从而环境资源也就成了创造经济利益的"原材料"。所以，在某种意义上说，"环境利益的主要内涵是基于经济利益而存在的"。[1] 利益体现着人与满足人类自身需要的"物"之间的关系，环境利益是体现人与环境资源之间的关系，即环境满足人类的需要。良好的环境有益于人类的发展，体现在环境为人类的生产、生活提供丰富的资源，给人类带来经济利益。人类与环境的关系是相互促进、相互制约的，"我们每走一步都要记住：我们统治自然界，绝不像征服者统治异族人那样，绝不是像站在自然界之外的人似的——相反地，我们连同我们的肉、血和头脑都属于自然界和存在于自然界之中……（人类应当）认识到自身和自然界的一体性"。[2] 因而，环境利益是人与人之间关系、人与物之间关系的体现，环境利益是一种经济关系，环境利益在根本上就是经济利益。

（一）环境利益的内容

环境带来的利益就是环境利益，从生产力角度看，环境利益的内容体现

---

[1] 刘会齐：《环境利益论》，博士学位论文，复旦大学，2009年，第20页。
[2] 《马克思恩格斯选集》第4卷，人民出版社1995年版，第383~384页。

在以下三个方面①。

人类与自然界关系的形成与发展的过程，就是人的自然化过程，也是自然的人化过程。人的自然化即人对自然的适应，也是人类在改造自然过程中自身进化的过程；自然的人化则是人类通过劳动实践对自然的改造，使之适应人的过程。人作为行动的主体，它本身就是自然界中的一部分，是包含在自然环境之中的，人类只有在自然环境之中才能生存下来，在人与环境之间关系确立的过程中，人类也同时在适应这种关系，或者说在适应环境，适应环境对人类自身和社会发展的作用。这种人适应自然的利益关系随着人与环境关系的不断变化而变化，在人类社会发展的不同时期表现出不同特征。但无论人类与环境确立了怎样的关系，以及对这种关系的适应都始终是环境利益的重要内容，环境在人类发展的各个阶段都为人类提供了不竭的动力。

人与自然环境的关系是一种辩证统一的关系，除了人类改造自然和适应自然，自然环境对人也具有一定的反作用，即环境对人的改造。这也是环境利益的重要方面，体现了环境对人类的有用性。人除了需要从自然环境中获取原料维持自身生存外，也从改造过的"人化自然"和社会中得到发展的能量，"人是一切社会关系的总和"，社会关系是一种社会环境的存在，在人类发展过程中起到了决定性作用。

人是一切社会关系的总和，利益的最终形态是以经济关系来体现的，是人与人之间的经济关系，环境利益的内涵是基于经济利益而存在的，利益表现为经济关系，所以环境利益就是经济关系，经济关系是人类诸多关系中的一种形式，这说明环境利益是人与人之间关系的体现。环境利益作为人类利益关系的一种形式，包含具体环境利益形式，包括长远环境利益和眼前环境利益、整体环境利益和局部环境利益，等等。

除了在生产力方面体现环境利益的内容，在经济关系方面来说，环境利益有以下内容：环境的经济利益；环境的政治利益；环境的军事利益；环境的宗教利益；环境的其他利益，等等。②

（二）环境利益的特征

环境利益除了包括环境本身所具有的特征之外，也具有社会利益关系的一些特征。环境利益具有以下特征。

环境利益的客观性。环境是客观存在的，它不依人的意志为转移，环境

---

① 刘会齐：《环境利益论》，博士学位论文，复旦大学，2009 年，第 26~27 页。
② 对环境利益具体内容的阐述，参阅刘会齐的博士论文《环境利益论》。

的客观性使环境利益体现为客观存在性。环境利益是人类与环境之间的相互关系,普列汉诺夫(Plekhanov)曾指出利益不是人的意志和人的意识的产物,它们是由人们的经济关系造成的,而这种经济关系是客观存在的。除了客观经济关系使环境利益体现客观性外,其自身的发展也是客观的,不是由人的意志所决定的。环境利益的产生、存在和变化都有自身客观规律,都是不依人的意志和愿望为转移的客观过程,因而,环境利益具有客观性。

环境利益的时空性。环境利益的时空性取决于环境利益是随时间和空间的变化而变化的。在时间性方面,由于一年四季和不同时代的变化,环境所能带给人类的环境利益是不同的,同时,人类自身随时间的变化对环境有不同的需求。在空间性上,环境资源存在于一定的空间范围内,人与物的关系、人与人的关系存在于一定的社会之内,任何人与自然的关系都不能脱离空间,必须在一定的空间维度内进行,这就是环境资源的时空性。

环境利益的变化和不可预测性。环境利益在时间上的变化和空间上的不同使环境利益是一个动态过程,它随时间和空间的变化推移而不断地发生着变化,这种不断变化和不固定性使环境利益难以预测,难以预测人们环境利益满足之后的状况。同时,为自身的生理结构和外部条件所决定,人类的认知能力总是有限的,在一定条件下人们不可能感知一切,所以,人们对环境利益的感知是有限的,不可能感知全部环境利益。

环境利益的主观性。环境利益的存在必须依附于一定的主体,离开特定主体的环境利益是不存在的。环境利益反映了人在主观上对需求对象的追求与认识,同时,环境利益的实现是与人的主观努力相关联的,它需要人去开拓和获取。此外,由于环境利益主体的不一致,环境能为人类带来怎样的具体利益也是不同的。由于时间、地点、条件的变化,主体自身对环境利益的感受和评价也不相同。

除此之外,环境利益还具有复杂性、多样性、再生性与不可再生性等特点。环境资源存在着巨大的利益,促使人类从自然中不断地汲取自身所需要的资源。作为公共品,环境资源是人类共同的资源,它所具有的利益是为了满足所有人的需要,它作为一种社会利益而存在,不为私人服务,人们在利用环境资源的过程中是平等的。

二、环境公平

环境公平(Environmental Justice)亦称生态正义(Ecology Justice)或绿色正义(Green Justice)。在广义上是指人与自然、人与人之间维持相对平等关系的可能性问题。狭义上的环境公平包含两层含义：一是指代内公平，即所有人不因种族、国别、性别、贫富等差别而受到不同的环境待遇，任何人在享受环境权利、使用环境资源、履行环境义务、承担环境责任等方面是公正平等的；二是指代际公平，即当代人与后代人在享受环境权利和履行环境义务方面应该保持合适的比例，特别是在利用不可循环的环境资源时，不应该以牺牲后代人的环境权利来满足当代人的利益。

（一）环境公平理念的源起

"环境公平"这一概念产生于美国。从20世纪50年代开始，在相继爆发的现代民权运动和环保运动的带动下，美国爆发了一场以有色人种为主的环境正义运动。1982年9月15日，北卡罗来纳州瓦伦县的500多名居民因抵制当地的填埋场储存聚氯联苯（PCB）废料而被当局逮捕，从而激起人们对于歧视性使用社区土地的关注。此后，官方和非官方的各种研究一再证明种族、民族以及经济地位总是与社区的环境质量密切相关，与白人相比，有色人种、少数族群和低收入者承受着不成比例的环境风险。于是，越来越多的人意识到环境问题实际上是社会问题的延伸，如果不将环境问题与社会公平的实现紧密联系起来，环境危机就不会得到有效解决，由此环境公平的概念得以确立。

1991年10月27日，美国有色人种环境领导人在华盛顿举行峰会，此次会议提出了环境公平的17项原则，引起了广泛关注。1992年，美国国家环保局成立了环境公平办公室，旨在谋求各社区在环境质量上的平等。1994年2月，美国总统克林顿又发布12898号行政命令，要求联邦机构重视与少数族群和低收入者相关的环境公平问题，把维护环境公平作为他们工作的一个部分。由此，环境公平的观念得以广泛传播，并很快成为全球范围内流行的概念。

（二）环境公平问题的出现

目前，环境问题已经成为全球瞩目的热点问题，环境保护也成了国际斗争的焦点，环境公平特别是代内环境公平更具有重要的战略意义，在国际关系中发挥着强有力的掣肘作用。

1. 全球性环境问题

以往的环境问题在世界各国特别是工业发达国家都有存在，但其影响仅限于局部和小范围内。随着经济全球化的发展，科学技术水平的提高特别是交通运输方式的改善，环境问题逐步开始扩展，其危害已经对全球构成威胁。特别是发达国家，在经历了工业高速发展、经济迅猛改善的同时，也遭受了发达工业对其环境产生的破坏。虽然现在大多数发达国家包括有些发展中国家和地区都开始注重经济发展与环境保护的关系，但在这之前的很长一段时间里，大多数发达国家改善自身环境的途径并不是通过反省自身行为来改善，而是通过转移环境影响来继续促进本国经济的发展。比如把污染严重的工厂迁到欠发达的国家和地区，把废弃有害垃圾填埋到发展中国家，由于那时候环境问题还没有严重到危害全人类，再加上许多欠发达地区和发展中国家急需发展自身经济，所以，他们也就默认了发达国家的要求以实现本国的经济发展，从而使环境问题开始迅速全球化。因此，现代环境问题的改善和解决需要世界各国人民的通力合作和共同努力，发达国家不能像以前一样通过把环境污染转移到发展中国家等途径来实现自身环境的优化，而发展中国家也意识到经济发展不应该以牺牲环境为代价来实现。环境问题危害的全球性使世界各国政府都应当公平地成为环境责任主体，全人类都有义务为优化地球环境付出努力。

2. 环境公平的重要性

在对待全球性环境问题的态度上，发达国家和发展中国家虽然已经意识到需要共同努力通力合作，但在具体实施政策以及实践过程中却一直存在着分歧。一方面，发达国家不愿承担与其权利相对应的义务。虽然他们通过牺牲环境取得了经济的高速发展，也意识到需要及时改善环境，但在具体实施过程中，他们仍希望发展中国家承担更多的环境义务，特别是某些霸权主义强权政治的发达国家还以环境保护为借口来遏制某些发展中国家的经济发展。另一方面，尽管发展中国家也不再像以往那样一味追求经济发展而置环境问题于不顾，但由于经济实力特别是科学技术受限，他们在促进自身发展的过程中并不能像自己期待的那样保护环境，从而导致心有余而力不足。

要使全球性环境问题得到彻底改善，发达国家和发展中国家应该保持一致的环境公平理念。首先，发达国家应该牢记环境权利与环境义务相对等，应该充分意识到环境问题的全球化是由于自身早期在发展经济的过程中忽视了环境保护而导致局部地区环境恶化，在后期虽然意识到环境问题的重要性，却又忽视了其危害全球性的特点，企图通过转移环境问题来优化自身环境，从而使环境问题不断恶化，最终成为威胁全人类生存与发展的重大问题。因此，发达国家在改善和解决环境问题的过程中应该主动承担更多责任，并通过自身的高新技术来帮助发展中国家优化环境，而不是以此为借口来遏制发展中国家的发展。其次，发展中国家虽然是环境全球化的受害者，但也不能否认，自己也是环境问题的责任主体之一。发展中国家在解决环境问题的过程中应该意识到环境问题的及时性、普遍性和共通性，一方面应该及时转变观念，把保护环境放到与发展经济同等重要的地位，而不是再像以前的发达国家一样以牺牲环境为代价来实现自身的经济发展；另一方面应该彻底根除觉得环境问题是由发达国家引起的而把自己置身事外的偏见，自觉承担相应环境责任。

环境公平理念的重要性不仅体现在当代发达国家和发展中国家的相互关系中，更是可持续发展的决定性条件。"可持续发展"的概念最先是在1972年在斯德哥尔摩举行的联合国人类环境研讨会上正式提出的。这次研讨会云集了全球工业化国家和发展中国家的代表，共同界定人类在缔造一个健康和富有生机的环境上所享有的权利。可持续发展是一种冲破国家界限、种族区别、民族差异而体现当代人与后代人相互关系的理念，它得到了世界各国的高度重视。环境代际公平体现了当代人与后代人在享受环境权利和履行环境义务方面的相互关系，特别是在利用不可再生的环境资源时，不应该以牺牲后代人的环境权利来满足当代人的需要。由此可见，环境公平理念在一定程度上与可持续发展观不谋而合，甚至可以说，如果实现不了环境公平就根本不可能实现全人类的可持续发展。

（三）实现全球性环境公平的途径

环境问题的全球性以及地球资源的有限性要求世界各国共同承担起保护环境的责任。然而，由于每个国家维护自身利益的需要，以及环境理念的不同和经济科技水平的差距使得国际社会在尊重国家环境主权、处理环境与发展关系、分担环境保护责任中还存在着许多不公平现象。因此，必须建立和遵守国际框架的环境公平准则，努力实现全球的可持续发展。

尊重他国主权，禁止以环境保护为借口干涉别国内政。主权是国家区别于其他社会集团的特殊属性，是国家的固有权利，世界上任何一个国家的国家主权都是神圣不可侵犯的。然而，经济全球化却使一些国家的主权面临着不同程度的挑战，特别是发展中国家在经济全球化进程中存在主权弱势，使得某些西方发达国家在行使和处理环境主权时采取了双重标准。一方面，当国际社会要求发达国家承担相对应的环境责任时，它们就利用维护国家利益和国家主权神圣不可侵犯的借口而无视国际组织的警告拒绝国际组织的协调。如美国在布什政府上台后，于2001年3月宣布拒绝执行《京都议定书》，2004年10月又重申反对《京都议定书》的立场及无意签署或批准这一条约的态度。另一方面，发达国家打着保护环境全人类有责的旗号，对其他国家特别是一些发展中国家的内政进行干涉，企图以此为手段来实行自己的霸权主义和强权政治。如在二氧化碳联合减排问题上，一些发达国家就提出了种种阻碍发展中国家进行经济建设的所谓"绿色条件"，实行"环境殖民主义""生态殖民主义"。因此，在保护环境资源、承担环境责任的过程中，某些西方国家应该做到采取对人对己一致的标准，而发展中国家也应该警惕、防止别国利用环境保护为借口干涉自己的内政。

重视环境保护，防止在经济发展过程中再次破坏地球资源。发展经济一直都是各国政府的重要目标，在经济全球化的今天，世界各国都在积极利用各种资源实现本国经济发展。在西方国家意识到工业化的高速发展是导致地球环境迅速恶化的重要原因时，发展中国家应该及时吸取教训，不该步发达国家的后尘。尽管现在发展中国家正经受着贫困和生态恶化的双重压力，但一定要牢记不要为了一时的经济高速增长而去过度开采自然资源，蓄意破坏生态环境，否则，尽管发展了本国经济，但最终的后果一定是使全人类共同遭受大自然毁灭性的报复。同时，发达国家也不该为了继续发展工业又不愿污染本国环境而进行公害输出以转嫁危机，比如将大量消费后的危险废弃物直接输往发展中国家或是借援助开发和投资之名，将大量危害环境和人体健康的产业转移到发展中国家。其实，这也是一种目光短浅的表现，因为环境问题已经发展成为全球性的问题，这样做尽管能使本国暂时免于环境恶化的影响，但无法回避环境污染扩散后的危害。

明确责任界限，共同努力公平承担生态环境保护的责任。环境公平理念之一就是任何人在享受环境权利、使用环境资源、履行环境义务、承担环境责任等方面都是公正平等的，谁破坏谁负责，权利和义务相统一。众所周知，环境问题是发达国家在早期的工业化过程中由于忽视环境保护，过度开采资源引起的，因此，发达国家在环境保护过程中应该承担主要责任。发达国家应该利用先进的科技和充裕的资金积极研发防止生态恶化和优化生存环境的高新技术，尽可能向生态环境恶化地区或是发展中国家提供技术和资金支持，使得全人类都可以共同通过高科技来快速改善地球环境状况。发展中国家在一定历史时期内是国际环境问题的受害者，它们理应得到补偿，但发展中国家不能以此为借口在经济发展过程中忽视环境保护，应该把保护环境和发展经济放到同等重要地位，实现经济环境可持续发展。

第四节　社会环境秩序和公众环境自由

一、社会环境秩序

所谓秩序就是指有条理地、有组织地安排各构成部分以求达到正常运转或良好外观的状态。在汉语中，秩序由"秩"和"序"组合而成。从广义上来讲，秩序与混乱、无序相对，指的是在自然和社会现象及其发展变化中的规则性、条理性。从静态上来看，秩序是指人或物处于一定的位置，有条理、有规则、不紊乱，从而表现出结构的恒定性和一致性，形成统一的整体。就动态而言，秩序是指事物在发展变化的过程中表现出来的连续性、反复性和可预测性。环境公平的实现需要良好的环境秩序，而建设良好的社会环境秩序需要法律、道德、经济等众多因素共同维持。

（一）环境秩序与法律

良好的环境秩序建设离不开法律的约束。中国古代社会很早就诉诸法律来调节人与自然之间的关系，如西周时设有"虞"这一主管自然资源的官职，专司山泽管理。宋朝制定并实施了一系列保护生物资源的措施，如设置管理、保护机构"虞部"，在森林资源丰富地区设立"采造务""都木处"等。西汉时期，淮南王刘安邀集门人编撰了《淮南子》，其中《主术训》（卷九）专门总结了先秦关于生产与保护、开发与抚育的基本思想。明朝《大明律》等依据传统礼法规定禁伐滥砍，提倡植树造林，保护水利资源，等等。西方国家古代历史上也有丰富的有关环境保护的法律法规。例如，3世纪的罗马法学家乌尔庇安曾指出，动物法是自然法的一部分，因为大自然给予动物生存的法则是为动物所独有的。

尽管先前东西方世界都立法对环境和资源进行保护，但后来西方国家开始了工业化进程，工业化促进了经济的迅猛发展，也让人类遭受了大自然的惩罚，痛定思痛，最早品尝到工业革命苦与乐的西方国家由此推动了现代意义上的环境法的诞生。特别是进入20世纪70年代，世界各国无论是发达国家还是发展中国家，环境立法都成为国家立法的一个重要领域。例如，日本1973年的《自然环境保护基本方针》就明确提出有义务珍惜自然资源，维护环境秩序；瑞典1991年修订的《自然环境保护法》第1条明确规定："必须正确地对待自然。"第23条规定："人人均应保证不在户外，包括乡村或集中建筑区内乱扔杂物、金属、玻璃、塑料、纸张和其他材料。"上述关于"正确地对待自然""不得乱扔杂物"等规定均可以理解为是为了建设和维护良好的社会环境秩序。中国的《中国二十一世纪议程》（1992年）也将"形成新的人与自然相处的伦理规范""建立与自然相互和谐的新行为规范"即环境道德，作为21世纪道德建设的重要内容和任务。由于国际环境法的发展以及环境保护理论所论及环境问题的"全球性"，使世界各国国内环境立法和国际环境立法在目标上达成一致。为此，全球范围内的环境立法开始形成，对全球环境秩序的建设和维护起到了一定的促进作用。

（二）环境秩序与道德

康德（Immanuel Kant）曾说过：有两种东西，我对它们思考得越是深沉和持久，它们在我心中唤起的惊奇和敬畏就会日新月异，不断增长，这就是我头上的星空和心中的道德法则。① 尽管法律具有明示和校正作用，明确告知人们什么是可以做的，什么是不可以做的，哪些行为是合法的，哪些行为是非法的，以及通过强制执行力来校正社会行为中所出现的一些偏离了法律轨道的不法行为，使之回归到正常的法律轨道。但毕竟法律是人制定的，不是万能的，也存在一些疏忽和漏洞，良好社会环境秩序的建立和维护不仅依靠法律来保障，也应该靠道德来支撑。因为道德与法律犹如车之两轮、鸟之两翼不可分离。道德属于社会意识形态范畴，而法律则属于制度的范畴。道德主要凭借社会舆论、人们的内心观念、宣传教育以及公共谴责等诸手段发挥作用，而法律则依靠国家的强制力保证实施。

通过环境道德教育来实现人类思维价值观的根本转变，明确人们对自然的义务和责任，唤醒人们的生态意识和环保良知。正如环境伦理学之父——罗尔斯顿（Holmes Rolston）在其名著《环境伦理学》中所言，讨论企业的环境伦理行为是必需的却又是不够的：说它是必需的，是因为在影响环境方面，以集体选择为特征的政府和商业行为是主要的，而且对它们的规范表明了环境伦理学是一种公共性的社会伦理；说它是不够的，是因为针对动物、植物、物种、生态系统和大地的任何伦理学都是一种包含着某些普遍性的内容，还没有涉及它的某些特殊规范，没有涉及它的特定践履者，而事实上，环境伦理还是一种栖身于其特殊环境中的、为个人所实践的、具有地域性的个人伦理。因此，首先地球上的每个人都应该明确意识到，人类并不是大自然的主宰，人类和自然是平等共存在这个世界上的，人类和自然应该和谐共处，如果人类只顾自己的发展而无视环境生态的破坏，那么最终的结果一定是遭受

---

① ［德］康德：《实践理性批判》，韩水法译，商务印书馆1999年版，第177页。

大自然最猛烈的惩罚和报复。其次，应该相信人与自然的相互关系和相互作用，虽然之前人类因为自己的无知疏忽和自私破坏了生态环境并正在遭受着大自然的惩罚和报复，但应该坚信，人类通过深刻反省已经意识到了自己的错误，而且也正在努力弥补曾经对大自然的伤害，并且会积极努力地善待自然，改善和优化现存环境。相信通过全人类的共同努力和通力合作，大自然一定会原谅我们，并以相对应的方式来回报人类。

（三）环境秩序与经济

虽然说环境问题是由于经济高速发展过程中忽视环境保护所引起的，环境秩序的破坏也与工业化密切相关。然而，建设和维护良好的社会环境秩序又离不开经济条件的支持，在某种程度上经济条件甚至起了决定作用。同时，良好社会环境秩序的建设和维护也离不开科技的支持，高科技可以使人们通过更少的投入获得更大的回报，在发展经济的过程中做到既不损害环境又不影响生产力的发展，而科技的创新和发展同样离不开经济基础的支撑。

《二十一世纪议程》指出："地球所面临的最严重的问题之一，就是不适当的消费和生产模式，导致环境恶化、贫困加剧和各国的发展失衡。"这告诉人们想要建设和维护良好的环境秩序就必须及时转变消费方式和生产方式。在生产与消费的相互关系中，生产决定消费对象，生产决定消费方式，生产决定消费水平和质量，生产又为消费创造动力；同时，消费对生产也有重要的反作用，消费的发展促进生产的发展，消费所形成的新需要，对生产的调整和升级起着导向作用，一个新的消费热点的出现，往往能带动一个产业的出现和成长，消费为生产创造新的劳动力。随着人们对环境保护的重视，不断涌现出新的生活理念和消费方式，比如乐活、慢生活、绿色消费、环保消费等新名词的不断涌现，可以说是环保意识在日常生活中的充分渗入。消费者态度和生活习惯的每一次重大变化都会给生产者带来商机，因此，众多生产者也将"绿色产品""环保消费"作为自己企业新的生产点。但是，生产者仅仅为了满足消费者开始重视环保理念生产环保产品是远远不够的，更为重要的是应该从根本上转变经济增长方式，由粗放型增长向集约型增长转变，充分运用现代科技使企业在生产过程中尽可能避免或减轻对环境的污染程度。只要人类转变自己的生产方式和消费模式，把绿色生产和绿色消费切实深入到日常生活中，做到生产、消费、环保同步进行，良好社会环境秩序的建设和优化将不再是难题。

二、公众环境自由

"自由"一词其本意指的是没有阻碍的状况。所谓阻碍指的是运动的外界障碍，包括无理性与无生命的非人造物和有理性的人造物。对于人类而言，自由是一种免于恐惧、免于奴役、免于伤害和满足自身欲望、实现自我价值的一种舒适和谐的心理状态。自由既有为所欲为的权利又有不损害他人的责任义务。自由的背后是自律，除了自律外自由还要接受他律，他律就是外在的道德和法律规则的约束。自由可以分为绝对自由和相对自由，绝对自由指的是个体能够完全按照本身所具有的意识和能力去做任何事情（不被其他个体或外在事物所强行改变，受到个体内在的约束条件限制）。相对自由指的是人类或其他具有高等行为的个体在外在的约束条件下（法律、道德、生态平衡等）能够去做任何事情（受到外在约束条件限制）。公众环境自由是指人类从事任何活动都不受到外在环境的限制和约束，可以自由选择其发展模式和生活方式。公众环境自由是一种相对自由，这种自由受环境本身以及他人追求环境自由要求的约束。

21世纪人类最大的困扰不仅是战争与经济问题，而且还有日趋严重并难以摆脱的环境问题。自从有了人，就有了人与自然的关系，人类对人与自然之间的关系的认识是随着科学的发展和人类改造利用自然界能力的提高而不断变化的。具体来说，人与自然的关系经历了三个阶段：第一个阶段是敬畏崇拜阶段。在古代社会，由于科学技术水平和知识认知能力的有限，人类在人与自然的关系中相对处于弱势地位，对众多自然现象存在迷惑、不解和恐惧的心理，是一种敬畏自然、崇拜自然与依赖自然的态度。第二个阶段是征服改造阶段。在古希腊哲学中，有一种主客二元分离、且又以主体（即人）为中心的传统。古希腊晚期的斯多亚学派也有以人为宇宙中心的思想，西方文化除了古希腊理性主义传统之外，基督教传统也蕴含着人的自我中心化结构。西方的理性主义和基督教神学传统所共同塑造的以人为中心的思想以及工业革命后经济和科学技术的迅猛发展使得人类开始不断开发掠夺地球资源、破坏生态环境，从而使人与环境的关系带有了敌对的性质。第三个阶段是和平共处阶段。正当人类陶醉于自己在认识、控制、征服自然界的活动中取得胜利的时候，从20世纪60年代开始，接踵出现的一系列环境问题和生态问题迫使人类对人与自然之间的关系重新思考和重新定位。由于人与自然环境之间的关系十分密切，使得人类因为之前的无知张狂遭到了大自然的惩罚报复，于是人类开始重新定位自己在人与自然相互关系中的地位，并不是像最初阶段一样处于敬畏崇拜的弱势地位，也不是像工业革命后对自然进行征服掠夺的强势地位，人类与自然应该是平等互利和平共处的关系。人类对自然资源的利用和生态环境的改造都应该遵循客观规律，人类与自然关系的现实命题，是共生、共赢、共荣，而不是肆意开发掠夺和无止境的破坏。

　　当人类开始意识到人与自然的正确关系后，如何在不破坏、不伤害自然生态环境的前提下最大可能地促进自身发展就成了人类必须思考的另一个重大命题。如何实现公众环境自由就是指人类如何在尊重自然规律的前提下，最大限度地发挥自身的能动性使自然环境为人类所用。首先，要充分发挥人类理性的作用。人与动物的重要区别之一就是人是有理性的动物，人有思维、会思考、能判断。人类之所以在第一个阶段没有正确认识人与自然的关系，是因为之前人类的知识水平有限导致认知能力和判断能力等各种能力相对欠缺和不足，从而使人类对自然存在敬畏崇拜的心理。在第二阶段，虽然经济、科技高速发展，人的认知水平和实践能力有了很大的提高，但因为人类不够理性，目光短浅，只顾眼前利益而忽视长远利益，人类最终遭受了大自然的疯狂报复。因此，想要实现公众环境自由，人类必须保持清醒的头脑和理性的思维，吸取以往的教训和经验，不再恐惧自然，也不再与自然作对，而是与自然保持一种和谐相容的关系，在改造自然满足人类需要的同时，约束人类自身的行为，兼顾自然界的和谐与稳定。其次，要依靠科学技术。现代科技的突飞猛进，为社会生产力发展和人类的文明开辟了更为广阔的空间，有力地推动了经济和社会的发展。现代的生态危机提醒我们，要与自然界保持和平共处仅仅拥有理性去发现问题是远远不够的，更为重要的是解决问题，对曾经被人类深深伤害的大自然采取补救措施。只有依靠先进科技才能使人类在自身发展道路上避免对大自然的再次伤害；只有拥有先进的科学技术，人类才能在继续利用自然、改造自然的过程中而不被自然环境所局限，实现真正的环境自由。

第三章 公众环境参与权利

第一节 公众环境参与权的产生及理论基础

一、公众环境参与权利的产生

在环境开发、利用、保护与改善活动中,任何单位和个人都享有平等的环境参与权,都平等地享有参与有关环境立法、司法、执法、守法与法律监督事务决策的权利。随着公众参与环境保护运动的深入,人们日渐重视并认同环境保护公众参与的作用及其参与权利,并通过相关立法对这一权利予以确认和保障。然而,环境保护公众参与的背景复杂,公众环境参与权利的理论基础具有多维性,可以从法学、经济学和政治学等学科角度予以阐述。

(一)国家与社会的分离与合作建构了公众环境参与权利的社会基础

参与权利是已载入法律而且供所有公民使用的普遍权利①,公民这一权利是在国家与社会分离的基础上产生的。从希腊时代开始,西方社会就开始了由城邦时代迈向帝国时代的进程,个人与国家、政府与社会开始疏离。到罗马帝国时期,市民社会在国家的支持下获得了一定程度的发展,反映在法律观念上则是个人与国家分离、国家被假定为法律的产物并尊重个人权利。中世纪蒙昧时代,市民社会被教会国家所吞没,个人权利消失。资产阶级启蒙时代以后,思想解放、追求个人权利的意识和法律意识增强,新贵族及君王和市民阶级由同盟转为对立,市民社会与国家日益发生分离和抗衡。由此,洛克(John Locke)认为政府权力是公民权利的让渡,政府是公民财产权的保护者。卢梭(Rousseau)认为国家权力的合法性植根于社会契约,每个人都

---

① [美]托马斯·雅诺斯基:《公民与文明社会》,柯雄译,辽宁教育出版社2000年版,第13页。

有权参加决定社会一切事务的权利并形成"公意",即形成不可分割、不可转让、代表至高无上的人民主权,人民主权创制政府和法律,政府负责执行法律和维持社会的以及政治的自由。在西方国家,国家与社会的分离给人们建造了自由和权利的"公共领域",形成了自公民革命以来的国家与家庭的二元社会结构。

近年来,在国家和市场以外,大范围的社会机构发挥着越来越大的作用,社会结构发生了重大变革。这些社会机构被冠以"非营利的""自愿性的""第三部门的"等称号,包括成千上万的环保组织、人权组织、消费者组织、民间社团、行业协会、职业协会、学校、医疗诊所、文化机构等,这些私人非营利部门(又称为第三部门、非政府组织等)构成了所谓的市民社会。市民社会在国家与私人之间形成了一个中介性社团领域,这一领域由与国家相分离的组织所占据,这些组织在与国家的关系上享有自主权,由社会成员自愿结合而形成以保护或增进他们的利益或价值。因而,复杂多元的现代社会结构为公民参与提供更广领域和更多途径,公民可以直接进行社会参与,也可以通过组织进行参与。在环境治理领域,西方国家的公众参与促进了国家与社会之间对环境保护的良性互动,环境NGO作为社会力量的集中代表在监督环境政策执行、环境信息收集、替代性方案的研究与设计及政策制定过程中均发挥了重要作用。政府在政治、经济等方面的支持提升了环境NGO的行动能力与号召力,公民的责任感与社会融合度在合作中提升。

国家与社会的分离建造了公民个人权利的存在空间,市民社会在制约国家权利的同时为公民权利的实现提供着护佑;公民对国家事务和社会事务的广泛参与推动了国家与社会合作,而国家与社会的合作又为公民权利的扩展和实现提供了机遇。因而,在现代公民社会的背景下,公民权利内容不断扩大,美国学者托马斯·雅诺斯基(Janoski,T.)把公民权利分解为法律权利、政治权利、社会权利和参与权利四种权利,而这四种权利又包括一些具体权利。[1] 雅诺斯基认为参与权利是公民主动争取的权利,它是通过公民自身的参与行为实现的,权利与参与者的身份相一致,但他同时认为公民的社会权利和参与权利是私人领域里的权利,只有在市场空间里才能实现。

---

[1] [美]托马斯·雅诺斯基:《公民与文明社会》,柯雄译,辽宁教育出版社2000年版,第40页。

(二) 政府在环境管制中的"失灵现象"需要公众参与进行弥补

与西方国家自由放任的市场经济一起消失的是"夜警"国家。进入现代福利国家后，西方国家的"夜犬式"小政府过渡到"从摇篮到坟墓"的大政府，行政权极度扩张，政府被赋予了干预社会、干预经济，甚至干预私人生活的种种职能，使人们"从摇篮到坟墓"都依赖国家和政府，国家和政府逐步演变为"行政国家"和"全能政府"。但是，事实证明全能型政府极易异化政府的行政职能，导致"政府失灵"。在全能型政府模式下，政府处于绝对的中心地位，社会公共事务绝大部分掌握在政府手中，社会公众被排除在公共话语之外，只在私人领域拥有参与权和决策权。由于公众权利与行政资源的分离，法律赋予公众参与社会管理的权利只具有形式意义或者只能在政府行政的边缘徘徊。[1] 公共事务管理中的中心—边缘状况使公众对社会事务的参与处于消极和无能的状态，一旦政府"失灵"就会出现潜在的危险。作为管制者的政府所掌握的信息常常是不完全、不充分的，结果导致政府在信息不对称状况下的管制效率低下，甚至管制失败。由于市场本身无法解决环境问题，必须依赖国家干预和政府环境管制，也就是说，"市场机制在环境保护方面的不足是国家承担环境保护职能的前提"。[2] 但由于政府环境管制本身存在局限性，这就反过来需要市场和公众参与予以弥补。因而，在环境保护中，政府与市场、与公众参与不是对立的，而是互补的。20世纪60—70年代，严重的环境污染和自然资源的日渐匮乏使一些西方国家的政府对环境公共事务的管理感到力不从心，逐渐认识到只有公众积极参与环境保护才能弥补政府环境管制的不足，一些自身生存的环境问题必须由公众自己督促和监督政府，或向政府提供可行性意见才能解决。"最好的政府，最好的服务"理论要求政府在行政过程中积极听取公民的意见，了解公众所想，吸收和利用社会公众力量来参与国家事务、社会事务的组织和管理。于是，政府鼓励公众参与到环境保护的事务中，参与意识逐步渗入人心并成了人们环境价值的权利追求，公众参与被众多国家写入法律条文当中，成为许多国家环境法律及国际性环境法律文件的原则。公众参与环境保护逐渐成为环境管理的重要方面，也成为国家环境管理的重要补充，弥补政府环境管理的懈怠和缺陷。成功的公众参与经验被广泛借鉴，公众参与环境保护不再局限于一国之内，环境保护成了全球性问题。

---

[1] 赵俊：《环境公共权力论》，法律出版社2009年版，第195~196页。
[2] 吕忠梅：《环境法新视野》，中国政法大学出版社2000年版，第79页。

（三）经济发展观念的转变、环境文化的变迁是公众环境参与权利产生的认识基础

"二战"以后，欧美以及亚洲各国都把主要精力集中在医治战争创伤、恢复经济发展上，却忽视了环境保护问题，使环境问题成了全球性问题，危害日渐凸显，人们的生理和心理都受到严重的影响。当今科学技术的飞速发展，提高了人类开发和利用自然的能力和效率，但也使人类破坏环境的能力增强。在可持续发展观念的影响下，人们逐渐认识到自然资源和环境是全民共有的财产，要求把社会经济活动和环境保护全面有机地结合起来。人们逐步调整发展观，重新审视经济发展与环境保护之间的关系，维护和改善人类赖以生存和发展的自然环境成了世界政治的重要主题。

在相对和平的政治环境下，人们关注生存环境的品质，对环境问题和环境管理方面的缺陷有了深刻的认识。起初人们仅仅将环境问题看做技术问题，并试图从提高开发利用环境的技术水平来防治环境污染，这种单纯的技术方法尽管在某一区域或某一时期取得成效，但对于全球范围和长时期的环境保护却无能为力。到20世纪50年代以后，人类开始对自己的思想和行为进行检讨，认识到无视自然是一个深刻的历史性错误，开始意识到要控制自己的行为以治理污染，在与自然界长期对立以后向自然界发出了第一个和解信号。"此时就已经孕育着文化变迁的因素，当人类怀着忏悔的心情开始重新调整自己行为方式和前进步伐，自觉地协调自身与自然的关系的时候，环境文化作为社会发展提出来的新主张开始成为人类社会的迫切需要并逐步得到社会的认可和法律的支持。"[1] 于是，人们开始接受"环境文化""环境道德""环境保护"等思想观念和思维方式。1962年美国生物学家卡逊（Rachel Carson）发表了《寂静的春天》，指出过量使用农药对环境和生物具有巨大破坏作用。这本书是现代环境保护思想的开端，环境保护中的公众参与思想就形成于这个时期，由此开始了浩浩荡荡的公众参与环境保护运动。1972年联合国在《人类环境宣言》中提出的"环境权"的概念，使人们认识到了自己的环境权利，传统民主政治遭遇了前所未有的信任危机，公民要求越过议会直接参与到行政过程中，以防止行政监管权力的滥用，实现真正的环境平等与正义。到20世纪90年代，各国均在环境文件中广泛使用"环境公众参与权"这一概念。

---

[1] 吕忠梅：《环境法新视野》，中国政法大学出版社2000年版，第97页。

二、公众环境参与权利的理论依据

在现代社会，环境保护已成为政府必须承担的行政职能和基本责任，各国政府都在积极采取行动对环境进行治理。但政府行使环境保护职权并不能削弱公众参与的价值，相反，随着社会的发展，环境保护公众参与的必要性愈加突出，公众参与程度愈加深入，公众参与已经成为公民使用的普遍权利。公众参与权利、公众参与环境保护主要有以下理论依据。

（一）公民环境权理论：公众参与是公民环境权的体现与保障

环境权概念的提出是在 20 世纪 60—70 年代，后来在一些国际性宣言，如《东京宣言》《人类环境宣言》及《里约宣言》中有体现。根据统计，到 1995 年世界上有 60 多个国家的宪法或组织法包括了保护环境的特定条款。[①] 在 20 世纪 70 年代，美国学者最先提出了环境权理论，他们认为"每一个公民都有在良好环境下生活的权利，这是公民环境权最基本的权利之一，应该在法律上得到确认并受到法律的保护"。《斯德哥尔摩人类环境宣言》第一条原则指出："人类有权在一种具有尊严和健康的环境中，享有自由、平等和充足的生活条件的基本权利，并且负有保护和改善这一代和将来世世代代的环境的庄严责任。"环境权是公民享有的在不被污染和破坏的环境中生存及平等利用环境资源的权利。其核心是人的生存与发展，是人之成为人或继续作为人生存与发展的首要权利和基本权利。基于每个人都有的与生俱来、不可剥夺的享有适宜环境的权利，公众对任何污染破坏环境资源的行为都有权依法进行监督和干预，并通过一定的方式和途径自由平等地参与环境管理，这是公众维护并实现其环境权的最基本的方式和途径。

《东京宣言》第五条规定："我们请求，把每个人既有的健康和福利及不受侵害的环境权和当代人传给后代的遗产作为一种富有自然美的自然资源的权利，作为一种基本人权，在法律体系中确定下来。"在这种对环境权利的呼吁下，一些国家及国际组织均相应地将"环境权"的相关内容写入了环境保护法律文件之中。

公众环境参与的理论基础之一是当代人和后代人的环境法权。1970 年 4 月 22 日美国首次地球日纪念活动以出乎意料的规模和持续时间席卷全国，这次活动标志着美国人民在严重的环境危机中的觉醒，它除了使人们加深对生态学的认识外，还推动了公众民主意识的发展。在地球日活动中，人们大声

---

① 蔡守秋：《环境政策法律问题研究》，武汉大学出版社 1999 年版，第 105 页。

疾呼保障人的环境权利，人们普遍认为人人生而具有享受清洁健康和充裕的环境的权利，而法律对这一权利的保障太不充分。这次活动影响深远，波及全世界，标志着现代环境权理论与实践大发展的开始。此后，许多国家如雨后春笋般地涌现了环境保护政党和环境保护运动组织，环境保护运动此起彼伏。环境自然科学的迅速发展以及世界人权运动的日益高涨促进了环境权理论的日益完善与创新。在各国环境保护浪潮与公众舆论的压力下，基于政党利益和统治者自身的经济与环境利益，各国统治者不断反思和调整自己的经济发展模式与目标，通过立法来确认环境权的方式以缓解经济发展与环境保护之间的矛盾，缓和政府与公众、企业与公众以及政府之间的矛盾。公众的环境权益在这些斗争中得到了不同程度的保护和改善。

第一，各国在立法中明确规定公民的环境权。目前越来越多的国家将环境保护纳入了宪法，对环境权作了不同程度的政策性宣告。例如，我国1982年宪法第9条规定："国家保障自然资源的合理利用，保护珍贵的动物和植物……"第26条规定："国家保护和改善生活环境和生态环境，防治污染和其他公害。"1980年《智利共和国政治宪法》第19条规定："所有的人都有权生活在一个无污染的环境中。""国家有义务监督、保护这些权利，保护自然。"1992年的《马里宪法》、1994年的《阿根廷宪法》等均对公众的基本环境权利和义务作了类似的宣告，与此同时，这些国家还制定了多层次、内容丰富的环境法律法规，确立了一些司法判例来具体保障落实这些基本权利和义务。

第二，国际环境文件中规定了环境权。环境法权已被写进了许多国际环境法律文件中，比如1972年《斯德哥尔摩人类环境宣言》原则一规定："人类具有在一个有尊严和幸福生活的环境里，享有自由平等和充足的生活条件的基本权利。"宣言进一步宣称："各国政府对保护和改善现代人和后代人的环境具有庄严的责任。"1986年9月在世界环境与发展委员会会议上讨论的《环境保护和可持续发展的法律原则》在基础人权或世代人的平等权利方面已包括"全人类对能满足其健康和福利的环境拥有基本的权利"和"各国为了当代和后代人的利益应保护和利用环境及其自然资源"等内容。1992年世界环发会议通过的《里约宣言》在原则十规定了公众参与与知情权的原则，明确提出了"环境问题最好是在全体有关市民的参与下，在有关级别上加以处理。在国家一级，每一个人都应适当地获得公共当局所有的关于环境的资料，及包括关于在其社区内的危险物质和活动的资料，并有机会参与各项决策进程。各国应通过广泛提供资料来便利及鼓励公众的认识与参与；应让人人都能有效地使用司法和行政程序，包括补偿和救济的程序"。

第三，强调个人环境权的优先性。在个人环境法权与国家的关系问题上，传统的观点认为环境法权是国家的法律授予的，没有国家的授予，个人就不能享有相应的环境权。但在民主制的社会里，人民的基本环境权是自己争取得到的，是与生俱来的政治性权利。国家权力要合理行使环境公权，保护人民的环境公益，要创造条件促使环境公法权合法行使并保证环境私法权的实现。

（二）环境民主论：公众参与环境保护的法治基础

人民主权原则是法治国家最高的宪法性原则。我国是人民民主专政的社会主义国家。人民是国家的主人，国家的一切权力属于人民。《中华人民共和国宪法》第2条三款规定，"人民依照法律规定，通过各种途径和形式，管理国家事务，管理经济和文化事业，管理社会事务"。这里的社会事务当然包括环境事务。由此可以说，环境民主是社会主义民主政治制度的必然要求。

现代民主和现代法治相辅相成。法治需要以民主为基础，而民主更强调公众的参与，包括参与国家的立法、执法、司法以及法律监督等诸多领域，最终达到法治的目的，即以公民权利抗衡政府权力。公众参与是环境民主这一现代民主理念在环境保护领域中的具体应用，是环境法治领域内公众环境权利对环境公权力的制约，这是环境法治的重要内容和基础保障。环境法治状态的实现，取决于环境民主的真正确立。环境民主的精神不仅在于一个社会的环境政策和环境法应该通过民主程序来制定，而且还应当允许、鼓励和保障公众参与环境管理。

公众参与原则是环境保护和环境管理的民主方式，是人民主权原则在环境法上的必然要求。《中华人民共和国宪法》第27条第二款规定："一切国家机关和国家工作人员必须依靠人民的支持，经常保持同人民的密切联系，倾听人民的意见和建议，接受人民的监督，努力为人民服务。"第41条第一款规定："中华人民共和国公民对于任何国家机关和国家工作人员有提出批评和建议的权利；对于任何国家机关和国家工作人员的违法失职行为，有向有关国家机关提出申诉、控告或者检举的权利……"这些都为公众参与环境保护，行使社会监督权利提供了明确的宪法基础。

20世纪后半叶西方国家普遍出现了议会权力衰落，行政权力扩张的现象，代议制民主难以满足维护民众利益的需要，甚至因参与的间接和有限导致人民与政府之间产生距离感和不信任。在这种背景下，西方国家出现了"参与式"民主，也就是通过公众对社会公共事务的普遍参与来克服代议制的不足，人们越过议会直接参与社会公共事务的管理。社会主义国家的全体成员同国家的关系是他们自己同自己的现实事务的关系,国家向来重视公民广泛参与政府管理和社会政治生活的重要性,强调只有通过这种途径才能真正实现人民当家做主。

(三)环境合作论:环境问题的解决需要公众参与

环境问题本身具有复杂性和解决的艰难性,环境问题的解决必须依靠管理者与被管理者和公众之间的通力合作,以降低执法成本,加强社会监督,从而提高环保效益。从环境执法的角度来讲,环境管理者在执法时需要环境使用者的配合,执法者在制定环境标准和环保制度时要考虑环境使用者的利益,执法者要充分肯定和鼓励环境使用者有益于环境保护的行为。同时,环境使用者要遵守环境保护的各项制度、标准,积极配合环境管理者的执法活动。只有环境管理者与被管理者及其公众之间协同合作,环境政策和环境法律才能顺利地贯彻落实。[①] 因此,环境合作常常体现为公众积极参与、配合环境管理者的监管活动,环境合作原则常常具体化为公众参与原则。

事实上,政府环保监管是有局限性的,提高违法的查处概率需要投入大量的资源,如建立执法机关、招募执法人员、进行人员培训等,政府不可能解决所有的环境问题,也不可能对所有环境违法行为进行查处和追究。政府也是由人组成的,执法者也存在偷懒和寻租现象。因此,有序的公众参与有助于对政府偷懒和寻租行为进行监督和制约,在一定程度上保证政府环境决策更加公正和合理。因此,寻求公众对环境保护的帮助与支持,可以拓宽政府的环境信息来源,充实执法依据,降低执法的成本,提高政府环境决策的科学性和准确性,也有利于公众环境权益的保护。

三、公众环境参与权的基础理论

环境公共信托理论和社会事务"治理"理论是环境公众参与权利的基础,这些理论直接体现了公众环境参与的必要。

(一)环境公共信托理论

公共信托理论起源于罗马法,古罗马法学家查士丁尼(Justinian)在《法学阶梯》一书中在对"物"进行分类时包含了财产公共信托的思想。他认为:"某些物依据自然法是众所共有的,有些是公有的,有些属于团体,有些不属

[①] 陈德敏:《环境法原理专论》,法律出版社2008年版,第83页。

于任何人，但大部分物是属于个人的财产，个人得以不同方式取得之。"① 对公有物和共用物人们可以自由利用，国家只能作为公共权力的管理者或受托者享有权利。当有人妨害自由利用时，司法部长可以发出排除妨害的命令以保护共同利用权，也可以根据侵害诉讼而对妨害人处以制裁。

公共信托理论后来被移植到美国环境法领域，公共信托原则成为美国环境法的重要部分和重要原则。20世纪70年代初期，密歇根大学约瑟夫·L.萨克斯（Joseph L. Sax）教授提出了环境资源管理的公共信托理论，他认为空气、水、阳光等人类生活所必需的环境要素就其自然属性和对人类社会的重要性而言，它应该是全体国民的"公共财产"，任何人不能任意对其进行占有、支配和损害。为了合理支配和保护这些"共有财产"，共有人委托国家来管理。国家对环境的管理是受共有人的委托行使管理权的，因而不能滥用委托权。萨克斯教授的环境公共信托理论有三个相关的基本原则：第一，将水、大气等这种对公民全体生存至关重要的公共资源作为私有的对象是不合适的且不明智的；第二，大自然对人类的恩惠不受个人的经济地位和政治地位的影响，公民可以自由地利用；第三，政府不能为了其本身的利益将可广泛、一般使用的公共物予以限制或改变分配形式。

萨克斯教授的公共信托理论的实质是以信托形式将本应由公众行使的管理环境资源的权利转交给民选的环境资源管理机关，人们为了合理支配和保护"环境公共财产"委托国家对环境事务进行管理。政府的环境事务管理权来自人民委托，人民在将环境资源管理的一般权力授予政府行使的同时，也保留了对其受托行为的过程与结果进行监督的权力，并在必要的时候直接参与决策、发表意见。政府作为受托人取得了信托财产的所有权，但更重要的是承担相应的义务，为了委托人的利益而管理和利用信托财产。因而，"环境公共信托原则是一个以保护环境为目的的重要法律原则，它既包含了政府保护环境的首要的义务，同时也包含了每个公民相对应的要求政府实施其义务的权利"。②

（二）"治理"理论

近代社会虽然是走向民主的社会，但从国家对社会事务的管理模式来看，经历了从"统治"（government）到"治理"（governance）的蜕变。传统社会

---

① ［古罗马］查士丁尼：《法学总论——法学阶梯》，张企泰译，商务印书馆1989年版，第48页。
② 转引自吴卫星：《环境权研究》，法律出版社2007年版，第053页。

治理的"统治"模式强调国家对社会事务管理权的唯一独占性，在权力运行机制上表现为"命令—服从"的关系模式，按照统治的原则确立管理与被管理、命令与付出的关系，管理过程中的权力运行呈自上而下的单方向度，国家与公民之间是一种不平等的隶属关系。

20世纪90年代以来，治理理论开始兴起，并在实践上导致了一场席卷西方的政府治道变革。传统行政管理体制和职能发生了根本性变化，政府管理模式逐渐从人治走向法治，从封闭走向开放，从统治走向治理。与传统统治模式不同，治理的主体是多元的，可以是公共机构，也可以是私人机构，还可以是公私机构的合作。治理是一个上下互动的管理过程，它强调政府在运用权力的时候，必须考虑目标团体的参与，强调政府与管理对象之间的沟通、反馈与回应。政府主要通过合作、协商、伙伴关系，形成共同的目标等方式实施对公共事务的管理，并提倡最大范围的公众参与。在治理模式中，政府以回应和满足人民的需求为最主要目标，并且通过公众参与行动来共同完成。在责任共同的前提下，官民彼此建立共同的价值观、共同的社区意识、共同的国家认同以及共同的民主政府，在充分的沟通和利益协调之下，达到共赢。

从统治走向治理是现代社会管理模式的大势所趋，现代社会事务的高度复杂性决定了任何强大的政府都无法单独凭借一己之力实现对社会的良好管理，过于集中的权力运作只会增加政府和领导人的决策负担，继而影响统治的合法性。通过广泛的公众参与，可以分担决策负担，保证决策的科学性、民主性，才能适应社会发展的需要。正如未来学家托夫勒（Alvin Toffler）指出的"沉重的决策担子，最后将不得不通过较广泛的民众参政来分担解决，否则政治制度无法维持"。

西方政治学家和管理学家提出治理理论，主张用治理代替统治，是缘于在社会资源的配置中政府与市场的双重失灵，以期用治理机制对付市场或者国家协调的失败。尽管"治理可以弥补国家和市场在调控和协调过程中的某些不足，但治理也不可能是万能的，它也内在地存在许多局限，它不可能代替国家而享有合法的政治暴力，它也不可能代替市场而自发地对大多数资源进行有效配置"。[①] 为了避免治理失效的可能性，不少学者主张提高"有效的治理"和"善治"，希望在政治国家与公民社会之间建立一种新颖关系，政府与公民对公共生活进行合作管理。"善治"是政府与公民之间良好合作的治理，没有公民自愿的合作和对权威的自觉认同，没有公众对公共事务管理的

[①] 俞可平主编：《治理与善治》，社会科学文献出版社2000年版，第7页。

参与和合作，不可能有良好的治理。因此，公众参与是善治的核心要素和基本条件，公众不仅参与社会政治生活，而且广泛参与包括环境治理在内的社会生活。

第二节 公众环境参与权利的构成及其性质

公众参与权是指公众参与公共事务管理和决策的权利。公众环境参与是公众参与环境决策和参与管理环境公共事务的活动，其中的公众包括一切与环境保护相关的社会团体、企业、社会组织和普通群众。

一、公众环境参与权利的构成

公民参与权是宪法、行政法都予以确认和保护的权利。公民的各种政治参与权利是其政治权利的重要内容。我国宪法规定的公民有对国家机关及其工作人员的监督权以及各种形式的管理国家事务、社会事务，管理经济和文化事业的管理权，即属于公民的政治参与权利。行政法对行政参与权的内涵、权利特征和基本内容进行了深入研究，学者们普遍认为："行政参与权是指行政相对人通过合法途径参加国家行政管理活动以及参与行政程序的权利。"[①]"行政参与权是指行政相对人可以依照法律规定，通过各种途径参与国家行政管理活动的权利。"[②] 认为行政参与权是一项程序权利，行政参与权实质上就是行政程序参与权，"是行政相对人为了维护其自身的合法权益而参与到行政程序过程中，就涉及的事实和法律问题阐述自己的主张，从而影响行政机关作出有利于自己的行政决定的一种权利"，行政程序参与权是一个程序权利体系，由获得通知权、陈述权、抗辩权和申请权等具体程序权利体现出来。[③]

环境法中的参与权是指公众通过一定的程序和途径参与与环境保护有关的决策和实施活动，使其符合自身利益的权利。公众环境参与权是一项公众的法律权利，这项权利主要表现为公众在参与环境决策和环境管理的过程中，充分发挥参与权作用，影响环境法律政策和规划的制定、影响环境处罚和环境决定的作出。公众作为独立的和主动的权利义务主体，通过具体的环境参与能够产生符合自己意愿的结果，有效保护公众和社会的环境权益。公众环

[①] 胡建淼：《行政法学》，法律出版社2003年版，第135页。
[②] 应松年主编：《当代中国行政法》（上卷），中国方正出版社2005年版，第148页。
[③] 章剑生：《现代行政法基本理论》，法律出版社2008年版，第394~404页。

境参与权利是一个程序权利体系，由环境知情权、环境立法与决策参与权、环境管理参与权、环境诉讼参与权、环境监督权、环境协助权等具体权利体现出来。

（一）环境知情权

知情权，或称"了解权""接触权""资讯权"等。知情权一词源于英文 right to know，在日本称为"知的权利"，是第二次世界大战以后随着资讯化社会的来临而出现的新兴权利。1766年瑞典制定的《出版自由法》规定了公众为出版而享有阅览公文书的权利，国家机关和其他公共机构有公开信息的义务，这是最早以法律形式规定的知情权。1966年美国制定的《信息自由法》使知情权成为法定权利。20世纪60年代末70年代初学者们在著述中把知情权作为法学概念使用，当时"知情权"是与国民通过宣传媒介而"获得信息的自由"相关的用语。作为法律权利的知情权是指由法律规定的公民或组织获取信息的权利。根据该权利的实现是否必须有义务人直接的积极行为作条件，可以分为"知情自由"和"知情权利"。知情自由是根据法律规定公民、法人及其他组织不受妨害地获取信息的自由；知情权利是根据法律规定公民、法人及其他组织向特定的国家机关、公共机构，以及其他公民、法人及其他组织请求公开信息的权利。

环境知情权是公众有获得有关本国乃至世界环境状况、国家环境管理状况以及自身所处的地方环境状况的信息的权利。公众是享有信息公开权利的权利主体，而政府和相关机构则是知情权的义务主体。环境知情权的客体是环境信息或环境资讯，环境信息包括环境公共信息和个别信息，前者是指向全社会公开发布的环境信息，如环境状况公报、空气质量日报等，后者是指在具体主体的要求下提供的个别信息，如某污染企业的排污数据等。有学者把环境信息归纳为：环境政策法规信息、环境管理机构信息、环境状态信息、环境科学信息和环境生活信息。[①]

环境知情权是公众参与环境保护的前提和基础，没有环境资讯的公开和了解，公众无法真正有效地参与环境决策和环境保护。环境资讯公开、满足公众环境知情要求，不仅有利于形成政府与民众的沟通与合作机制，促进环保工作的有效开展，而且是环境保护民主化的必要条件，是"人们有权知道环境的真实状态"的立法体现。公众获取环境信息是对政府进行有效监督的前提，公众及时全面了解环境信息有利于监督政府的环境行政行为，有利于

---

① 高家伟：《欧洲环境法》，工商出版社2000年版，第131页。

减少政府环境决策失误。因此,环境知情权以及为保障知情权而建立的资讯公开制度对环境保护具有十分重要的意义。许多国家及国际组织为了保护和实现公众环境知情权均建立了环境行政公开制度并通过立法予以保护,使环境知情权成为由法定程序加以保障的一项权利。

（二）环境立法与决策参与权

环境立法与环境决策参与权是指环境利益相关人和社会公众就环境立法和决策所涉及的与其利益相关或者关乎公共利益的重大问题,以提供信息、表达意见、发表评论、阐述利益诉求等方式进行参与的权利。在环境立法和决策过程中,政府（广义的政府）有关机关和部门允许、鼓励环境利益相关人和社会公众参与其中,可以提高环境立法和决策的公正性、正当性和合理性,可以保证立法的质量与决策的正确。公众参与环境立法和决策是决策者与受决策影响的利益相关人之间的双向沟通和互动过程,利益相关人和社会公众可以对环境法律、法规和规章制定直接发表意见、提出建议,也可以通过参加立法听证会表达意见。"从国家环境管理的意义上,公民的参与仅仅是通过选举、讨论和批评等方式进行。而这里,公民作为环境权的享有者,则是自始至终参与到国家环境管理的预测和决策过程中去,享有比行政法上更加广泛的权利。"[1]

（三）环境管理参与权

环境管理参与权是公众在环境许可、环境规划、环境影响评价、环境执法和环境监管等环节的参与权利。环境管理参与权体现在公众直接参与环境法律政策实施上,包括参与开发利用的环境管理过程以及环境保护制度的实施;参与环境科学技术的研究、示范和推广;参与环境保护的宣传教育和实施公益性环境保护行为。我国1996年修订的《水污染防治法》《环境噪声污染防治法》以及《建设项目环境保护管理条例》都有关于征求建设项目所在地单位和居民的意见的规定,《行政处罚法》关于行政处罚应当应被处罚人的申请举行听证的规定,《行政许可法》关于涉及公共利益的重大许可事项的行政机关应举行听证的规定,就是为了保障公众的参与权利而设定的。

（四）环境诉讼参与权

公众环境诉讼参与权是指当行政主体的违法行为、行政不当行为或者行政不作为对公众环境权益造成侵害或有侵害之威胁时,直接利害关系人或第三人有向人民法院提起行政诉讼以维护公共环境利益和公众自身环境权益的

---

[1] 吕忠梅:《环境法新视野》,中国政法大学出版社2000年版,第128页。

权利，主要包括向国家环境行政部门主张权利和向司法机关要求保护权利两项内容。这一权利属于行政救济的一种，同时也是公众参与环境保护的一种保障途径。公众的环境诉讼参与权，除了直接以原告名义起诉外，还包括环保社会团体支持受害者起诉、公众去法院旁听以监督法院做到公正审判等。环境诉讼尤其是环境公共利益的诉讼，备受媒体、群众、政府机关的关注，从而促使环境行政部门完善管理，增强公众环境参与意识，这是一种间接参与方式。

（五）环境监督权

公众对环境行政机关和工作人员享有监督权。我国宪法、行政复议法和行政诉讼法等规定公民、法人和其他组织享有对行政工作的建议权和批评权，对不法工作人员的控告和揭发权，对具体行政行为申请复议和行政诉讼的权利等，它们是公众环境监督权的依据和基础。环境监督是公众有效的环境外部参与行为，监督对象是行政机关及其工作人员的具体环境行政行为。环境监督是公众参与原则的要求，也是环境民主的具体体现。发挥公众的监督作用可以保证环境执法的公平公正，有利于政府决策部门在制定环境政策、法规、规划或进行开发建设项目可行性论证时做到程序化、规范化和法制化。

（六）环境协助权

环境协助权是公众主动协助国家机关进行环境管理和环境建设的权利，同时，环境协助也是公众的义务。公众的环境协助权包括：第一，环境维护权。每一个公民都有权利通过适当途径参与环境保护活动，公众自觉形成良好环境意识、保护改善环境资源、配合环境行政机关进行管理、形成清洁舒适优美环境，这是公众最基本的环境权利义务。第二，报告权。公众对环境破坏行为、环境危害行为、环境违法行为等有向环境行政机关举报的权利；企业和其他组织对环境和人体有潜在危险的生产经营行为有报告的权利和义务。第三，制止权。公众对环境不道德行为有当场制止的权利。第四，环境建设投资权。公众、企业和其他社会组织投资环境基础设施和环境公益事业是最好的直接环境参与。环境公共产品的主要提供者是政府，但是，公众、企业和其他社会组织有权利投资环境基础设施建设，有权利从事环境公益事业。

二、公众环境参与权的性质

环境权作为一项自然权利早已存在，但作为一项法律权利是在20世纪60年代以后产生的。公民环境权不是凭空产生的，而是有着深刻的社会根源和基础。"环境权作为环境法学理论和环境法律体系的基础性范畴,从根本上讲就是近代以来环境问题日益严重,人与自然关系不断恶化的必然结果。""环境权正是人们在应对全球性环境危机、重新审视人和自然关系过程中提出的一项新型权利和法律理念。"①

(一) 环境权的性质

要理解环境参与权的性质必须首先了解环境权的性质。环境权成为法律权利之后,人们对环境权的性质有着不同的认识,提出了以下不同的观点。

环境人权说。即认为公民环境权是一项基本人权,或是人权的组成部分。日本学者松本昌悦认为:《人类环境宣言》把环境权作为基本人权规定下来了,环境权是一项新人权,是继法国《人权宣言》《世界人权宣言》之后人权发展的第四个里程碑。我国大多数学者也认为环境权是一项基本人权,吕忠梅教授在《论公民环境权》一文和《环境法新视野》一书中认为:环境权是一项基本人权。环境权作为基本人权是既合乎理性分析又为立法实践所承认的一项人权,它已为一系列国内和国际法律文件所肯定,这项权利是由生存权发展而来的新型权利。她进一步认为环境权是独立的人权,它既是其他人权的基础,更是对其他人权的控制。② 陈德敏教授认为,环境权本质上是一项基本人权,它包括两层含义:第一,在国内法上,环境权是一项具有宪法位阶的人权;第二,在国际法上,环境权是一项集体人权,可以称之为国家环境权或人类环境权。③ 但是,也有学者认为公民环境权不是一项人权,认为保护环境的确需要法律依据,目前法律在这方面存在缺陷,但只要扩大传统的人格权和财产权的保护,以及更新侵权理论,就足以弥补传统法律的缺陷,不必要再确立一项概念模糊的环境权。也有学者认为,公民环境权作为人权或宪法权利还无法确定,因为目前无论是国内法还是国际法,对环境权都没有一个确切的法律定义,因而无法确定公民环境权的定义。

环境人格权说。由于公民是最基本、最重要的环境权主体,公民的环境权益包括了人身权益,侵犯环境权的后果往往表现为对公民身体、健康的损害,因此,一些学者认为环境权属于人格权。在日本的司法实践中,法院往往将侵犯环境权的行为视为侵犯人格权来进行法律救济,如 1970 年大阪国际机场公害案和 1980 年的伊达火力发电厂案的判决。日本宪法学者大须贺明认

---

① 陈德敏:《环境法原理专论》,法律出版社 2008 年版,第 115、117 页。
② 吕忠梅:《论公民环境权》,载《法学研究》1995 年第 2 期;《再论公民环境权》,载《法学研究》2000 年第 6 期;《环境法新视野》,中国政法大学出版社 2007 年版,第 104~124 页。
③ 陈德敏:《环境法原理专论》,法律出版社 2008 年版,第 133 页。

为环境权寓于《日本宪法》第 25 条的生存条款中，他从该条款推导出公民享有的环境权，从而使环境权是一种人格权的主张有了宪法依据。①

环境财产权说。这种学说主张环境权是一种财产权，美国密歇根大学约瑟夫·L. 萨克斯教授的观点最具有代表性。他认为，空气、阳光、水、野生动植物等环境要素是全体公民的共有财产；公民为了管理他们的共有财产而将其委托给政府，政府与公民从而建立起"信托"关系。政府作为受托人有责任为全体公民，包括当代美国人及其子孙后代管理好这些财产，未经委托人许可，政府不得自行处理这些财产。

环境公益权说。唐湘敏先生认为，环境权是一种公益权，它所保护的是公共利益，具有公益性，它是环境问题的产物，是由环境法来确立和维护的，它的行使目的是为维护公共环境利益。② 朱谦先生认为，无论是公众的环境权还是国家环境行政权都是为了维护公共环境利益，公益性是其显著特征，这是公众环境权与公民其他民事权利区别的标志。③

环境私权说。与环境公益权说相对，有学者主张环境权的私权性质。阳东辉先生认为将环境权视为公权，是混淆了权力、权利与义务概念之间的区别，他认为环境权属于私权的范畴。④ 马晶先生认为环境权是为了保护当代人的环境利益，应将抽象的环境权具体化，使之纳入民事法律关系。环境权只有首先作为一种私的权利或称民事权利，环境法才能真正回复到以人为本的基点，这与环境法的初级目的是一致的，即保障当代人的健康。⑤

环境自得权说。徐祥民教授认为，环境权是人类作为一个整体共同享有的权利，环境权属于全人类，这种权利的内容是自得的。所谓自得就是自己满足自己的需要，而不是等待别的什么主体来提供方便，也不需要排除来自其他主体的妨碍。环境权作为一种自得权是靠环境义务的履行来实现，靠义务主体对义务的主动履行来实现。⑥

环境社会权说。吴卫星先生认为，环境权是兼有自由权性质的社会权。环境权是新兴的社会权，是具有特殊性的社会权。⑦

---

① [日] 大须贺明：《生存权论》，林浩译，法律出版社 2001 年版，第 194~207 页。
② 唐湘敏：《论环境权》，载《求索》2002 年第 1 期。
③ 朱谦：《论环境权的法律属性》，载《中国法学》2001 年第 3 期。
④ 阳东辉：《环境权基本问题探讨》，载《黑龙江政法管理干部学院学报》2002 年第 1 期。
⑤ 马晶：《论环境权的确立与拓展》，载《法学》2001 年第 4 期。
⑥ 徐祥民：《环境权论——从人权发展的历史分期谈起》，载《2003 年中国环境资源法学研讨会中国海洋大学法学院论文集》。
⑦ 吴卫星：《环境权研究》，法律出版社 2007 年版，第 104~108 页。

环境权是一种复合型权利，其权利主体、客体内容都相当广泛，其表现形式复杂多样，加上环境权提出的时间不长，人们对环境权性质的认识不一致是在情理之中的。然而，这并不否定对环境权基本认识的统一。随着环境问题日渐变得复杂和严重，人们都认识到将环境权作为法律权利予以保护是必要且迫切的。而且人们也认识到环境权是一项权利与义务紧密结合的权利，环境权利与环境义务是统一的。环境权利是一项基本的人权，是应该由宪法予以确认和保护的基本权利，在权利性质上具有宪法位阶。同时，这种由宪法予以确认和保护的基本权利具有社会权利的属性，具有公共利益与个人利益相交融的特点，它既不是纯粹的公益权，也不是纯粹的私权，是一种超越传统公益权与私权的新型法律权利。

（二）环境权的内容

环境权是一个由多项子权利组成的内容丰富的权利系统。公民在环境法上的权利义务是公民环境权的主要内容。根据权利与义务的统一来看环境权的内容，学者们大多把各项具体的环境权利划分为实体性环境权和程序性环境权。

1. 实体性环境权

吕忠梅教授在《再论公民环境权》一文中认为：环境权至少应该包括环境使用权、环境知情权、环境参与权和环境请求权四个方面的内容。其中，环境使用权就属于实体性的环境权。环境权的核心是在于保障人类现在和将来世世代代对环境的使用，以获得满足人类生存需要和经济社会发展的必要条件，因此，环境权首先要肯定其主体对环境的使用权。各国环境立法中关于日照权、眺望权、景观权、静稳权、嫌烟权、亲水权、达滨权、清洁水权、清洁空气权、公园利用权、历史性环境权、享用自然权等都是关于环境使用权的规定。[①] 高家伟先生认为：实体环境权是指公民享有的与环境质量有关的权利，如防止环境危害发生的请求权、环境赔偿请求权等。

陈泉生先生认为，由于环境权的客体——环境自然资源具有生态功能和经济功能，所以环境权包括生态性权利和经济性权利。前者体现为环境法律关系主体享有一定质量水平的环境并生活、生存繁衍其中，其具体化为生命权、健康权、日照权、通风权、安宁权、清洁空气权、清洁水权、观赏权等。后者表现为环境法律关系主体对环境资源的开发与利用，具体化为环境资源权、环境使用权、环境处理权等，并且基于环境权的权利和义务的不可分割

---

① 吕忠梅：《再论公民环境权》，载《法学研究》2000年第6期。

性，环境权的内容还包括环境保护的义务。① 陈泉生先生所阐述的环境生态性权利和环境经济性权利都是环境使用权利的具体化，在具体法律关系中环境经济性权利就是环境用益物权，这种权利适用于民事法律关系。

吴国贵先生认为，实体性环境权利除了包括生态性权利和经济性权利外，还应包括环境精神性权利。作为环境权内容的精神性权利就是在确认人身作为环境客体基础上的环境人格权，是自然人所享有环境美学价值的健康心理权而非其他精神价值的权利，其意义是对人的环境精神性利益的合理承认。② 吴国贵先生所分析的环境精神性权利实际上就是环境健康权。

实体性环境权是公民享用、使用公共环境以及公共环境设施的权利，从本质上来看环境权是公民对环境品质的享用权。环境权的客体是空气、阳光、水、野生动植物等环境要素，以及土地、森林、草原等各种自然资源，这些环境资源的价值具有多元性，环境资源的不同价值由不同的部门法分别予以确认和保护。"在环境价值多元性的背景下，经济法、物权法注重的是对资源开发、对其经济价值的利用。而环境法则是从自然资源的生态价值出发，侧重于对资源的保护。与之相对应的是，环境权本质上是对于环境资源的质量或品质的享受，是对其非经济价值的利用和享受。而对于环境资源经济价值的利用和享受，则是物权的内容。"③ 与其他物权以独占或者殆尽物的效用特征不同，环境物权具有特殊性。尽管环境权的客体也是物质形态的环境及其构成要素，但在享用或使用环境的过程中不是以个体独占或者用尽、破坏环境为目的，而是以保护和修复环境为前提来享用或使用环境，环境用益物权的价值是从物质的客体中呈现出来的生态的、文化的、精神的或审美的利益。因而，实体性环境权就是公民依据宪法和环境基本法所享有的享用清洁、健康和美丽的基本环境权利。尽管公民的基本环境权利是实体性权利，但是，有些权利在受到侵害时却很难进行救济，如大气环境污染、全球气候变暖、酸雨等问题对人类健康造成的损害，因造成损害事实的侵害主体不确定，就难以进行司法救济。

2. 程序性环境权

环境权既是一种实体性的权利，又是一种程序性的权利。程序性环境权

---

① 陈泉生：《环境权时代与宪法环境权的创设》，载《福州大学学报》（哲学社会科学版），2001年第4期。
② 吴国贵：《环境权的概念、属性》，武汉大学环境法研究所网站，http://www.riel.whu.edu.cn（2016年3月18日访问）。
③ 吴卫星：《环境权研究》，法律出版社2007年版，第98~99页。

利是实体性环境权利的重要保障，没有程序保障的实体性环境权利难以实现。吕忠梅教授认为，在环境权利体系中知情权、参与权和请求权是三种程序性权利，她对这三种程序性权利进行了分析。知情权又称信息权，是国民对本国乃至世界环境状况、国家环境管理状况以及自身环境状况等有关信息获得的权利。这一权利既是国民参与国家环境管理的前提，又是环境保护的必要民主程序。参与权是人们通过参加决策和政策制定活动而自觉投入环境保护事业中，是保护人权免受一切政策制定的偏向消极影响的方法之一，也是联结集体环境权与个人环境权的纽带，即通过立法建立一种沟通和协调不同利益集团利益的谈判机制和协调机制。①

吴卫星先生认为，公民参与国家的环境决策是程序性环境权利的要义，公民参与环境决策权包括：环境知情权、环境立法参与权、环境行政执法参与权、环境诉讼参与权。朱谦先生在《论环境权的法律属性》一文中基于对环境权公益性特征的论述，认为环境权的内容包括公众的环境知情权、环境决策参与权和公众诉权三个方面。其中，公众的环境知情权是公众实现环境权的基础和前提，公众诉权也是环境公益权的重要体现。② 黄应龙先生强调对实体性环境权与程序性环境权二者不可偏废，因为通过创设环境参与的法律途径，能够对环境成本和收益的不公平分配作出救济；程序性环境权能够将受环境恶化影响的弱势群体包容在改变环境的社会决策之中。③

程序性环境权不仅能够保障环境财产价值实体权利的实现，而且更重要的在于民众通过一定程序参与环境决策在环境价值与其他社会价值之间形成平衡。我国台湾地区学者叶俊荣先生强调用程序性权利来保障环境权，应当用民主参与的理念来考量环境决策资源的分配，宪法上的环境权应以民主参与为本位，也就是说"宪法中若应有环境权，则此权应以肯认民众适度参与环境决策的程序权为妥"。因此，他主张"将环境权定性为参与决策的程序权，以别于传统有舒适环境的实体权"。④ 从而达到合理建制与民主参与的目标。

（三）环境参与权的性质

公众环境参与权利来源于宪法对公民可以各种形式管理国家事务、社会

---

① 吕忠梅：《环境法新视野》，中国政法大学出版社2007年修订版，第126~131页。
② 朱谦：《论环境权的法律属性》，载《中国法学》2001年第3期。
③ 黄应龙：《论环境权及其法律保护》，载徐显明主编《人权研究》第2卷，山东人民出版社2002年版，第396页。
④ 叶俊荣：《环境政策与法律》，中国政法大学出版社2003年版，第32、4页。

事务，管理经济和文化事业的管理权的规定。公众环境参与权是宪法赋予公众环境基本权利在环境管理领域的具体化，是公众自愿地通过各种途径参与环境保护过程并以直接和间接方式影响环境决策。公众环境参与权利是参政权的自然延伸，当公众参与影响环境立法和决策时这种参与权就成了公民参政权的重要组成部分。

环境参与权是一种程序权利。所谓"程序权利是指为制约国家机关的权力，保障公民实体权利的实现，在一定的法律程序中为公民设定的权利"。[①] 程序权利的权利主体是公民，义务主体是国家机关。根据所属法律程序的不同，程序权利可以分为选举程序权利、立法程序权利、行政程序权利和诉讼程序权利。公众环境参与的程序权利属于行政程序权利，然而，由于环境法律关系的特殊性决定了环境程序权利的权利主体——公众既可是某一具体的公民，也可以是人数不确定的群体或环保 NGO，其义务主体是实施国家环境行政权力的机关。公众环境参与权存在于政府环境决策和环境管理的全过程之中，即在环境立法、环境决策过程中以及在环境执法、环境处罚、环境影响评价、环境许可等具体环境管理活动中公众都有参与权利。环境程序权利是一项主观权利，公众环境参与的目的是为了实现自身的环境权益，影响政府环境法律政策和规划的制定、影响环境处罚和环境决定的作出。

公众环境参与权利是事前保障权利。公民参与权利是从民主原则发展而来的一种政治权利。在代议制民主制度下，人民如何监督代表、代议机关如何制约和监督行政权力是民主政治长期面临的问题，特别是"行政国家"的现象形成以后，如何控制行政权的扩张成为 20 世纪民主国家的重要议题。因此，"在此背景下，传统的代议制民主获得了完善和修正的契机，公众直接参与行政事务的直接民主形式遂获得了法律的确认，以期透过公众直接参与，实现公民权对行政权的有效制约和监督"。[②] 公众环境参与是环境民主的体现，环境参与权是公民参与权的重要方面。公众直接参与环境保护不仅对改变日益严重的环境状况具有积极意义，而且可以限制环境公权力的任意性、可以提高政府环境决策的科学性和环境管理水平，对公众的环境权益起着事前保障作用。

---

① 郭曰君：《论程序权利》，载《郑州大学学报》（社会科学版）2000 年第 6 期。
② 吴卫星：《环境权研究》，法律出版社 2007 年版，第 97 页。

第三节 公众环境参与权利保障

一、公众环境参与权利的保障模式

(一) 环境权利的保障模式

任何权利都需要保障，没有保障的权利是虚幻的权利，也是无法实现的权利。无论是天赋的自然权利，还是后天争取得来的权利，都只有在宪法、法律和必要的制度设置保障的前提下才有可能实现。有学者认为，权利保障有广义与狭义之分。狭义的权利保障是指权利未受侵犯或破坏之前就存在的各项措施或制度的保障。广义的权利保障除上述含义外，还包括权利受侵犯、破坏之后而存在的权利救济。[1] 有学者认为，对于任何权利的保护都可以区别为正面规定和反向救济两种方式。所谓正面规定就是指通过法律的明确宣示，表达国家保护的意图和方法。反向救济则是指当权利受到侵害时，国家提供某种正式的救济手段和途径，即宪法保障。[2] 有学者从比较宪法学的角度进行考察，认为对基本权利的保障主要有两种模式。一是绝对保障模式，又称为"依据宪法的保障"模式，是指对宪法所规定的基本权利，其他法规范不能加以任意限制或规定例外情形。在实践中，宪法保障通常伴随具有实效性的违宪审查、宪法诉讼、宪法监督、宪法修改、宪法解释等制度设置，是直接依据宪法规范并通过宪法自身设置的制度而实现的。二是相对保障模式，又被称为"依据法律的保障"模式，是指允许其他法规范对宪法所规定的基本权利加以直接有效的限制或客观上存在这种可能性的方式。相对保障模式，宪法本身就规定或默示对自身所确认的某些权利可以予以限制，如规定某种宪法权利"其内容由法律规定""在法律的范围内"予以保障等。[3]

世界上，对环境权的权利保障模式有两种。一是俄罗斯和南非的模式。即由宪法直接规定，把公民环境权确认为一项直接有效并通过司法予以救济的宪法基本权利。俄罗斯《宪法》第2章第42条规定："人人有权享有良好环境及有关环境条件之可靠资讯，也有权要求因违反环保法律所造成对其健康或财产损害之赔偿。"南非共和国《宪法》第2章规定了基本权利，其中第

---

[1] 杨春福：《权利法哲学研究导论》，南京大学出版社2000年版，第162页。
[2] 张千帆：《宪政、法治与经济发展》，北京大学出版社2004年版，第292页。
[3] 林来梵：《从宪法规范到规范宪法》，法律出版社2001年版，第94~95页。

24条规定了环境权，第8条第1款则规定，此权利法案适用于全部法律，并对立法、行政、司法和国家所有机关都具有约束力。1980年《智利共和国政治宪法》第19条规定："所有的人都有权生活在一个无污染的环境中。""国家有义务监督、保护这些权利，保护自然。"1992年《刚果宪法》第46条规定："每个公民都有拥有一个满意和持续健康的环境的权利，并有保护环境的义务。国家应监督人们保护和保持环境。"1992年《马里宪法》、1994年《阿根廷宪法》等均对公众的基本环境权利和义务作了类似的宣告，同时，这些国家还制定了内容丰富的环境法律法规，确立了一些司法判例来具体保障落实这些基本权利和义务。

二是环境权的相对保障模式。目前大多数国家和地区的宪法都认为环境权不同于自由权，不具有直接的、可执行的效力，无法获得法院的直接保护。德国、意大利和西班牙等国认为，宪法规定的公民环境权只是国家的基本国策或政策目标的宣示，只具有指导性和纲领性，其只有经过其他法律的进一步具体化才能成为公民个人的主观权利，才能获得法院的司法保护。① 大韩民国《宪法》第35条第2款规定，环境权的内容和行使由法律规定。在日本，环境权虽然在学界获得了普遍的认同，但在司法活动中，法院往往对环境权予以否认。②

人们认为国外的环境权立法起始于美国1969年的《国家环境政策法》，该法第一篇对国家及公民在保护环境方面的权利（权力）和义务作了详细规定，如第3条强调："国会认为，每个人都应当享受健康的环境，同时每个人也有责任对维护和改善环境作出贡献。"但是，这些规定实际上仅是一种政策宣告，在环境诉讼中，此类政策宣告的地位和作用很微弱。由于实体环境权的概念模糊，自1992年里约会议开始，国际环境法转向对环境知情权和参与权的关注。1998年，联合国欧洲经济委员会通过了《在环境事务中获得信息、公众参与决策和诉诸司法的公约》，将这方面的国际立法推向了高峰。这种转向对国内法产生了较大影响，环境知情权、参与权受到越来越多国家的重视。③

（二）公众环境参与权利的国际法渊源

一些国际性环境法律文件较早确立了公众参与原则。1972年《斯德哥尔

---

① 高家伟：《欧洲环境法》，工商出版社2000年版，第121~127页。
② 汪劲：《环境法律的理念与价值追求》，法律出版社2000年版，第247~248页。
③ 吴卫星：《环境权研究》，法律出版社2007年版，第132页。

摩人类环境宣言》原则一规定:"人类具有在一个有尊严和幸福生活的环境里,享有自由平等和充足的生活条件的基本权利。"宣言宣称:"各国政府对保护和改善现代人和后代人的环境具有庄严的责任。"

1982年《内罗毕宣言》第9条原则指出:"应通过宣传、教育和训练,提高公众和政界人士对环境重要性的认识。在促进环境保护工作中,必须每个人负起责任并参与工作。"

1986年9月在世界环境与发展委员会会议上讨论的《环境保护和可持续发展的法律原则》在基础人权或世代人的平等权利方面已包括"全人类对能满足其健康和福利的环境拥有基本的权利"和"各国为了当代和后代人的利益应保护和利用环境及其自然资源"等内容。

1992年世界环发会议的成功召开标志着环境权理论的一次历史性进步,大会通过的《里约环境与发展宣言》在肯定了以往环境权理论的同时有一些重大突破,如原则十规定了公众参与与知情权的原则:"环境问题最好是在全体市民的参与下,在有关级别上加以处理。在国家一级,每一个人都应能适当地获得公共当局所持有的关于环境的资料,包括关于在其社区内的危险物质和活动的资料,并应有机会参与各项决策进程。各国应通过广泛提供资料来便利及鼓励公众的认识和参与。应让人人都能有效地使用司法和行政程序,包括补偿和补救程序。"该宣言第20~22条原则还分别强调了妇女、青年、土著居民和地方社区参与环境管理的重要性。

《21世纪议程》高度重视公众参与,在第23章"第三部分前言"中指出,要实现可持续发展,基本的先决条件之一是公众的广泛参与决策。此外,在环境和发展这个较为具体的领域,需要新的参与方式,包括个人、团体和组织需要参与环境影响评价程序以及了解和参与决策,特别是那些可能影响到他们生活和工作的社团的决策。《21世纪议程》在第3篇的第24~32章中详尽地阐述了妇女、儿童和青年、土著居民及其社团、非政府组织、工人、农民等参与环境保护和可持续发展进程的行动依据、目标、活动和实施手段。

1992年《关于环境合作的北美协定》为公众参与提供了体制保障。它创设了一个常设性的双边机构——环境合作委员会(the Commission for Environmental Cooperation)。该委员会由一个理事会、一个秘书处和联合公共顾问委员会(Joint Public Advisory Committee)组成。该协定是第一个建立相关程序允许个人、环境组织和商业机构对成员国不履行环境法的行为提出申诉的环境协定。

1998年的《奥胡斯公约》对公众参与作了比较详细的规定。该公约第6、

7、8条分别规定了以下三种参与环境决策的类型：参与有关具体活动的决策；参与环境方面的计划、方案和政策；参与拟定执行规章和有法律拘束力的通用准则文书。关于参与有关具体活动的决策的范围，该公约采用了列举式加概括式的混合模式。为确保公众参与的有效性，《奥胡斯公约》作了以下规定：第一，在一项环境决策程序的初期，应充分、及时和有效地酌情以公告或个别通知的方式向所涉公众告知各种信息（第6条第2款）。第二，每个缔约方应安排公众及早参与，准备各种方案以供选择，并让公众能够有效参与（第6条第4款）。第三，公众参与程序应让公众能够以书面形式或酌情在公开听证会或对申请人的询问过程中提出其认为与拟议活动相关的任何意见、信息、分析或见解（第6条第7款）。第四，每个缔约方应确保公众参与的结果在决策中得到应有的考虑。在公共当局作出决定后，及时按照适当程序通知公众，应允许公众查阅决定的案文并了解决定所依据的理由和考虑（第6条第8~9款）。

2002年《约翰内斯堡可持续发展宣言》指出："我们认识到可持续发展需要有长远的观点，在各级政策制定、决策和实施过程中都需要广泛参与。作为社会伙伴，我们将继续努力与各主要群体形成稳定的伙伴关系，尊重每一个群体的独立性和重要作用。"

二、我国公众环境参与权利的法律规范保障

环境保护公众参与在我国有着广泛的法律基础。公众参与是现代法治的基本理念和社会管理的基本形式，各个层级和领域的立法都有程度不一的相关规定，为我国公众参与环保事务提供相应的规范和指导。环境保护公众参与的法律依据庞杂，在诸多法律规范性文件中都有一定的规定。

（一）环境保护公众参与的宪法依据

《中华人民共和国宪法》在"总纲"和"公民的基本权利和义务"中的相关规定为中国公民参与环境保护提供了权利基础和宪法保障，其主要条款有：第2条第3款："人民依照法律规定，通过各种途径和形式，管理国家事务，管理经济和文化事业，管理社会事务。"这一规定是我国公民参与环境管理的宪法基础。第26条第1款：国家保护和改善生活环境和生态环境，防治污染和其他公害。第27条第2款：一切国家机关和国家工作人员必须依靠人民的支持，经常保持同人民的密切联系，倾听人民的意见和建议，接受人民的监督，努力为人民服务。第41条：中华人民共和国公民对于任何国家机关和国家工作人员，有提出批评和建议的权利；对于任何国家机关和国家工作人员的违法失职行为，有向有关国家机关提出申诉、控告或者检举的权利，

但是不得捏造或者歪曲事实进行诬告陷害。对于公民的申诉、控告或者检举，有关国家机关必须查清事实，负责处理。任何人不得压制和打击报复。

（二）一般法中关于公众参与的相关规定

这里的"一般法"是指不针对特定社会领域而对一般事务均有效的法律规范。这些法律规范中有关公众参与的条款既为包括环境保护在内的各项社会公共事务提供了法律支持，也是环境保护公众参与的重要法律渊源。

《立法法》关于公众参与的有关规定。《立法法》第5条规定："立法应当体现人民的意志，发扬社会主义民主，保障人民通过多种途径参与立法活动。"第34条第1款、第35条、第58条分别规定了列入常委会议程的法律案和起草过程中的行政法规应当广泛征求公众意见，并规定了征集形式包括座谈会、论证会、听证会。第92条第2款则赋予公民在认为行政法规等下位法同宪法或法律相抵触时，有向全国人大常委会提请书面审查建议的权利。

《行政许可法》关于行政许可事项中公众参与的有关规定。《行政许可法》第5条第2款规定："有关行政许可的规定应当公布；未经公布的，不得作为实施行政许可的依据。"第19条规定立法草案拟设定行政许可的，"起草单位应当采取听证会、论证会等形式听取意见，并向制定机关说明设定该行政许可的必要性、对经济和社会可能产生的影响以及听取和采纳意见的情况"。第20条第3款则规定："公民、法人或者其他组织可以向行政许可的设定机关和实施机关就行政许可的设定和实施提出意见和建议。"第46条规定涉及公共利益的重大行政许可事项的听证应当听证。第65条赋予个人和组织对违法行政许可的举报权。第72条规定了行政机关"不在办公场所公示依法应当公示的材料的"或"依法应当举行听证而不举行听证的"时的法律责任。

在法规层面，《行政法规制定程序条例》《规章制定程序条例》《政府信息公开条例》等对公众参与问题都有相应的规定。《行政法规制定程序条例》第12条、16条第2款、17条、20、21、22条和《规章制定程序条例》第13条第3款、第14、15、18、20、21、22、23条分别对行政法规和规章制定过程中的公众参与作出了规定，涉及法案起草和送审稿两个阶段，包括书面征求意见、座谈会、论证会、听证会等形式。《规章制定程序条例》第15条并对规章起草阶段的立法听证程序作出了详细规定。《政府信息公开条例》不仅规定政府应主动公开"涉及公民、法人或者其他组织切身利益的"或"需要社会公众广泛知晓或者参与的"重要信息，从而为公众参与创造基本条件，而且规定"公民、法人或者其他组织还可以根据自身生产、生活、科研等特殊需要，向国务院部门、地方各级人民政府及县级以上地方人民政府部门申

81

请获取相关政府信息"。该条例第 20 条并规定了公众申请获取政府信息的方式及申请书的内容，第 26 条则明确规定："行政机关依申请公开政府信息，应当按照申请人要求的形式予以提供；无法按照申请人要求的形式提供的，可以通过安排申请人查阅相关资料、提供复制件或者其他适当形式提供。"

（三）环境法律中关于公众参与的规定

这里的"环境法"是指以保护和改善环境为直接目的，调整人们在环境资源的开发、利用和保护过程中所发生的环境社会关系的法。环境法中的公众参与规定是环境保护公众参与最直接、最主要的法律依据。

从环境法律层面来看，我国二十余部法律层级的环境法中，多数都规定有公众参与的相关条款，包括《环境保护法》《海洋环境保护法》《环境影响评价法》《清洁生产促进法》《循环经济促进法》《大气污染防治法》《水污染防治法》《固体废物污染环境防治法》《放射性污染防治法》《环境噪声污染防治法》《森林法》《水法》《草原法》《渔业法》《野生动物保护法》《海岛保护法》《防沙治沙法》《水土保持法》，等等。

从环境法规层面来看，国务院根据宪法和环境法律以及全国人大常委会的授权制定的有关环境、资源保护的行政法规（条例、规定、办法等），国务院各部、委制定的关于环境、资源保护的部门规章，省、自治区、直辖市人民政府以及省会市和较大的市人民政府制定的关于环境、资源保护的地方规章，其中关于环境资源保护公众参与的有关规定，也是公众参与的重要规范依据。

环境法律、法规和规章中关于环境保护公众参与的规定十分具体，内容丰富，下面仅就对公众参与环境保护有直接规定的环境法律、法规和规章作以阐述。

我国 1989 年的《环境保护法》对公众环境参与权利作了一定的规定，如该法第 5 条规定："国家鼓励环境保护科学教育事业的发展，加强环境保护科学技术的研究和开发，提高环境保护科学技术水准，普及环境保护的科学知识。"从该条可以看出，公众可以参加环境科学教育与环境科技研究与开发。第 6 条规定："一切单位和个人都有保护环境的义务，并有权对污染和破坏环境的单位和个人进行检举和控告。"该条明确了公民的检举权和控告权。为了鼓励公民参与环境保护，该法第 8 条规定："对保护和改善环境有显著成绩的单位和个人，由人民政府给予奖励。"在紧急情况下为了保护公民的人身安全，该法第 31 条规定了污染通报机制，即"因发生事故或者其他突然性事件，造成或者可能造成污染事故的单位，必须立即采取措施处理，及时通报可能受到污染危害的单位和居民……"为了救济环境受害者，该法第41条规定："造成环境污染危害的，有责任排除危害，并对直接受到损害的单位或者个人赔偿损失。"从而明确了公民的危害排除和损害赔偿请求权。

2014年4月24日，十二届全国人大常委会第八次会议对《中华人民共和国环境保护法》进行了修订，自2015年1月1日起施行。新修订的《环境保护法》更加重视环保公众参与问题，明确环境保护要"坚持保护优先、预防为主、综合治理、公众参与、损害担责的原则"。把公众参与作为环境保护必须坚持的一项重要原则。该法要求企业事业单位和其他生产经营者应当防止、减少环境污染和生态破坏；公民应当增强环境保护意识，采取低碳、节俭的生活方式，自觉履行环境保护义务。政府应当加强环境保护宣传和普及工作，鼓励基层群众性自治组织、社会组织、环境保护志愿者开展环境保护法律法规和环境保护知识的宣传，营造保护环境的良好风气。政府应当对保护和改善环境有显著成绩的单位和个人，由人民政府给予奖励。国务院有关部门和省、自治区、直辖市人民政府组织制定经济、技术政策，应当充分考虑对环境的影响，应当听取有关方面和专家的意见。该法第五章"信息公开和公众参与"专门规定了环境保护公众参与问题，明确规定公民、法人和其他组织依法享有获取环境信息、参与和监督环境保护的权利。要求各级政府环境保护主管部门和其他负有环境保护监督管理职责的部门，应当依法公开环境信息、完善公众参与程序，为公民、法人和其他组织参与和监督环境保护提供便利。对依法应当编制环境影响报告书的建设项目，建设单位应当在编制时向可能受影响的公众说明情况，充分征求意见。公民、法人和其他组织发现任何单位和个人有污染环境和破坏生态行为的，有权向环境保护主管部门或者其他负有环境保护监督管理职责的部门举报。对污染环境、破坏生态，损害社会公共利益的行为，符合条件的社会组织可以向人民法院提起诉讼。

2002年的《环境影响评价法》对于公众参与环境影响评价的程序、方法以及效力作了比较刚性的规定，自此，公众参与制度向前迈进了一大步。该法第5条规定，"国家鼓励有关单位、专家和公众以适当方式参与环境影响评价"，确立了公众的范围；第11条规定了公众参与环境影响评价的方式和效力："专项规划的编制机关对可能造成不良环境影响并直接涉及公众环境权益的规划，应当在该规划草案报送审批前，举行论证会、听证会，或者采取其他形式，征求有关单位、专家和公众对环境影响报告书草案的意见。但是，国家规定需要保密的情形除外。编制机关应当认真考虑有关单位、专家和公众对环境影响报告书草案的意见，并应当在报送审查的环境影响报告书中附具对意见采纳或者不采纳的说明。"

2006年国家环保总局颁布了《环境影响评价公众参与暂行办法》，对公众参与环境影响评价的方式以及程序等做出了比较全面的专门性规定。该《办法》第2条规定了公众参与的范围："对环境可能造成重大影响、应当编制环境影响报告书的建设项目；环境影响报告书经批准后，项目的性质、规模、地点、采用的生产工艺或者防治污染、防止生态破坏的措施发生重大变动，建设单位应当重新报批环境影响报告书的建设项目；环境影响报告书自批准之日起超过五年方决定开工建设，其环境影响报告书应当报原审批机关重新审核的建设项目。"第4条规定了公众参与实行公开、平等、广泛和便利的原则；第8条和第9条规定了信息公布的范围和内容；第19条到31条规定了公众参与的程序与组织形式，这是该法的核心内容。与《环境影响评价公众参与暂行办法》配套，2007年国家环保总局出台了《环境信息公开办法（试行）》，该《办法（试行）》重点规定了政府环境信息公开和企业环境信息公开制度，这对公众参与的顺利进行从信息的来源方面提供了制度保障，自此，公众环境知情权的具体化和制度化向前跨出了可喜的一步。

1996年8月3日《国务院关于环境保护若干问题的决定》强调："建立公众参与机制，发挥社会团体的作用，鼓励公众参与环境保护工作，检举和揭发各种违反环境保护法律法规的行为。"2005年12月3日颁布的《国务院关于落实科学发展观加强环境保护的决定》第五部分"建立和完善环境保护的长效机制"第27条"健全社会监督机制"中则明确要求："实行环境质量公告制度，定期公布各省（区、市）有关环境保护指标，发布城市空气质量、城市噪声、饮用水水源水质、流域水质、近岸海域水质和生态状况评价等环境信息，及时发布污染事故信息，为公众参与创造条件。公布环境质量不达标的城市，并实行投资环境风险预警机制。发挥社会团体的作用，鼓励检举和揭发各种环境违法行为，推动环境公益诉讼。企业要公开环境信息。对涉及公众环境权益的发展规划和建设项目，通过听证会、论证会或社会公示等形式，听取公众意见，强化社会监督。"这是对公众参与环保的有力倡导，亦是解决我国环境问题的迫切要求。

三、我国公众环境参与权利保障存在的问题

目前我国公众参与环境保护活动的程度不高，热心参与环保的公民难以有效地参与环境管理，公民环境参与的法律保障不健全，公众环境参与缺少有效路径。具体表现在以下几个方面。

第一，公众环境参与权没有成为环境法所确认的公民环境权和宪法所确认的基本人权，没有被确认或体现为环境法的一项基本原则。公民享用适宜的工作和生活环境，表达其关于环境的态度和愿望，参与环境的保护是基本人权的重要内容，因此，公民的环境权应当纳入公民所享有的基本权利，并得到环境基本法和其他综合性环境法律的确认和体现。公众参与是公民行使和保护自己环境权利的重要行为方式，它应得到环境基本法和其他综合性或单行环境法律的确认和体现。国外大多数国家的环境基本法或综合性环境法律已经把公众参与确认或体现为环境法的一项基本原则，但我国的《环境保护法》却没有做到这一点，其他的单行环境法律关于公众参与的规定非常有限的。

第二，环境法律法规当中的公众参与制度设计没有摆脱行政管制的旧框架，现有环境法中规定的公众参与范围狭窄，且多为服从性的规定，公民主动行使或激励公民主动行使基本环境权利的实体性和程序性规定不足。在现行的参与制度中虽然扩大了公权运行中的社会介入程度，增强了政治合法性，但参与制度在实际运行中，在某些项目环评审批和环境宏观决策中，政府缺少公众参与的压力。决策者以权力主体的视角去看待群众意见，将自己主观所设想的公众利益体现在决策过程和结果之中。公众参与是加强国家机关外部监督制约机制的重要手段，公众参与环境保护的范围越宽，监督力度越大，不仅有利于公众民主权利和环境基本权利的保护，有利于环境保护和经济发展，而且可以促进政府环境保护工作的透明、公开、公正。我国《环境保护法》对公民设立的主动性权利仅为检举权、控告权和污染损害救济申请权，该法规定的环境保护奖励、紧急情况下的通知、环境科学教育等对公民可能产生的惠益规定均属于被动的反射利益，从实质来看这些权利不属于环境基本权利。因此，我国公民参与环境保护的权利范围极其狭窄，各单行性专门环境法律法规规定的公民参与权利一般限于参加环境影响评价中的意见征求活动和检举、申诉、建议等权利。

第三，公众参与环境保护权利的实现主要是在政府倡导下进行的，参与权利难以真正实现。在许多情况下，我国公众参与并非公众的自觉行为，而是在政府的引导下进行的。公众参与先由各级政府及其环保部门通过媒体对政府的某一环保决策进行公布和报道，使公众对此决策有初步了解，然后由政府组织公众进行一些宣传教育活动和倡议性的签名活动，发放一些调查问卷，等等。这种实现公众参与环境保护权利的方法缺乏系统性和持续性，公众很难全面了解决策的可行性，也难以提出自己的看法。实际上公众参与权利的核心——对政府环境行为的监督意义被剥离了，公众无法对政府环境权力进行有效监督，无法有效保护自己的环境权益。

第四，环境知情权的保障不够，公众环境参与权利实现缺少必要条件。环境信息不公开，公众参与是一句空话。新修订的《环境保护法》第五章对环境信息公开做了专门规定，要求各级人民政府环境保护主管部门和其他负有环境保护监督管理职责的部门都应当依法公开环境信息。国务院环境保护主管部门统一发布国家环境质量、重点污染源监测信息及其他重大环境信息。省级以上人民政府环境保护主管部门定期发布环境状况公报。县级以上人民政府环境保护主管部门和其他负有环境保护监督管理职责的部门，应当依法公开环境质量、环境监测、突发环境事件以及环境行政许可、行政处罚、排污费的征收和使用情况等信息。但是从目前情况来看，政府机关和官员仍然依靠掌握的决策权力对公共信息资源进行垄断，许多公共事务的处理变成了政府系统内部的事务。从目前政府机关和官员仍然依靠掌握的决策权力对公共信息资源进行垄断，许多公共事务的处理变成了政府系统内部的事务。环境政务公开的政策性突出，过于原则，公开的环境信息内容狭窄，而且只公开公共信息，没有企业环境信息披露制度，公众无法了解企业环境行为的信息。我国环境行政公开的方式主要是行政主体主动公开，知情权的享有者处于弱势地位，无法全面行使公众参与环境决策和管理的权利；对政府和环保部门不公开环境信息的行为，法律条文中没有规定具体的救济措施，只是追究不予公开主体的内部责任。因而，公众难以了解到全面的环境信息，其参与缺乏必要的知情条件。

第五，公众环境参与权利没有得到有力的司法保障。在我国环境立法中，对于公众参与规定得最全面和最完善的是《环境影响评价法》及《环境影响评价公众参与暂行办法》。但是，我国公众参与环境影响评价缺乏足够的司法保障，《环境影响评价法》对违反不征求公众意见或者不吸收公众参与是否应承担法律责任，以及承担何种法律责任未加规定。《环境影响评价公众参与暂行办法》从程序上规定了公众参与的途径、方式，以及政府和建设单位的信息公布义务等，但没有对政府和单位违反公众参与的法律责任进行规定。

四、健全我国公众环境参与权利的保障体系

完善我国公众环境参与的法律法规，对公众环境参与权利的行使进行完善的制度体系设计，为公众参与环境保护提供法律保障，可以更好地保护我

们生存和发展的环境,实现经济社会的可持续发展。

(一)在立法上明确规定公民环境权

公众参与是实现公民环境权的手段和措施,公众环境参与权利的实现必须在法律上明确公民环境权。环境权是环境法律主体就其赖以生存、发展的环境所享有的基本权利和承担的基本义务。环境权是与公民的环境利益密切相关的权利,它应该作为一项基本人权在我国宪法中予以确认,宪法应该承认环境权是一项基本人权,承认公民有在良好的环境中生活的权利,以便为在法律和法规中确立环境权奠定宪法依据。其次应在法律层次(包括环境保护基本法、单行环境法以及民法、行政法、诉讼法等相关法律)上确认环境权,只有在法律上规定了实体性环境权利,作为程序性权利的公众参与权才能具有更大的权利效力,才能有更大的制度意义和权利价值。

(二)完善环境信息公开制度

新修订的《环境保护法》明确了环境信息公开制度、公众环境信息知情权制度,为公众掌握充分的环境信息和获得真实全面的环境信息提供了制度保障,为公众环境保护参与提供了客观基础。为保证环境保护公众参与的真实性,在环境法律法规中规定公民有权利按法定程序获取信息,政府和企业则有提供充分和及时环境信息的义务,这是公众参与环境保护的前提要求。因此,环境知情权这一权利不仅是公民参与国家环境管理的前提,而且也应成为环境保护诸多制度的基础。实现环境信息知情权而确立的公众参与法律制度主要体现为信息公开法律制度。《政府信息公开条例》《环境信息公开办法(试行)》的正式施行,以立法的形式在我国确立了环境信息公开制度,这是公众参与的一大历史性成就。但是《环境信息公开办法(试行)》还存在诸多不足的地方,如公民环境信息知情权的价值取向体现不明显,没有体现公民环境权利本位的思想等,尚需在总结经验的基础上不断修改和完善。

(三)完善环境决策参与权制度

环境参与权是公众有权参与环境立法、执法、政府决策等可能影响环境的活动的程序性权利。为确保环境参与权而设计的公众参与法律制度主要包括环境立法公布之前的立法意见征询制度,与公众的重大切身利益密切相关的环境决策听证制度、公民参与环境影响评价制度等。扩大环境立法听证的范围,凡是与公众切身利益相关的立法都必须实行听证。在环境影响评价中,应该将环境影响评价对象的范围扩大到对环境质量具有重大影响的立法和其他重大政府行为,包括官方政策、正式计划、正式规划和具体项目等都应该纳入到听证的范围。完善立法听证程序的规则并使之具体化,听证会参加人的产生可以借鉴日本立法听证中关于公诉人选拔的做法，立法听证的方式可以采用类似于美国的混合听证方式，即召开公听会、专家听证会和舆论评价等方式结合在一起。

（四）建立和完善公众环境参与权利的司法保障制度

公民环境权益在受到侵害后有寻求有关部门救济的权利，这一权利就是环境请求权。围绕环境请求权的实现而确立的公众参与法律制度，包括环境纠纷的处理制度、环境公益诉讼制度等，其中，环境公益诉讼制度是公众环境参与法律制度的核心，是公众参与原则的重要制度保障。因此，设立违反公众参与的法律责任和救济机制，赋予公众环境参与权受侵害时的救济请求权，建立环境公益诉讼制度十分必要。

建立环境公益诉讼制度首先要扩大环境行政诉讼中的原告范围。《行政诉讼法》第2条规定："公民、法人或者其他组织认为行政机关和行政机关工作人员的具体行政行为侵犯其合法权益，有权向人民法院提起诉讼。"《关于执行中华人民共和国行政诉讼法若干问题的解释》第12条规定："与具体的行政行为有法律上利害关系的公民、法人或者其他组织对该行为不服的，可以依法提起行政诉讼。"也就是说可以向人民法院提起行政诉讼的，必须是与被诉具体行政行为有直接利害关系的公民、法人或者社会组织。然而，环境损害往往具有公益性和群体性，受害者本人可能由于能力或意愿等原因而不能起诉，《行政诉讼法》关于原告主体资格的规定对我国环境保护领域中起诉权有较大的限制，使得有能力有环保意愿的环保团体或其他不受环境损害的公民不能对环境违法、环境侵权甚至只是纯粹环境上损害的行为起诉，明显不利于环境保护事业的开展，不利于环境法治的实现。因此，在环境公益诉讼中不能拘泥于法律的规定，必须以维护社会和公众的正当环境权益为诉讼目的，将受到"可以辨认的事实上的损害"作为足以确认原告的环境诉讼主体资格的条件，使公众可以对损害或者可能损害环境的行政行为提起诉讼。同时，为了防止环境公益诉讼被滥用，影响政府管理活动和环境保护执法部门的执法活动，增加法院的诉讼成本，可以在对政府执法不力、告知义务和保证金等方面作一定的诉讼限制。

（五）发挥环境 NGO 在公众参与中的作用，通过环境 NGO 表达和维护环境权利

非政府环境保护团体（环境 NGO）是公民表达自己意愿的重要社会性利益团体，是一种有力的公众参与模式。他们凭借强大的组织实力、广泛的民众参与和有力的法律保障，不仅监督企业的排污、治污行为，还可能影响环

境立法。所以，为了充分行使公众参与环境保护的权利，就应该积极推进民间环保组织的发展和完善。政府应该转变观念，正确理解非政府组织存在的价值和必要性，深刻认识非政府组织在社会经济发展和国际活动中的积极作用，保护和促进它的发展。从环保组织自身来看，首先应该积极参与国家立法的制定，环保组织要对国家立法可能给环境带来的影响进行分析，并对环境立法提出合理建议，避免不利影响；环保组织应积极参与环境规划和建设项目的环境影响评价，将公众普遍的利益和愿望反映出来，对专项规划和项目的环境影响提出建设性的意见，阻止可能危害公众利益和国家长远环境利益的规划和建设项目的决策实施；积极参与对行政机关的执法监督，维护公民的环境权益，推进我国环境公益诉讼制度的发展；积极参与环境管理制度的实施，关心环境标准制度、环境标志制度、清洁生产制度等环境监督管理制度的制定和实施。

第四章 中国环境保护公众参与概况

第一节 中国环境保护公众参与的发展过程

环境保护公众参与作为公共治理领域的一个新实践,在中国经历了从无到有、由政策方针到法律制度、从抽象口号到具体制度的发展过程,这一过程可大致分为三个阶段。

一、萌芽时期（20 世纪 70 年代至 90 年代初）

中国的环保事业起步于 20 世纪 70 年代,政府有关部门从一开始就意识到吸收和发挥公众力量参与环境保护的重要作用。1971—1972 年,北京官厅水库污染事件引起了党和国家领导人的重视,环境问题开始进入官方视野。1972 年,中国代表团获邀赴瑞典斯德哥尔摩参加首次联合国"人类环境会议"。这次会议不仅使中国官员认识到环境问题的重要性,实现了"环境觉醒",而且也认识到公众参与之于环境保护的重要性。会议的最终成果《联合国人类环境宣言》提出"为实现环境目标,要求人民和团体以及企业和各级机关承担责任,大家平等地从事共同的努力。……会议呼吁各国政府和人民为着全体人民和他们的子孙后代的利益而作出共同的努力","广泛地扩大个人、企业和基层社会在保护和改善人类各种环境方面提出开明舆论和采取负责行为的基础"等包含了公众参与的思想。会议突破了国际会议以政府为唯一主体的传统,由大量非政府组织甚至个人等"公众"积极参与这次会议并发挥重要作用,给与会的中国官员留下了深刻印象。

受这两件事的影响,1973 年 8 月 5 日,在周恩来总理的大力支持下,国务院召开了新中国第一次全国环境保护会议,正式启动了我国环境保护事业的历史进程。这次会议的重要成果之一是提出了我国环保工作要坚持"全面规划、合理布局、综合利用、化害为利、依靠群众、大家动手、保护环境、造福人民"的方针，为我国的环保事业指明了方向，其中"依靠群众、大家动手"即体现了浓厚的公众参与理念。1979年，在经济社会领域的许多立法尚且空白的历史时期，我国就制定了作为环境保护基本法的《环境保护法（试行）》，不仅以法律形式确立了环保工作方针，而且规定了："公民对污染和破坏环境的单位和个人，有权监督、检举和控告。被检举、控告的单位和个人不得打击报复。""文化宣传部门要积极开展环境科学知识的宣传教育工作，提高广大人民群众对环境保护工作的认识和科学技术水平。""要有计划地培养环境保护的专门人才。教育部门要在大专院校有关科系设置环境保护必修课程或专业；在中小学课程中，要适当编写有关环境保护的内容。""国家对保护环境有显著成绩和贡献的单位、个人，给予表扬和奖励。"这些规定是保障公众参与环境保护的具体内容。1982年《海洋环境保护法》规定："进入中华人民共和国管辖海域的一切单位和个人，都有责任保护海洋环境，并有义务对污染损害海洋环境的行为进行监督和检举"。1984年的《国务院关于环境保护工作的决定》明确设立我国的环境保护管理体制，提出"大中型企业和有关事业单位，也应根据需要设置环境保护机构或指定专人做环境保护工作"。同年出台的《水污染防治法》规定一切单位和个人"有权对污染和损害水环境的行为进行监督和检举。"1989年原《环境保护法（试行）》修改为正式的《环境保护法》，保留了原法中有关公众对环境污染破坏者有检举控告权和国家奖励环保成绩显著者的规定。1990年，《国务院关于进一步加强环境保护工作的决定》提出要加强宣传教育，"树立保护环境人人有责的社会风尚"。

  在这一时期，作为环境保护公众参与的中坚力量——环保NGO在中国开始出现。1978年，我国第一个环保NGO——"中国环境科学学会"正式成立，这是一个在环保部门和科技部门双重领导下的主要由环境科技工作者组成的组织，在推动民间的环境科学学术交流和研究中发挥了积极作用。学会成立之后，各省、市、自治区相继成立了省级分会，形成全国范围的"伞形网络"，目前已发展成为国内最大的环保组织。到80年代，中国环境保护工业协会、中国水体保持学会、北京爱鸟养鸟协会、中国环境新闻工作者协会等环保NGO相继成立，在环境科研宣教领域发挥了重要作用。这一阶段的环保组织绝大多数都是具有官方色彩的"官办NGO"，纯粹民间的NGO尚没有出现。

  总之，我国的环境保护工作从一开始就注重公众力量，公众参与可谓与我国环保事业发展相伴而行。但总体而言，在20世纪90年代之前，我国环保事业尚处于初创阶段，缺乏行之有效的具体制度。公众参与因而更多地体现为零散的政策性规定，尚未形成科学的制度体系，其内容较为原则、笼统，缺乏程序保障和可操作性，公众在环保实践中尚未充分发挥其应有作用。

二、初步发展（20世纪90年代至20世纪末）

1992年在巴西里约热内卢召开的"世界环境与发展大会"是继"人类环境会议"之后人类环保史上的又一大事。这次会议不仅规模更大，而且提出了解决环保与经济、社会发展之间矛盾的"可持续发展"理念，受到普遍认可，使世界环保进入可持续发展阶段，具有重要的里程碑意义。这次会议对公众参与环境保护的认识更加深化，将之放到更高地位，并提出了更加丰富的行动策略。会议发表的《里约环境与发展宣言》不仅重申各国人民的合作在发展经济、保护环境方面的必要性，而且指出："环境问题最好是所有有关公民在有关公共机关的参加下加以处理。每个人应有适当的途径获得有关公共机构掌握的环境问题的信息，其中包括关于他们的社区内有害物质和活动的信息，而且每个人应有机会参加决策过程。""各国应广泛地提供信息，从而促进和鼓励公众的了解和参与。"强调要发挥妇女、青年、本地居民和地方社团等社会主体的参与对于环境保护和可持续发展的重要作用。为切实落实宣言的内容，为环保活动提供具体指导，大会还制定了《21世纪议程》。其在序言中指出"应该鼓励最广大的公众参与，鼓励非政府组织和其他团体积极参加工作"，在"第三部分，加强各主要群组的作用"则分别以专章形式叙述了妇女、儿童和青年、土著人民及社区、非政府组织、工人和工会、商业界、科技界、农民等不同社会主体有效参与环境保护与可持续发展的具体行动策略。

环境与发展大会对中国环保事业具有巨大推动作用。中国政府对于这次会议高度重视，派出了阵容强大的代表团参会。时任国务院总理李鹏出席首脑会议并发表重要讲话，提出了加强环境与发展领域国际合作的主张。中国在联合国五大常任理事国中率先签署了《气候变化框架公约》和《生物多样性公约》，并承诺要认真履行大会通过的各项文件。环发大会之后，中共中央、国务院即批准并转发了外交部和国家环保局《关于出席联合国环境与发展大会的情况及有关对策的报告》，提出了中国环境与发展的"十大对策"，其中在"健全法制，强化环境管理"部分明确提出要"加强社会监督，扩大公众参与"。

为落实世界环发大会文件和我国的环保政策，由国家计划委员会和国家科学技术委员会牵头，组织国务院各部门、机构和社会团体编制了《中国 21 世纪议程——中国 21 世纪人口、环境与发展白皮书》，于 1994 年 3 月 25 日经国务院第 16 次常务会议讨论通过。该文件专门规定了"团体及公众参与可持续发展"一章，对中国的环境保护公众参与作出了全面、系统的战略布局。文件明确指出："实现可持续发展目标，必须依靠公众及社会团体的支持和参与。公众、团体和组织的参与方式和参与程度，将决定可持续发展目标实现的进程。考虑到中国宪法和法律已经对公众参与国家事务作了规定，并认识到公众参与在环境和发展领域的特殊重要性，有必要为团体及公众参与可持续发展制定全面系统的目标、政策和行动方案。"文件分别针对妇女、青少年、少数民族和民族地区、工人和工会、科技界等五种不同的社会主体领域设计了相应的参与方案，提出其各自的行动依据、目标、行动，具有很强的操作性和实践指导意义。1996 国务院发布《关于环境保护若干问题的决定》，指出要"进一步加强环境保护宣传教育，广泛普及和宣传环境科学知识和法律知识，切实增强全民族的环境意识和法制观念"；呼吁"建立公众参与机制，发挥社会团体的作用，鼓励公众参与环境保护工作，检举和揭发各种违反环境保护法律法规的行为"。在此阶段制定或修订的一些环境保护法律，如《水污染防治法》《固体废物污染环境防治法》《海洋环境保护法》《环境噪声污染防治法》《水土保持法》等都有公众拥有"检举控告权"和奖励环保贡献者的原则性规定。

1997 年，中共十五大明确提出"依法治国"理念并将之确立为治国方略，认为"依法治国，就是广大人民群众在党的领导下，依照宪法和法律规定，通过各种途径和形式管理国家事务，管理经济文化事业，管理社会事务，保证国家各项工作都依法进行，逐步实现社会主义民主的制度化、法律化"。提出要"扩大基层民主，保证人民群众直接行使民主权利，依法管理自己的事情，创造自己的幸福生活"；"要健全民主选举制度，实行政务和财务公开，让群众参与讨论和决定基层公共事务和公益事业"；"直接涉及群众切身利益的部门要实行公开办事制度。把党内监督、法律监督、群众监督结合起来，发挥舆论监督的作用"等。[①] 这些规定为中国公众参与包括环境保护在内的各项社会事业提供了政策保障。

这一时期，中国的环保 NGO 呈现蓬勃发展之势。官办 NGO 继续发展壮

[①] 江泽民：《高举邓小平理论伟大旗帜，把建设有中国特色社会主义事业全面推向二十一世纪——在中国共产党十五次全国代表大会上的报告》。

大，且向专业化发展，构成日益丰富。如1992年成立的中国环境文化促进会，是国家环境保护总局批准的环境文化领域的国家一级社团。它本着宣传环境保护，倡导"绿色文明"，促进环境文化交流，提高公众环境意识的宗旨，广泛联系科技界、文艺界、新闻界、教育界、企业界及社会知名人士，开展各种社会活动。中国环境保护产业协会、中华环境保护基金会等也都具有鲜明的宗旨和"专业范围"，在各自领域发挥着重要作用。更重要的是，在这一阶段，中国的民间环保NGO开始出现并在环保事业中展现出自己的力量。1994年，中国首家在民政部正式注册的民间环保组织"自然之友"在北京正式成立，之后，重庆市绿色志愿者联合会（1995年）、北京地球村环境教育中心（1996年）、绿家园（1996年）、污染受害者法律帮助中心（1998年）等相继成立。这些没有官方背景的民间组织，活动范围更加广阔、形式更加灵活，在配合政府进行环保宣传教育的同时，往往从保护公众关心的特定物种和解决群众生活中的某一突出问题入手，从事实际环保活动。其典型事例如1994年开始的"保护长江源爱我大自然"活动，1995年开始的保护西北原始林、滇金丝猴和藏羚羊行动。这些环保活动起到很好的社会效果，甚至引起国外领导人的关注①，树立了中国环保NGO的良好形象。

总之，在20世纪90年代，中国公众参与环保事业的广度和深度都得到极大提升，参与主体更加多元、参与形式更加多样，参与效果较为显著。但总体而言，这一时期的环境保护公众参与仍然具有较浓厚的自上而下、政府主导特点，官方色彩的环保社团居于主导地位，民间NGO起着辅助、配合作用，公民自发的个体性参与很少，参与领域集中于宣传教育和社会实践，参与依据仍然以国家政策和原则性法律规定为主。

三、深化发展（进入21世纪以来）

进入21世纪以来，随着我国经济社会的发展、党的执政理念的提升、法治建设的深入和公民权利意识的觉醒，社会力量参与公共决策和社会治理的热情高涨，形成了一系列保障公众参与环境保护的制度。

首先，执政党对公众参与社会治理的态度愈加开明，向公众开放的开明态度和欢迎公众共同建设的积极姿态更加明确，为公众以各种形式参与社会

---

① "自然之友"会长梁从诫先生向时任英国首相布莱尔写信，呼吁制止英国国内藏羚羊绒非法贸易。信中详细介绍了中国藏羚羊的生存现状，并称必须借助外部力量遏制藏羚羊制品在欧洲等地的销售，限制消费市场从而保护藏羚羊。

事业提供了更多的政策支持。2002年，中共十六大提出要"健全民主制度，丰富民主形式，扩大公民有序的政治参与"；"改革和完善决策机制"，"各级决策机关都要完善重大决策的规则和程序，建立社情民意反映制度，建立与群众利益密切相关的重大事项社会公示制度和社会听证制度，完善专家咨询制度"等。① 2004年的《全面推进依法行政实施纲要》要求建立"科学化、民主化、规范化的行政决策机制和制度"，"建立健全公众参与、专家论证和政府决定相结合的行政决策机制。""完善行政决策程序。除依法应当保密的外，决策事项、依据和结果要公开，公众有权查阅。涉及全国或者地区经济社会发展的重大决策事项以及专业性较强的决策事项，应当事先组织专家进行必要性和可行性论证。社会涉及面广、与人民群众利益密切相关的决策事项，应当向社会公布，或者通过举行座谈会、听证会、论证会等形式广泛听取意见。重大行政决策在决策过程中要进行合法性论证。""改进政府立法工作方法，扩大政府立法工作的公众参与程度。实行立法工作者、实际工作者和专家学者三结合，建立健全专家咨询论证制度。起草法律、法规、规章和作为行政管理依据的规范性文件草案，要采取多种形式广泛听取意见。""重大或者关系人民群众切身利益的草案，要采取听证会、论证会、座谈会或者向社会公布草案等方式向社会听取意见。""要积极探索建立对听取和采纳意见情况的说明制度。行政法规、规章和作为行政管理依据的规范性文件通过后，应当在政府公报、普遍发行的报刊和政府网站上公布。政府公报应当便于公民、法人和其他组织获取"。2006年《国家十一五规划纲要》提出，要"健全党委领导、政府负责、社会协同、公众参与的社会管理格局"。2007年，中共十七大更加明确地提出，"坚持国家一切权力属于人民，从各个层次、各个领域扩大公民有序政治参与，最广泛地动员和组织人民依法管理国家事务和社会事务、管理经济和文化事业"；"要健全民主制度，丰富民主形式，拓宽民主渠道，依法实行民主选举、民主决策、民主管理、民主监督，保障人民的知情权、参与权、表达权、监督权"；"推进决策科学化、民主化，完善决策信息和智力支持系统，增强决策透明度和公众参与度，制定与群众利益密切相关的法律法规和公共政策原则上要公开听取意见"；"要健全党委领导、政府负责、社会协同、公众参与的社会管理格局"；"人民依法直接行使民主权利，管理基层公共事务和公益事业"；"发挥社会组织在扩大群众参

---

① 江泽民：《全面建设小康社会，开创中国特色社会主义事业新局面——在中国共产党第十六次全国代表大会上的报告》。

与、反映群众诉求方面的积极作用,增强社会自治功能"。①

其次,一系列重要立法也为公众参与提供了更加明确的法制保障。2000年通过的《立法法》规定"列入常务委员会会议议程的重要的法律案,经委员长会议决定,可以将法律草案公布,征求意见。各机关、组织和公民提出的意见送常务委员会工作机构";"行政法规在起草过程中,应当广泛听取有关机关、组织和公民的意见。听取意见可以采取座谈会、论证会、听证会等多种形式"。2002年施行的《行政法规制定程序条例》和《规章制定程序条例》也都分别规定法案起草须"广泛听取有关机关、组织和公民的意见。听取意见可以采取召开座谈会、论证会、听证会等多种形式",从而正式确立了我国立法领域的公众参与制度。2003年通过的《行政许可法》规定"法规、规章规定实施行政许可应当听证的事项,或者行政机关认为需要听证的其他涉及公共利益的重大行政许可事项,行政机关应当向社会公告,并举行听证"。2006年,国务院发布《关于做好国务院2006年立法工作的意见》指出要"改进工作方法,创新工作机制,进一步提高政府立法质量。起草法律、行政法规草案,要继续坚持立法工作者、实际工作者和专家学者相结合的工作机制";"要进一步提高政府立法工作的透明度和公众参与程度,完善公众参与的机制、程序和方法,拓宽公众参与渠道,适当增加向社会公开征求意见的行政法规草案的数量,尝试举办行政法规立法听证会,逐步建立听取和采纳公众意见情况说明制度"。2007年,国务院法制办公室发布《关于进一步提高政府立法工作公众参与程度有关事项的通知》,要求各部门法制工作机构在立法过程中的各个环节都要做到信息公开,注重向社会公开征集意见。该年通过的《政府信息公开条例》不仅明确规定了行政机关主动公开的政府信息范围、方式和程序,而且规定"公民、法人或者其他组织还可以根据自身生产、生活、科研等特殊需要,向国务院部门、地方各级人民政府及县级以上地方人民政府部门申请获取相关政府信息"。这些法律法规为公众获知政府信息,参与立法和公共决策提供了法制保障,公众参与日益走向制度化、法律化。

再次,在环境领域,党和国家政策继续把公众参与作为保护环境、科学发展的基本原则和重要手段。2014年4月24日十二届全国人大常务委员会第八次会议修订的《环境保护法》,明确把公众参与作为环境保护必须坚持的一

---

① 胡锦涛:《高举中国特色社会主义伟大旗帜为夺取全面建设小康社会新胜利而奋斗——在中国共产党第十七次全国代表大会上的报告》。

项重要原则。《国务院关于落实科学发展观加强环境保护的决定》（2004）提出"要引导社会资金参与城乡环境保护基础设施和有关工作的投入，完善政府、企业、社会多元化环保投融资机制"；"健全社会监督机制。实行环境质量公告制度……及时发布污染事故信息，为公众参与创造条件"；"发挥社会团体的作用，鼓励检举和揭发各种环境违法行为，推动环境公益诉讼"；"对涉及公众环境权益的发展规划和建设项目，通过听证会、论证会或社会公示等形式，听取公众意见，强化社会监督"；"加强环保人才培养，强化青少年环境教育，开展全民环保科普活动，提高全民保护环境的自觉性"。《国家十一五规划纲要》（2006）提出要"实行强有力的环保措施"，"实行环境质量公告和企业环保信息公开制度，鼓励社会公众参与并监督环保""建立社会化多元化环保投融资机制"。《国家环境保护十一五规划》（2007）把"动员社会力量保护环境"作为加强环境保护的"八大保障措施"之一，提出要"完善公众参与环境保护机制。大力普及环境科学知识，实施千乡万村环保科普行动计划。推广环境标志和环境认证，倡导绿色消费、绿色办公和绿色采购，广泛开展绿色社区、绿色学校、绿色家庭等群众性创建活动，充分发挥工会、共青团、妇联等群众组织、社区组织和各类环保社团及环保志愿者的作用。加强信访工作，充分发挥12369环保热线的作用，拓宽和畅通群众举报投诉渠道。开展环境公益诉讼研究，加强行政复议，推动行政诉讼，依法维护公民环境权益。完善公众参与的规则和程序，采用听证会、论证会、社会公示等形式，听取公众意见，接受群众监督，实行民主决策"。《关于加强农村环境保护工作的意见》（国办发〔2007〕63号）明确"政府主导，公众参与"为农村环境保护的基本原则之一，提出要"维护农民环境权益，加强农民环境教育，建立和完善公众参与机制，鼓励和引导农民及社会力量参与、支持农村环境保护"；"建立村规民约，积极探索加强农村环境保护工作的自我管理方式，组织村民参与农村环境保护"；"引导和鼓励社会资金参与农村环境保护"；"调动农民参与农村环境保护的积极性和主动性……培养农民参与农村环境保护的能力。广泛听取农民对涉及自身环境权益的发展规划和建设项目的意见，尊重农民的环境知情权、参与权和监督权，维护农民的环境权益"。

最后，中国环境法律制度体系进一步完善，公众参与环境保护有全面的法律保障。一些主要环境法律得到重新修订，如《环境保护法》《水污染防治法》《大气污染防治法》《固体废物污染环境防治法》《海洋环境保护法》等；一些新的环境法律法规相继出台，如《环境影响评价法》《清洁生产促进法》

《循环经济促进法》《规划环境影响评价条例》等。在这些立法中，大都规定了保障公众知情、社会监督、参与管理及奖励先进的条款。国家环保部颁布的《环境影响评价公众参与暂行办法》《环境影响评价审查专家库管理办法》《环境保护法规制定程序办法》《环境保护行政许可听证暂行办法》《环境信息公开办法》《环境信访办法》等，对公众在环境影响评价、环境规划、环境立法、环境知情、环境社会监督等领域的参与作出了细致规定；一些地方还制定了专门的环境保护公众参与地方立法，如《山西省环境保护公众参与办法》《沈阳市环境保护公众参与办法》《广州市规章制定公众参与办法》等，这些法规、规章使公众参与的制度化、程序化大大增强，为公众参与环境保护提供了更多制度便利。

在一系列政策和法制的保障下，中国公众参与环境保护的热情不断高涨，成效非常显著。一方面，参与主体呈多元化发展。民间环保组织日益发展壮大、蓬勃发展。除此之外，由社区、村庄、公民个人等主导的松散型参与也不断涌现。尤其值得注意的是，2005年，在原国家环保总局的推动下，中国政府支持成立了由政府官员、学者、企事业单位、社会团体、环保志愿者等组成，并向港澳台及国际环保人士开放的大型环保组织——"中华环保联合会"，为整合社会环保力量、加大民间与政府的互动提供了一个良好平台。另一方面，公众参与的事项范围不断扩大，从单纯的宣传教育发展到更为多样的具体环境事务，并且逐渐扩及立法、决策、执法、司法等公共行政领域。更重要的是，公众在环保活动中的"角色"也在发生变化，由单纯依附政府、配合官方到逐渐发出自己的声音，开始真正展现出作为有别于政府、企业的"第三部门"的独特力量。2000年启动的"绿色希望行动项目""羚羊车"项目，2003年开始的怒江开发争议、2004年的虎跳峡水电站建设争议、"26度空调节能行动""反对金光集团毁林运动"、2005年的"敬畏自然"大讨论、圆明园湖底防渗工程事件、国家环保总局首次"环评风暴"、针对松花江污染的"自然权利诉讼"，2006年的北京六里铺垃圾焚烧发电厂事件，2007年的厦门PX事件、节能减碳行动，2008年的"限塑令""绿色奥运"《循环经济促进法》的通过，2009年广州反对建立垃圾焚烧厂事件、全国各大城市公共场所控烟、环保法庭试点等新世纪以来中国环保领域的诸多重大事件背后，都活跃着专家、学者、环保NGO以及普通民众等各类"公众"的身影，展现出社会力量积极参与环境事务，合力同环境违法行为做斗争，共同扭转环境保护不利局面的良性环境治理格局。

总之，进入21世纪以来，中国的环境保护公众参与不断走向制度化、体系化、科学化、规范化，公众参与的积极主动性得到极大激发，社会力量得到规范引导，呈现出"自上而下"与"自下而上"交相呼应的蓬勃景象，参与的有效性大大增加，"真正意义"上的公众参与已经展开并在不断深化。

第二节　中国环境保护公众参与范围与途径

公众以"何种方式"参与"哪些环境事务"，是环境保护公众参与制度的核心要素，我国环境法律法规对环境保护公众参与范围、参与途径作了明确规定。

一、中国环境保护公众参与的范围

（一）环境立法

法律是广大人民意志的体现，立法草案的编写过程也是了解各种立场、听取各种意见的过程。我国各级法律规范性文件的制定都非常注重立法过程中的公众参与。这里的"立法"是广义上的，不仅包括全国人民代表大会和全国人大常委会制定、修改法律的活动，还包括国务院、各部门及地方各级人民政府制定、修改法规、规章及其他规范性法律文件的活动。因此，这里的公众参与环境立法包含公众参与所有与环境保护有关的规范性法律文件的制定及修改。

《立法法》《行政法规制定程序条例》《规章制定程序条例》《环境保护法规制定程序办法》是我国公众参与环境立法的主要依据。公众对立法的参与主要是通过座谈、出具专家意见、论证等形式，有时候也可以通过向人大代表反映情况、进行"立法呼吁"等方式反映自己的意见和建议，影响立法进程。

（二）环境行政决策

公众参与环境行政决策可帮助政府部门在作出具体决策和制订计划、政策的过程中充分认识和考虑到公共环境利益。公众参与环境行政决策是我国政府推动依法行政、落实科学发展观在环境保护方面的重要体现。当前我国公众参与环境行政决策主要体现在三个方面：

一是参与环境行政许可。在此方面，《环境许可法》《环境保护行政许可听证暂行办法》以及一些涉及环境行政许可权力的具体环境法中都有相关规定。

二是参与环境规划。公众既可以根据《城乡规划法》的相关规定，参与规划本身的制定过程；也可根据《环境影响评价法》《规划环评条例》《环境影响评价公众参与暂行办法》等参与规划环评文件的制定、审批。

三是参与具体建设项目的环境评价。在此方面，《环境影响评价法》《建设项目环境保护管理条例》《环境影响评价公众参与暂行办法》等都有相关具体规定。

（三）环境社会监督

国家机关和国家工作人员在管理活动过程中必须倾听人民的意见和建议，接受人民监督，一切公民都有对任何国家机关和国家工作人员提出批评、建议、申诉、控告、检举的权利，这是《宪法》赋予公民的神圣权利。我国各主要环境立法几乎都有关于公众的社会监督权的规定，如《环境保护法》规定"一切单位和个人都有保护环境的义务，并有权对污染和破坏环境的单位和个人进行检举和控告"。《清洁生产促进法》规定"列入污染严重企业名单的企业，应当按照国务院环境保护行政主管部门的规定公布主要污染物的排放情况，接受公众监督"。《环境信访办法》更是专门对公众社会监督权的行使作出了具体规定。

（四）环境社会实践

除前述以"配合"政府活动为主要功能的参与形式，公民还可以直接投身有利于环境保护的各项工作，直接推动环保事业的发展，这也是我国早期环保方针"依靠群众，大家动手"的题中之意。在此方面，环境法通过确认、奖励、支持、提供优惠等方式，加以鼓励和引导，为公众直接投身环保实践创造良好条件。

二、中国环境保护公众参与的途径

（一）听证会

听证又称为听取意见，指国家机关在做出影响公众利益的决策或行为时，应听取利害关系人的意见的法律程序。听证顺应了现代社会立法、执法的民主化趋势，也体现了政府管理方式的不断进步，是当今世界法治国家的一项共同的、重要的制度。听证一般分为两类，一类是在一项具体行政行为作出之前听取行政相对人意见的"传统听证"；一类是针对"与群众利益明确相关的重大事项"面向不特定的公众举行的"社会听证"。环境保护公众参与中的听证，主要是后一种意义上的"社会听证"，依我国法律，又具体分为立法听证、行政许可听证、环境影响评价听证等类型。

《立法法》《行政法规制定程序条例》《规章制定程序条例》《环境保护法

规制定程序办法》等有关立法环节公众参与的法律法规都明确规定听证会为征求公众意见的形式之一。立法听证一般分为：听证准备，确定听证事项，确定陈述人，确定主持人、听证人和旁听人，确定听证规则和注意事项，召开听证会，总结听证情况、公告听证结果等步骤。《规章制定程序条例》第15条具体规定了立法听证的组织程序，对各类规范性法律文件制定过程中的听证都具有指导意义。

《环境保护行政许可听证暂行办法》对县级以上人民政府环境保护行政主管部门实施环境保护行政许可的听证程序作出了具体规定。根据该法，环境保护行政许可听证由承担许可职能的环境保护行政主管部门组织，并由该部门指定听证主持人具体实施。环境保护行政许可申请人、利害关系人可以申请参加。

（二）座谈会、论证会

座谈会、论证会也是重要的听取公众意见的程序，《立法法》《行政法规制定程序条例》《规章制定程序条例》《环境保护法规制定程序办法》《环境影响评价法》等重要法律也都将之作为征集公众意见的重要形式之一。与听证会相比，座谈会和论证会的形式较为简单、随意，立法没有明确规定其程序和规则，一般遵从惯例。

座谈会是我国一种传统的政府听取民意的方式，也是为我国民众所广泛熟知的一种政府与民众的交流形式。参加座谈会的人员往往是与所讨论的法案或决策具有直接利害关系的民众。由于座谈会的形式较为随意，会议发言可视为立法、决策机关与公众就涉及问题进行的一种思想沟通，故一般不具有法律效力，仅有参考价值。

论证会与一般座谈会的差别在于其参加者以专家为主，讨论的是专业问题，"即邀请有关专家对草案内容的必要性、可行性和科学性进行研究论证，作出评估"。[①] 论证会的召开方式与座谈会类似，但参加者要注意自身立场的"中立性"，应当从专业角度进行阐述，并随附科学依据或相关证据，观点具有较强的客观性。

（三）问卷调查

问卷调查也是获知公众意见的一种常见方式。通过科学设计的问卷，在相关人群中随机调查，能够大致获知公众的普遍倾向，是现代社会一种常用的社会调查方法。《规划环境影响评价条例》明确其为公众参与的基本形式。

---

① 乔晓阳：《立法法讲话》，中国民主法制出版社2000年版，第224页。

该法第6条规定规划编制机关对可能造成不良环境影响并直接涉及公众环境权益的专项规划，应当在规划草案报送审批前，采取调查问卷等形式征求公众意见；第26条规定规划编制机关对规划环境影响的跟踪评价，应当采取调查问卷等形式。在项目环评中，也经常用到这一形式。

（四）专家意见

出具专家意见是一种较正式的公众参与形式。在环境立法和一般决策领域，专家意见是一种辅助性参考。而在环境规划、环境影响评价、环境行政许可等活动中，出具专家意见则是必需的法律程序，具有正式的制度效力。其中《专项规划环境影响报告书审查办法》对规划环评评审过程中的专家意见规定最为具体、详细。该办法规定，参加审查小组的专家，应当从国务院环境保护行政主管部门规定设立的环境影响评价审查专家库内的相关专业、行业专家名单中，以随机抽取的方式确定。专家人数应当不少于审查小组总人数的二分之一。审查意见包括实施该专项规划对环境可能造成影响的分析、预测的合理性和准确性；预防或者减轻不良环境影响的对策和措施的可行性、有效性及调整建议；对专项规划环境影响评价报告书和评价结论的基本评价；从经济、社会和环境可持续发展的角度对专项规划的合理性、可行性的总体评价及改进建议。审查意见应当如实、客观地记录专家意见，并由专家签字。

（五）申诉、检举、控告

《宪法》第41条规定"中华人民共和国公民对于任何国家机关和国家工作人员，有提出批评和建议的权利；对于任何国家机关和国家工作人员的违法失职行为，有向有关国家机关提出申诉、控告或者检举的权利"，多部环境法律法规也都重复了这一规定。《环境信访办法》规定公民、法人或者其他组织采用书信、电子邮件、传真、电话、走访等形式，向各级环境保护行政主管部门反映环境保护情况，提出建议、意见或者投诉请求。

（六）奖励与扶持

来自政府和社会的褒扬是培育民间环境力量的一种重要的"软机制"。这种"软机制"的完善，可以发挥很好的引导和示范功能，强化公众的环境保护意识，激励公众自觉参与环境保护。[①] 我国多部环境法规定对在环保领域做出突出贡献的单位和个人进行奖励，以及对从事特定产业或活动的单位和个人给以优惠、扶持。如《环境保护法》规定"对保护和改善环境有显著成绩的单位和个人，由人民政府给予奖励"，其他各主要环境立法也几乎都有类似

---

① 洪大用等：《中国民间环保力量的成长》，中国人民大学出版社2007年版，第27页。

规定。《清洁生产促进法》规定"国家鼓励社会团体和公众参与清洁生产的宣传、教育、推广、实施及监督"。《循环经济促进法》规定："国家鼓励和支持行业协会在循环经济发展中发挥技术指导和服务作用。县级以上人民政府可以委托有条件的行业协会等社会组织开展促进循环经济发展的公共服务。国家鼓励和支持中介机构、学会和其他社会组织开展循环经济宣传、技术推广和咨询服务,促进循环经济发展。""县级以上人民政府及其有关部门应当对在循环经济管理、科学技术研究、产品开发、示范和推广工作中做出显著成绩的单位和个人给予表彰和奖励。企业事业单位应当对在循环经济发展中做出突出贡献的集体和个人给予表彰和奖励。"《防沙治沙法》规定:"国务院和省、自治区、直辖市人民政府应当制定优惠政策,鼓励和支持单位和个人防沙治沙。县级以上地方人民政府应当按照国家有关规定,根据防沙治沙的面积和难易程度,给予从事防沙治沙活动的单位和个人资金补助、财政贴息以及税费减免等政策优惠。单位和个人投资进行防沙治沙的,在投资阶段免征各种税收;取得一定收益后,可以免征或者减征有关税收。"

第三节 中国环境保护公众参与存在的主要问题

公众参与在中国毕竟是新生事物,有一个发展完善的过程。同时,与西方国家不同的是,中国的公众参与具有明显的"自上而下""政府推动"的特点,政府始终居于主导地位。这种模式虽然具有激发民众,在社会条件不充分的情况下主动建设,推动制度较快发展的特点,但也具有参与范围局限、公众独立性不强、制度约束力弱等缺憾。这种格局下的环境保护公众参与,也因而存在一些"硬伤",影响参与的实际效果。这些"硬伤"是未来制度建设所要着力解决的,主要有以下几个方面。

一、程序保障不足

当前公众参与相关法律规定,多数为抽象的原则性规定,缺乏具体内容。这些规定虽然为社会公众参与环保相关事务提供了法律支持,奠定了合法性基础,但内容过于笼统,可操作性不强,不利于公众参与的切实落实和实际效果的发挥。

没有具体规定和程序保障,公众参与很容易成为一句空话。典型的如对在环境教育、科研、实践等领域作出突出贡献者的奖励制度,虽然几乎各主要环境立法都对此有所规定,但由于规定过于笼统,缺乏程序保障,实践中很少落实。即使有，也多是偶然性的，形不成常规制度，缺乏激励的持续性。在社会监督方面也是如此，虽然多数法律笼统规定了公众的检举、控告权，但没有具体的程序保障，公众的检举、控告往往落空。《环境信访办法》对环保部门如何接受社会监督作出了较细致的程序性规定，具有积极意义，但毕竟属于"自我加压"，限于环保部门内部，在一些涉及本部门利益的重大问题上，仅靠"自我监督"是不够的。而且环境事务涉及部门众多，对于涉及其他部门的环境活动的社会监督，更加缺乏程序保障。

在政府与公众协商型的参与活动中，具体规定和程序保障更加必要。代表范围、参加人选的确定、讨论的事项范围、回避情形、发言顺序等，都影响着参与的实际效果，甚至公正性。而当前立法仅在"听证会"方面有较明确的规定，对于座谈会、论证会、调查问卷等重要形式没有具体规定，导致这些形式的参与在实践中往往不够规范，甚至流于形式。如有些地方在环评过程中征求公众意见时仅仅贴出一纸内容模糊的通知，无人明确反对即认为公众支持。有些问卷调查中的问卷本身设计不够科学，在发放中具有一定倾向性，影响其结论的公信力。如 2004 年的北京"西—上—六"输电线路工程环评审批案中，公众即对《环境影响报告书》中的"公众参与"部分的问卷调查提出了三方面的质疑[1]，这些问题都影响到公众参与的效果甚至公正性。

二、约束性不强

有效的制度应当具有持续的规范效力，由法律明确规定实施条件，在条件具备时必须启动，不以当事人主观意志为转移。但当前许多公众参与制度都属于"任意性规定"而非"强行性"规定。对于行政主体而言，听取公众意见，保障公众参与，更多的是一种权利而非义务，是"可以"而不是"应当"。举不举行、以何种方式举行、举行到什么程度，决定权主要在于政府部门，民众则处于被发动的地位，从而使制度的约束力大打折扣。在这样的规定下，行政主体往往只在准备充分、愿意放权的时候才会主动组织实施具体的公众参与活动，在那些涉及部门利益或敏感问题因而更有必要吸收公众参与的领域，则往往消极回避，形不成普遍的常规性制度。在现实中，许多具有开创性的环保公众参与案例往往"后继乏力"，成为"孤立的点，而没有连贯的面"。[2] 缺乏持续性呼应，归根结底是因为制度的约束性太差，行政主体

---

[1] 汪劲：《中外环境影响评价制度比较研究》，北京大学出版社 2006 年版，第 299~300 页。
[2] 蔡定剑：《公众参与：风险社会的制度建设》，法律出版社 2009 年版，第 21 页。

"自由度"过高所致。而在确定召开的参与活动中,也因行政主体的自由度过大而使参与"变了味","有些部门利用其确定代表人选的权力,选择与其意见、利益趋同的代表,做出对其有利的判断。因为代表选择的不科学,导致真正的民意不能被表达,听证成为过场,没有真正达到公众参与的目的"。[①]这种状况如得不到遏制,不仅无助于公众参与的制度化发展,群众也会失去参与热情。

三、回应性不足

有效的公众参与必须是公众意见被认真考虑的参与。虽然公众意见并非也不可能全部得到采纳,但必须给予充分的重视和考虑,并向公众告知结果,即使是拒绝,也应当给出令人信服的理由。如果公众意见不能被认真考虑并给予回应,那么所谓的"参与"就失去了意义,成为一种仅具民主表象的"假参与",甚至"捧场"。而目前的公众参与相关立法中,多数都没有对公众意见的反馈作出明确规定。一些听证会或座谈会在召开的时候轰轰烈烈,开过之后却悄无声息,公众提出的问题和建议不仅没有被采纳,而且压根没有回音。"公众参与代表的意见对决策过程的影响缺乏刚性制约,结果不透明。在各种形式的会议或调研结束,收集公众意见后,往往不见反馈,导致群众认为公众参与完全无效,公众参与仅仅是一种形式,让群众丧失了参与的热情。"[②] 有学者指出"公众反映最多的听证会,已经被广大公众认为是假戏真唱的一种形式"[③],当前的价格听证已经蒙上了"逢听必涨"的不好名声。在环保领域,《规划环境影响评价条例》明确环境影响报告书的制定和审查过程中均需附具"对公众意见采纳与不采纳情况及其理由的说明"是一个可喜的进步,应逐渐将类似规定扩展到其他环节。

四、问责不足

明确的责任规定是制度有效性的根本保障。但目前我国的公众参与制度多数并没有规定相应的责任,从而影响到参与的效果。以最典型的听证为例,是否依法举行了听证、听证程序是否科学、听证过程是否公平、听证结果处理是否适当,多数情形都没有明确的责任规定,主导听证的行政主体实际上

---

① 九三学社中央信息中心:《建议制定〈公共事务公众参与法〉》,九三学社中央委员会官网 http://www.93.gov.cn/ (2016年3月22日访问)。
② 同上。
③ 蔡定剑:《公众参与:风险社会的制度建设》,法律出版社2009年版,第17页。

不受约束，从而得以按照自己的意愿左右听证。在某地实践中曾发生的听证代表"怒砸矿泉水瓶"的事例①，即是这种因缺乏权力制约和问责而出现程序不公的反映。而在决策中扮演重要角色的专家，有时出现一些背离客观、不负责任的言行，从根本上说也是缺乏问责规定的结果。

五、配套制度不完善

有效的环境保护公众参与绝不是仅靠参与制度本身所能实现的，还需要一系列配套制度的支持，尤其是主体能力、信息渠道、法制环境等。

（一）主体制度需强化

没有有能力、有热情、有素质、有组织的"公众"，再好的参与制度也难以得到充分运用，发挥良好效果，而高素质的公众不是凭空诞生的，离不开良好的法律制度的支持和培养。

在环境保护公众参与的主体方面，最重要的莫过于环保 NGO。实践证明，参与环境保护的社会公众的类型虽多，但真正具有长久的参与热情和强大的专业能力，起到持续性的推动作用的，主要还是环保 NGO。在西方，轰轰烈烈的环境社会运动在本质上实际上是环保 NGO 的运动，NGO 始终发挥着主导角色。在我国，环保 NGO 仍然面临诸多制度性障碍，不利于其发展壮大和应有作用的发挥。首先，"出生障碍"。由于我国对社团实行严格管理，民间环保 NGO 的成立较为困难，一些著名的环保 NGO 也只能以企业的形式进行注册，负担缴税义务，不利于环保 NGO 的普遍成立。其次，"发展障碍"。NGO 运转需要的慈善捐款、社会动员等机制在中国还很不完善，多数已成立的 NGO 都面临经费不足、高素质人员缺乏等问题。最后，"参与障碍"。目前我国环境法并没有赋予环保 NGO 以独立的法律主体地位和特别的制度保障，环保 NGO 参与环保的法律依据是那些面向"任何单位和个人"的一般性规定。在环保实践中，NGO 并不享有与其能力、热情、地位相称的法律地位，不利于其力量的充分发挥。

在专家方面，专家意见虽然重要，但如何保证入选专家的权威性及其意见的客观、中立也是一个需要解决的问题。实践中常常出现一些不同专家意见迥异而缺乏令人信服的理由的情形，影响到决策的正确性及专家的公信力。在"深圳西部通道侧接线工程环评""厦门 PX 项目""怒江开发"以及地方

---

① 毕晓哲：《听证代表扔矿泉水瓶也是民意表达》，中国新闻网 http：//www.chinanews.com/gn/news/2009/12 - 11/2012989.shtml（2016 年 3 月 22 日访问）。

一些垃圾处理场的环评事件中，都暴露出专家管理方面的一些问题。《环境影响评价审查专家库管理办法》对环评中的专家管理作出了规定，对此还须进一步细化，并扩及其他领域。

普通民众的环境素质对于环境保护而言具有根本性的意义。没有具有良好环境素质的"生态公民"，生态文明不可能真正实现。而我国公民整体环境素质水平普遍较低，"环境意识在整体上还是属于比较浅层次"[1]，极大限制了公民参与环境保护的力度。在此方面，首先应认真落实各个环境法中有关对环境突出贡献者的奖励制度，在各级别、各地域都形成"环保光荣、环保有奖"的社会风尚。其次，国家要加大对环境教育的投入，切实提高公民的环境素养，为环境保护公众参与打下坚实的群众基础。

（二）信息披露制度须深化

要想成功开展公众参与，必须首先向公众提供正确的信息，保证信息渠道畅通，信息透明。公众只有了解政府的决策意向，才能就此作出反应；只有了解政策的具体安排，才能有针对性地发表意见；只有了解相关背景信息，才能对政策作出较为客观的评价。[2] 就此而言，知情是参与的前提，良好的环境信息公开制度是公众有效参与环境保护的基本保证。"没有充分透明的信息，公众只能是'盲参'，意见就没有意义。缺少充分准确的信息，公众将失去参与能力。有偏向的、被控制的信息可能会导致错误的参与。"[3] 在环境信息公开方面，近年来我国立法虽有较大进步，颁行了《政府信息公开条例》和《环境信息公开办法》等法律法规，2014年修订的《环境保护法》辟专章对环境信息公开做了专门规定，但相较于公众参与的实践需求，仍不够完善和细化。《政府信息公开条例》中的责任性条款规定不足，许多地方该依法公开的信息仍然没有充分公开。而《环境信息公开办法》也是仅对政府环境信息作出了强制公开要求，对于企业环境信息，以自愿公开为主。只有超标排污或严重违法的企业才有强制公开的义务，且要求公开的信息范围也较窄，不能满足公众的知情需求。尤其是那些实力雄厚、规模巨大的企业，其活动对环境影响巨大，没有充分的知情权保障，公众很难起到监督作用。在2010年7月份发生的"资金矿业污染"事件，肇事企业隐瞒污染事故达十数天之久，给人民群众生命财产及生态环境造成巨大损失，暴露出现行法制对信息

---

[1] 洪大用等：《中国民间环保力量的成长》，中国人民大学出版社2007年版，第62页。
[2] 许安标：《法案公开与公众参与立法》，载《中国人大》2008年第5期。
[3] 蔡定剑：《公众参与：风险社会的制度建设》，法律出版社2009年版，第21页。

披露要求不高，缺乏责任性规定，监管乏力的弊端，值得反思和总结。①

（三）法律关系主体制度须拓展

公众参与要想获得充分的法律保障，必须要有法律上的"身份"——主体资格。传统法律关系的着眼点在于具体当事人之间的"直接利害关系"，其主体资格往往局限于有直接的、特定的利益关系的双方。但环境保护是一个公益性事业，公众参与的环境活动对其个人而言往往并非是直接的、特定的利益关系，在传统法律制度中难以获得支持，从而导致公众对于一些必要环境事务的参与往往"有心无力"，缺乏法律保障。

在此方面，最典型的莫过于"环境公益诉讼"，即对于重大环境违法活动，一切社会主体可以起诉违法者并要求其承担相应法律责任的诉讼。环境公益诉讼是现代环境法的重要制度，是公民参与环境保护的有效形式。我国《环境保护法》第6条"一切单位和个人都有保护环境的义务，并有权对污染和破坏环境的单位和个人进行检举和控告"为这一制度奠定了基础。但我国的三大诉讼制度却无一例外地以"救济特定受害人为目的，无利害关系的主体一般不符合原告诉讼主体适格的要求，无法启动相应的诉讼程序"，② 从而成为环境公益诉讼的制度障碍。在环境行政许可、环境处罚等领域，也存在类似的问题。而环保NGO在环保公益活动中的"身份"，也是一个急需法律明确的问题。

---

① 巩固：《加强上市公司环境监管法制建设的几点思考》，载《环境保护》2010年第23期。
② 蔡定剑：《公众参与：风险社会的制度建设》，法律出版社2009年版，第88页。

第五章 环境立法公众参与

第一节 环境立法公众参与概述

中共中央十八届四中全会通过的《关于全面推进依法治国若干重大问题的决定》中指出，要加强和改进政府立法制度建设，完善行政法规、规章制定程序，完善公众参与政府立法机制。要深入推进科学立法、民主立法。健全立法机关主导、社会各方有序参与立法的途径和方式。要拓宽公民有序参与立法途径，健全法律法规规章公开征求意见和公众意见采纳情况反馈机制，广泛凝聚社会共识。

环境立法公众参与是立法民立化的具体途径和有益实践，是凝聚环境立法社会共识的重要途径。环境立法公众参与是指社会公众在与环保相关的各类法律规范性文件的制定、修改过程中的参与。环境法是经济、社会、生态、文化、道德等因素的综合反映，涉及方方面面的利益，在立法过程中，各种利益主体积极、有序、有效地参与，是立法和决策民主化的内在要求，同时也有利于立法者了解民意、汇集民智、凝聚民心，提升立法质量，实现环境正义。

一、公众参与环境立法的必要性

（一）立法的民主化要求

立法是由特定主体，依据一定职权和程序，运用一定技术，制定、认可和变动法律规范这一特定社会规范的活动。亚里士多德认为"法治的要义是已经制定的法律获得普遍的服从，而大家所服从的法律又是本身制定的良好的法律"[1]，也即"良法之治"。而立法的民主性，则是良法的首要条件。立

---

[1] ［古希腊］亚里士多德：《政治学》，吴寿彭译，商务印书馆1965年版，第199页。

法首先必须遵循民主原则,不仅是指立法内容要体现民主,也包括立法程序的民主,而实现民主立法的途径之一就是公众参与立法。立法的民主化原则包括:一是立法主体的广泛性。立法权在根本上属于人民,由人民行使,这就要求人民有权利参与立法活动。二是立法内容具有人民性。立法以维护人民的利益为宗旨,确认和保障人民的权利。这就要求在制定法律时必须贯彻民主原则,使立法活动民主化,充分反映民情民意。只有在立法过程中积极鼓励公众参与进来,才能使法律、法规真正体现人民的意志。三是立法活动和立法程序具有民主性,必须在立法过程中贯彻群众路线。①

"民主的正当性体现在集体意志的形成过程中,而不是集体意志本身。"② 民主政治是一种程序政治。它要求各政治主体必须依照限定的规则和程序从政(行使政治权威和权力),由于各社会主体的利益不同,必然出现政治期望和政治目标的冲突。按照既定的规则从政,可以创造一种公平竞争、和平共处、稳定合作的局面,这正是民主的价值所在。③ 公众参与是一种民主的形式,公众参与权就是一种程序性的权利。它通过公众对环境政策法律制定的具体参与,体现环境保护立法中的民主和民主指导下的集中,确保制定出符合公众意愿和实际情况的政治和法律,是立法民主的必然要求和集中体现。

(二)行使环境权利、履行环境义务的应有之义

任何公民都有在健康、良好的环境中生存的权利,同时负有保护环境的义务。公民权利包含着对于关系切身利益的公共事务的参与权利。人民当家做主的一个重要方面,就是通过各种途径参与国家事务,其中包括立法活动。环境问题事关公众的生命与健康,任何公众都无法脱离一定质量的环境要素而健康生存,因此,环境问题具有最为广泛的社会关联性,任何公众都有权利参与环境保护,在立法领域即表现为任何公众都有权利参与环境立法,这是公民基本权利的要求和体现。同时,公民身份不仅是一种权利,还是一种义务和责任,意味着必须积极参与国家和社会生活,履行公民义务,以促进其和谐发展。这也要求公民在进行环境保护等公益性立法时积极参与,提出自己的意见和建议。

(三)环境行政法之正当性的来源

随着社会经济的发展,行政立法作为"准立法"的现象越来越普遍。在

---

① 程元元:《立法的公众参与研究》,载《重庆工商大学学报》2005年第3期。
② 蔡定剑:《公众参与:欧洲的制度和经验》,法律出版社2009年版,第5页。
③ 张文显:《法学基本范畴研究》,中国政法大学出版社1993年版,第305页。

环保领域，环保部门主导某一领域的环境行政立法，制定强制性规范，课以社会主体以普遍性环境义务和责任已成为环境治理的主要手段。而从法理上讲，行政机关拥有的是"执行权"并不拥有"立法权"，其立法的合法性并不充分。对此，必须引入公众参与机制，"以程序的正当性弥补行政立法权正当性的不足"。① 因为"除非基于他们的同意和基于他们所授予的权威，没有人能享有对社会制定法律的权力"。② 尤其是由于环境事务具有"人人负责"的特点，如果没有广大社会公众的普遍参与，仅凭环保部门或相关部门一己之见就制定出须人人遵守的强制性义务，无论如何都说不过去。

（四）保障公民权益、防止行政滥权的必要手段

环境行政作为调整各种环境利益冲突、分配自然资源的一种手段，应当做到公正、合理。然而行政立法由少数官员甚至行政首长决定，如果没有公众的广泛参与，行政机关难以做到自觉、先觉地表达民众的真实意愿。尤其在环境社会关系中，主体多元、利益关系错综复杂且常常处于风险未知的科学困境之中，如果没有畅通的信息渠道，行政机关或行政人员即使有公正的品质，也难以仅凭主观愿望表达和决定各种复杂的环境利益诉求、公正地协调和平衡各种利益。由此，公民平等、充分地参与立法，对环境管理关系中的行政权力进行一定的制约，是确保环境行政公平、高效，实现环境利益平衡的必要手段。

二、环境立法公众参与的意义

公众参与环境立法有利于提高环境法的质量。立法过程充满利益博弈，环境法更是如此。随着社会经济的发展，我国社会已经出现阶层分化的现象，存在不少社会利益群体。这些群体除了有共同利益之外，还有着自己特殊的利益。如主要"使用"环境资源的生产经营者与主要"享受"生态环境的普通居民、河流的上下游、经济发达环境恶劣的发达地区与经济落后生态良好的不发达地区之间等，对于特定环境事务的立场常常因利益关系而充满争执。而拥有决定权的立法者往往难以全面了解实际情况，难以选择最符合公共利益的方案。尤其是那些人数众多的利益群体往往也是经济、社会地位处于弱势的、利益遭受压制的群体，其意愿难以反映到立法者那里。只有在立法过程中实行公众参与，让不同利益群体能够充分表达其合理诉求，在法律上体

---

① 曾祥华：《论公众参与及其行政立法的正当性》，载《中国行政管理》2004年第12期。
② ［英］洛克：《政府论》，叶启芳、瞿菊农译，商务印书馆1964年版，第82页。

现其意志，才能避免偏狭，实现立法正义。同时，环境事务繁杂，仅靠行政部门一己之力，也难以制定符合实际的最佳方案。而公众在社会实践中积累有大量的宝贵经验，通过畅通信息反馈渠道，吸收民间建言献策，可以弥补行政机关难以获得全面的立法信息、处理信息能力不足的缺陷，为环境立法提供更多合理选择。

公众参与环境立法有助于增强环境法的实施效果。当前我国环境法治领域存在的一个突出问题是实效不彰，本身内容良好的法律得不到普遍有效的实施。对此，法制部门常常习惯于将之归结为民众法治观念低下，但其实立法过程中没有很好地实现公众参与，民众对法律不理解甚至不知情也是一个重要方面。法律绝不是仅由少数立法者制定出来凭国家强制力就可以顺利实施的。民众的认可和接受才是其实施的根本保证，而民众的切身参与又是其接受和认可法律的根本。"一项集体决定之所以具有令全体成员（包括持少数意见者）信服的效力，是因为它是在让每个成员自由表达意见后形成的，而不是仅仅按照法律规则形成了一致意见。"① 在立法之前倾听各方面的意见，是法律顺利实施的保证。立法的公众参与机制可以在相当程度上赋予法律的正统性、民意性和权威性，使所立法律易于被公众接受和服从。利益相关人通过参与立法，增加了对法规的理解和认同，在法规实施时能主动配合执法机关执法，还能监督执法机关的执法。尤其是由于环境利益关系错综复杂，立法并不能总是做到满足各方利益，而常常不得不为了公共利益而牺牲或抑制一部分主体的利益，如划定自然保护区可能牺牲当地民众的经济发展利益。对此，就更加有必要吸收公众，尤其是利益被牺牲的民众参与立法过程，表达意见和建议。法律可能是对我不利的，但我参与确定法律的过程使我有义务承认它们的合法性并服从它们。同时，"从法社会学的角度看，环境立法公众参与体现法律的激励功能。法律对社会作用的重要体现之一就是法律的激励功能。它是指通过法律激发个体合法行为的发生，使个体受到鼓励去做出法律所要求和期待的行为，最终实现法律所设定的整个社会关系模式系统的要求，取得预期的法律效果，造成理想的法律秩序"②。

公众参与环境立法有助于保证环境权力的正当行使、积极行使。不可否认，现代社会环境保护必须发挥政府的主导作用，加强政府对社会主体环境

---

① 蔡定剑：《公众参与：欧洲的制度和经验》，法律出版社2009年版，第5页。
② 陈雪堂、黄信瑜：《公众参与环境保护立法论》，载《黑龙江省政法管理干部学院学报》2010年第6期。

活动的监督和管理是进行环境保护的基本途径。但要注意的是，政府虽然一般来说能够成为公益的代表，但也有其自我利益，尤其是政府的组成人员都可能有着与社会公益不一致的个人利益。如果缺乏有效的制约，难保不会出现以权谋私等背离行政权力设立初衷的行为。而通过立法公众参与的引入，则能够有效保证政府环境权力行使的正当和积极。一方面，公众参与使利益各方能够充分表达自己的意愿，确保行政机关充分听取各方意见和辩解，保证行政立法对利益调整的公正性，使得各种利益都能受到平等的保障。公众参与还可以通过程序控制行政权，避免行政立法权的专横和恣意。公众参与行政立法的过程，不仅是行政立法程序的一种利益表达机制，而且会对行政立法的内容产生影响，虽然不排除行政机关的主导作用，但是公众参与由于其公开性迫使行政机关不得不考虑各种利益群体的意见，将其融入行政立法之中，在一定程度上避免了由于关门立法可能产生的恣意专横和立法偏私现象。[①] 另一方面，环境事务与通常社会事务不同，其不仅赋权给相应的管理部门，而且要求行政主体积极运用被赋予的职权，主动地从事相应管理活动，也即"积极行政"。如对污染企业进行查处，或对某一重要生态环境进行治理等。这就要求在涉及行政权力的相关立法中要同时规定行政部门的相关责任，加以一定程度的约束。但这种情况在完全由行政主体主导立法情况下很少出现，因为行政立法的部门很少"自我加压"自己规定自己的责任。只有引入公众参与机制，吸纳公众意见，才有可能建立科学的制约机制，保证行政部门积极履行职权。

三、我国环境立法公众参与制度的发展

公众参与立法在我国的正式兴起是在进入新世纪之后。在此之前，虽然国家在制定重要法律法规时也会通过座谈会、论证、媒体报道等形式向公众报道，征求意见，但并没有明确的法律规定，更没有建立常规性制度。直到2000年的《立法法》，我国才首次在法律中明确规定了立法公众参与制度。之后的《行政法规制定程序条例》和《规章制定程序条例》也分别重申了《立法法》的规定，并加以细化。2004年的《全面推进依法行政实施纲要》进一步明确提出："改进政府立法工作方法，扩大政府立法工作的公众参与程度。实行立法工作者、实际工作者和专家学者三结合，建立健全专家咨询论证制度。起草法律、法规、规章和作为行政管理依据的规范性文件草案，要

---

① 曾祥华：《论公众参与及其行政立法的正当性》，载《中国行政管理》2004年第12期。

采取多种形式广泛听取意见。""重大或者关系人民群众切身利益的草案,要采取听证会、论证会、座谈会或者向社会公布草案等方式向社会听取意见。"之后,国务院2006年发布的《关于做好国务院2006年立法工作的意见》要求各级立法部门"进一步提高政府立法工作的透明度和公众参与程度,完善公众参与的机制、程序和方法,拓宽公众参与渠道"。2007年,国务院法制办发布《关于进一步提高政府立法工作公众参与程度有关事项的通知》,要求在立法过程中的各个环节都要做到信息公开,注重向社会公开征集意见。

  在国家政策的肯定和一系列法律制度保障下,各地掀起了一股立法公众参与的热潮,社会公众参与立法积极性高涨,各级人大和有立法权的机关也都以相当开明的姿态欢迎公众参与,并为此进行了一系列"创新试验"。2003年,因大学生孙志刚之死引发公民上书,导致全国人大常委会废除《城市流浪乞讨人员收容遣送办法》的事件即为一个典型的成功案例。而在地方,立法机关的步子迈得更大。围绕着扩大公民对人大工作的有序参与,各级地方人大都创新形式、搭建平台、提供载体,大开公众参与之门。"公开、民主"已经成为地方人大工作的显著特色。2003年6月11—20日,北京市人大常委会向社会公布了十二届常委会五年立法规划项目建议草案,草案中细列了58项立法规划项目,市民不但可以对立法项目提出意见,还可以提出新的立法建议。山东省人大常委会2004年实行公民"零开支"旁听常委会:住济南市城区以外的旁听公民统一免费安排食宿,并报销车费,旁听公民还可以提交书面意见和建议。2005年7月25日,浙江省十届人大常委会第十九次会议进行网上视频直播。会议期间,社会公众在网上直播室,可以收看会议的全过程和即时浏览会议有关文件资料。这一举措,当时在全国首开先河。上海市人大常委会则推出"人大网议日",让人大代表在网上定期与网民进行平等对话和交流。2006年,广州市出台《广州市规章制定公众参与办法》对广州市在规章制定中的公众参与作出了细致的程序规定。2008年,广州市人大常委会将正在制定的《城市管理综合执法条例》在网上向所有网民征求意见,同时接受网民的公开点评。① 太原市人大常委会则正式面向社会发布招标公告,面向高等院校、科研院所、律师事务所、法律与文化专家等符合条件的单位与个人,征集《太原市文化产业促进条例(草案建议稿)》起草方案。2009年,宁波市制定了《关于公众参与规章制定工作的若干规定》,对公众参与规

---

① 周炯:《广州城管条例网调:逾九成网友赞成城管限权》,新华网2008年3月31日http://new.xinhuanet.com/Politics/2008-03/31/comtent_7887230.htm(2016年3月22日访问)。

章制定的定义、范围、组织主体、实施程序以及对公众意见的处理与结果反馈进行了规范。

国家环保部门及一些地方专门针对环境立法中的公众参与作出了相关规定。在国家层面，原国家环保总局2005年颁布的《环境保护法规制定程序办法》对国家环保部门有权制定的"环境保护法规"的立项、起草、审查、决定、公布、备案和解释作出了专门的程序性规定，规定"起草环境保护法规，应当广泛收集资料，深入调查研究，广泛听取有关机关、组织和公民的意见；环境保护法规直接涉及公民、法人或者其他组织切身利益的，可以公布征求意见稿，公开征求意见；环境保护法规草案送审稿创设行政许可事项，或者直接涉及公民、法人或者其他组织切身利益，有关机关、组织或者公民对其有重大意见分歧的，法规司和负责起草工作的司（办、局）可以向社会公开征求意见，也可以采取听证会等形式，听取有关机关、组织和公民的意见"。2007年，原国家环保总局发布《关于进一步提高总局机关立法工作公众参与程度的通知》，对法规司和负责起草法规的司（办、局）在具体立法环节的公众参与要求作出了明确规定。在地方，山西、沈阳等省市制定的地方性《环境保护公众参与办法》，也对包括制定地方环境法规在内的各项环境事务中的公众参与作出了具体规定。

第二节 中国环境立法公众参与的主要制度

综合《立法法》《行政法规制定程序办法》《规章制定程序办法》《环境保护法规制定程序办法》《国务院法制办公室关于进一步提高政府立法工作公众参与程度有关事项的通知》《关于进一步提高总局机关立法工作公众参与程度的通知》等法律法规的有关规定，中国环境立法公众参与制度主要有以下内容。

一、立法规划阶段

为进一步实现立法工作的科学化、规范化，提高立法透明度和工作效率，我国各主要立法机关普遍推行"立法规划"制度，结合社会实践和立法准备的实际情况，对一定时期内的立法项目作出预先规划。《行政法规制定程序办法》规定国务院于每年年初编制本年度的立法工作计划；国务院有关部门认为需要制定行政法规的，应当于每年年初编制国务院年度立法工作计划前，向国务院报请立项。《规章制定程序办法》规定国务院部门内设机构或者其他机构认为需要制定部门规章的，应当向该部门报请立项。省、自治区、直辖市和较大的市的人民政府所属工作部门或者下级人民政府认为需要制定地方政府规章的，应当向该省、自治区、直辖市或者较大的市的人民政府报请立项。《环境保护法规制定程序办法》规定国家环保部门于每年年初编制本年度立法计划，将"环境保护部门规章"之外的其他环境立法纳入立法计划，作为年度立法的工作依据。

立法规划决定着哪些问题能够进入立法部门的视野，启动立法程序，是整个立法过程的起点，具有重要意义。此阶段的公众参与方式主要有以下几点。

（一）公开征集立法项目

为了更好地了解民众的法制期待，把人民群众关心的迫切问题及时纳入法制轨道，从2002年开始，一些地方的立法机关纷纷向社会公开征集立法项目，允许单位或个人向立法机关提出有关立法项目的建议，并把群众反映集中的突出问题纳入立法规划或公众计划。公开征集的目的就是要让公民更早地参与立法进程，在立法准备阶段即参考公众意见，以弥补立法中信息不足、立法起草渠道单一的缺陷，有利于立法者及时发现问题，贴近社情民意，提高立法质量。面向社会公开征求的立法项目建议大致分为三类，一是长期向社会公开征集的立法项目和法规草案草稿；二是今后五年立法规划项目；三是征集年度地方立法计划项目。

（二）立法信息公告

立法信息公告是指立法机关将未来一定时期内的立法计划和工作安排公之于众，使公众知情的制度。立法规划制定后，立法机关一般将其在各种媒体上公布，使公众及时了解立法动态，加以关注和监督。2005年，国家环保总局发布《"十一五"全国环境保护法规建设规划》以及《环境立法规划设想表》，对"十一五期间"国家环境立法的预定目标和工作安排作出了明确规划。立法信息公开，既为地方政府和下级环保部门从事相关环境立法活动提供了具体指导，又为社会公众了解国家环境立法动向并结合自身实际情况进行有效参与提供了良好的信息保证。

二、草案制定阶段

法律是广大人民意志的体现，立法草案的编写过程也是了解各种立场、听取各种意见的过程。《立法法》没有规定"法律"草案制定过程中的公众参与，但对行政法规作出了规定："行政法规在起草过程中，应当广泛听取有关机关、组织和公民的意见。听取意见可以采取座谈会、论证会、听证会等多种形式。"《行政法规制定程序条例》则进一步规定，行政法规在起草阶段"应当广泛听取有关机关、组织和公民的意见。听取意见可以采取召开座谈会、论证会、听证会等多种形式。"并且行政法规的"送审稿"的"说明"部分"应当包括""征求有关机关、组织和公民意见的情况"。《规章制定程序条例》规定："起草规章，应当深入调查研究，总结实践经验，广泛听取有关机关、组织和公民的意见。听取意见可以采取书面征求意见、座谈会、论证会、听证会等多种形式"，"起草的规章直接涉及公民、法人或者其他组织切身利益，有关机关、组织或者公民对其有重大意见分歧的，应当向社会公布，征求社会各界的意见；起草单位也可以举行听证会。"《环境保护法规制定程序办法》则规定，起草环境保护法规，应当"广泛听取有关机关、组织和公民的意见"；听取意见方式包括"召开讨论会、专家论证会、部门协调会、企业代表座谈会、听证会等多种形式"。该办法并规定了对"直接涉及公民、法人或者其他组织切身利益"或"影响贸易和投资"的环境保护法规可以"公布征求意见稿，公开征求意见"。

通过这些规定，可以看到，法律草案在制定阶段并没有强制性的公众参与要求，但在行政法规和规章的草案制定中，公众参与则是必经程序，但方式较为多元，立法机关可灵活选择。在实践中，主要有以下几种形式。

（一）立法听证

立法听证是指立法机关在制定或修改涉及公众或公民权益的法案时，听取利益相关者、社会各方及有关专家的意见并将这种意见作为立法依据或参考的制度形式和实践活动。其精髓在于以形式正义来保证实质正义，以程序公平来保证结果公平，从而体现民主政治的基本价值。[1] 立法听证一般采取公开形式，并允许媒体参与。有些地方在听证会结束后还在网上公开听证记录和听证报告。

立法听证通常分为三个阶段，其内容包括：[2]

1. 听证准备阶段

（1）决定听证。在人大立法中，听证会的举行一般由常委会主任会议或常委会会议决定，然后由有关专门委员会或常委会工作机构具体组织实施。在行政立法中，则由政府法制机构的负责人或部门常务会议决定，由相关机

---

[1] 程元元：《立法的公众参与研究》，载《重庆工商大学学报》2005年第3期。
[2] 蔡定剑：《公众参与：风险社会的制度建设》，法律出版社2009年版，第34~37页。

构组织实施。

（2）制定工作方案。一般包括听证目的、听证机构、听证时间和地点、听证参加人及确定办法、听证会程序、注意事项等。

（3）发布听证公告。以人大常委会公告或政府公告的形式在当地主要媒体上发布，内容包括听证目的、时间、地点、参加人数、报名办法等。

（4）接受报名。组织者指派专人负责接待、登记报名。报名者出示身份证明、填写报名表，并表明要参与的听证内容和所持观点。

（5）确定听证参加人。主要包括听证人、主持人、陈述人以及一定数量的旁听人。听证人从人大专门委员会的组成人员或政府法制机构和起草部门的负责人中产生。主持人由听证机构的主要负责人担任。听证陈述人由组织者根据一定原则、比例从报名者中遴选产生，遴选时要综合考虑代表性和报名的先后顺序、所持观点等，兼顾不同观点的均衡性和界别的全面性。旁听人也由听证机构确定，可邀请人大代表或有关专家列席。陈述人的权利义务要事先告知，并明确发言顺序和陈述规则。

2. 听证举行阶段

（1）工作人员核对陈述人及其他参加人是否到会。主持人宣布听证会规则和会场纪律，介绍听证人、听证陈述人，宣布听证事项。

（2）对法规草案的主要内容或听证的主要事项作说明。

（3）陈述人对听证内容发表意见。一般先由提出法规草案者发言，专家陈述人补充，再由持有各种意见的陈述人依次发言。发言时间应有一定限制，一般不超过5分钟，以尽量使更多的人有机会表达观点。主持人也可根据实际情况，适当延长发言时间。陈述人应当围绕听证的内容陈述自己的观点和意见，主持人对偏离听证内容的发言应予制止。如条件允许又有要求，也可在主持人主持下，安排各方陈述人就有关内容及争议进行辩论。

（4）询问听证陈述人。听证人可以询问陈述人，有关陈述人应当予以回答。

（5）总结。陈述人发言结束后，由主持人对听证会进行总结。

3. 听证后处理阶段

（1）做好听证记录。陈述人可以查阅记录，修改本人发言记录。

（2）制作听证报告。根据听证记录，由主持人负责，经听证人合议，制作听证报告并提交人大常委会或政府办公会议。听证报告内容包括听证会的基本情况、听证陈述人的基本观点、论据及争论的问题、听证人的意见和建议等。

需要注意的是，听证会只是听取公众意见的一种形式，仅为审议法案时的参考。

（二）公布"征求意见稿"，公开征求意见

征求意见稿是草案初步形成之后向社会公开征求意见的"蓝本"，经过一定时间的公开并根据公众意见进行修改之后，方形成提交立法会议讨论的正式草案。征求意见稿是立法活动所特有的一种公众参与方式，使公众在了解草案大概的情况下再行发表自己的意见，比草案尚未成型时的参与更有针对性，有效性更高。《环境保护法规制定程序办法》第12条规定，负责起草工作的司（办、局）应当根据环保部部长专题会议审议意见，对征求意见稿草案进行修改，形成环境保护法规征求意见稿及其说明，以环保部函发送省级环境保护部门、国务院有关部门征求意见。负责起草工作的司（办、局）可以根据环境保护法规征求意见稿内容所涉及的范围，征求有关地方人民政府、省级以下环境保护部门、有代表性的企业和公民的意见。征求意见稿的说明，应当包括立法必要性、主要制度和措施等主要内容的说明。第13条规定，环境保护法规直接涉及公民、法人或者其他组织切身利益的，可以公布征求意见稿，公开征求意见。环境保护部门规章影响贸易和投资的，应当按照国家有关规定履行对外通报程序，公布征求意见稿。

环境保护法规的征求意见稿，一般在《中国环境报》和国家环保部官方网页等媒体公布。国家环保部官方网页专设"法规征求意见"一栏，公布征求意见稿，并向社会公众征集意见。

征求意见期满后，负责起草工作的司（办、局）根据征求的意见，对征求意见稿及其说明进行修改，形成环境保护法规草案送审稿及其说明，连同其他有关材料，经负责起草工作的司（办、局）主要负责人签署后，移送法规司审查。

草案送审稿的说明，应当包括立法必要性、起草过程、主要制度和措施的说明、征求意见情况以及未采纳意见的处理情况等内容。

其他有关材料，主要包括：目前管理现状和存在的主要问题分析，草案规定的主要制度和措施的必要性和可行性的专项论证材料，征求意见及其处理情况汇总表、对未采纳的主要不同意见的说明，有关立法调研报告和国内外包括法规条文在内的其他立法参考资料。

（三）论证会、座谈会、讨论会、专家论证会、部门协调会、企业代表座谈会

在法案制定阶段，立法机关往往从高等院校、科研单位及司法部门中聘

请法学专家和实践工作者担任其立法顾问,对制定过程中碰到的疑难问题进行研究,提出论证意见;或者根据需要举行座谈会,邀请与草案有利害关系的部门、人员及法学专家参加,以使各方面的意见特别是不同意见都能得到反映。

三、草案审查阶段

在草案审查阶段,虽然公众并没有直接的提案权和表决权,主要是权力机关对草案的"合法性"进行审查,但在此过程中也有必要引入一定程度的公众参与,为利益相关团体和个人以及所有公众提供最后的机会,使他们能够对拟议中的法规进行审议和评论。诚然,这一阶段的公众参与草案制定阶段有所差异,其不是对所有相关问题的泛泛而谈,而是以已经成型的"法案"为中心,着力解决法案中的突出问题。主要有以下方式。

(一)公开草案,征集社会公众意见

一般情况下,事关人民切身利益或社会影响较大的立法,立法机构往往会把立法草案全文在报刊上加以公布,在收集公众意见以后,立法起草机构结合意见加以修改,最后才形成正式的法律草案,提交立法机关讨论、通过。从国外一些国家的立法实践来看,法案公开已成为必备的立法程序。例如,加拿大在法规草案签署生效之前,法规草案必须在加拿大政府的官方刊物上公布,只有经过公开评论后,法规才能签署生效。[①] 法案公开是解决公众参与立法不平衡的利器。由于经济社会的发展不平衡,不同利益群体所掌握的社会资源是不平衡的。有些群体人数不多,但可能占有更多的社会资源,向立法机关反映自己意见和要求的声音更大。有些群体人数很多,但由于掌握的社会资源有限或者表达的意识不够,在立法过程中的声音会很弱。因而也就容易出现"声音大的不一定人多,声音小的不一定人少"的现象。将法案原则上予以公开,为广大公众提供了同等的立法信息,避免了一些群体对立法信息享有的某种优势。法案公开也为公众提供了一种廉价的、低成本的参与形式,针对法案的内容,公众可以通过互联网、电话、信函等多种形式,迅速便捷地表达自己的观点和看法。这对于人民群众特别是弱势群体表达利益诉求,提供了有效的机制和途径。[②]

我国《立法法》第 35 条规定:"列入常务委员会会议议程的重要的法律

---

① 许安标:《法案公开与公众参与立法》,载《中国人大》2008 年第 5 期。
② 同上。

案，经委员长会议决定，可以将法律草案公布，征求意见。各机关、组织和公民提出的意见送常务委员会工作机构。"国务院法制办公室《关于进一步提高政府立法工作公众参与程度有关事项的通知》规定："对于直接涉及公民、法人和其他组织切身利益或者涉及向社会提供公共服务、直接关系到社会公共利益的部门规章草案，可以向社会公开征求意见。""经批准向社会公开征求意见的部门规章草案，可以在中国政府网和本部门网站、公报等媒体上公布。""各部门法制工作机构应当认真归纳整理、汇总研究社会各方面对本部门公开征求意见的规章草案所提出的意见和建议。对于合理的意见和建议，应当予以采纳。"《行政法规制定程序办法》第 19 条第 2 款规定："重要的行政法规送审稿，经报国务院同意，向社会公布，征求意见。"《规章制定程序办法》第 15 条规定："起草的规章直接涉及公民、法人或者其他组织切身利益，有关机关、组织或者公民对其有重大意见分歧的，应当向社会公布，征求社会各界的意见。"《环境保护法规制定程序办法》第 18 条第 2 款规定："环境保护法规草案送审稿创设行政许可事项，或者直接涉及公民、法人或其他组织切身利益，有关机关、组织或者公民对其有重大意见分歧的，法规司和负责起草工作的司（办、局）可以向社会公开征求意见。"

2008 年 4 月，全国人大常委会委员长会议进一步明确，全国人大常委会审议的法律草案，原则上都予公开，广泛征求意见，根据全国人大常委会委员长会议的决定精神，在通常情况下，法律草案在中国人大网站公布，通过互联网，向社会征求意见。其中对于关系改革发展稳定大局和群众切身利益、社会普遍关注的重要法律草案，除在全国人大网站上公布外，经委员长会议决定，还在全国性新闻媒体上公布，加大公布的力度，使更多的人能够知晓。在《清洁生产促进法》《循环经济促进法》等重要环境法律的制定过程中，都曾向社会公开草案，征集公众意见。2010 年 10 月 28 日，全国人大常委会通过中国人大网公布《车船税法（草案）》及草案说明向社会征求意见，社会公众通过信息网络广泛参与，发表意见。

在规章层面，国家环保部《关于进一步提高总局机关立法工作公众参与程度的通知》规定："法规司和负责起草法规的司（办、局）在法规审查过程中，对于有关机关、组织或者公民有重大意见分歧的环保部门规章，可以通过我局政府网站向社会公开征求意见。"在地方环境法规的制定中，公开草案，公开征集意见更是常见现象。如安徽省人大常委会《安徽省环境保护条例（草案）》，就酝酿提高噪声污染罚款额度，惩罚居民小区内乱敲打或锤击制造噪声等问题公开征集民众意见。① 2010年1月4日，杭州市人大常委会向社会公布《机动车排气污染防治条例（草案）》公开征集意见，留出20天的征集意见期限，并提供了通信、电话、传真等具体方式。②

（二）书面征求有关单位和专家意见

《行政法规制定程序办法》第19条第1款规定："国务院法制机构应当将行政法规送审稿或者行政法规送审稿涉及的主要问题发送国务院有关部门、地方人民政府、有关组织和专家征求意见。"《规章制定程序办法》第20条：法制机构应当将规章送审稿或者规章送审稿涉及的主要问题发送有关机关、组织和专家征求意见。实践中的通常做法为立法机关将法律草案尤其是需要咨询的重点问题及相关说明资料发送有关部门、组织和专家征求意见，汇总意见后再对法规草案进行修改。被征求意见的对象一般是与所咨询问题密切相关的部门、组织、行业内的权威专家，以及有代表性的一些特殊利益组织，如环境领域的"中华环保联合会"等大型环保组织。

（三）征求基层人员意见

为了更好地贴近群众，反映基层民众的利益需求，一些立法专门规定就主要问题听取基层民众意见。《行政法规制定程序办法》第20条规定："国务院法制机构应当就行政法规送审稿涉及的主要问题，深入基层进行实地调查研究，听取基层有关机关、组织和公民的意见。"《规章制定程序办法》第21条规定："法制机构应当就规章送审稿涉及的主要问题，深入基层进行实地调查研究，听取基层有关机关、组织和公民的意见。"方式包括基层调研、与基层民众座谈等。

（四）召开专家座谈会或论证会

对于草案中的重大问题、疑难、难以确定的问题，要更加注重专家及利害关系者的参与和论证。《行政法规制定程序办法》第21条规定："行政法规送审稿涉及重大、疑难问题的，国务院法制机构应当召开由有关单位、专家参加的座谈会、论证会，听取意见，研究论证。"《规章制定程序办法》第22条："规章送审稿涉及重大问题的，法制机构应当召开由有关单位、专家参加的座谈会、论证会，听取意见，研究论证。"《环境保护法规制定程序办法》

---

① 编辑部：《皖环保立法征集民意 制造严重噪声最高可罚五万》，新华网，http://www.xinhuanet.com/chinanews/2009~07/28/content_17222608.htm（2012年3月22日访问）。
② 傅一览：《今起〈杭州市机动车排气污染防治条例（草案）〉想听听你的意见》，杭州网2010年1月5日，http://sub-hzrb.hangzhou.com.cn/system/2010/01/04/010328520.shtml（2012年3月22日访问）。

第18条第1款规定:"在审查过程中,法规司认为环境保护法规草案送审稿涉及的法律问题需要进一步研究的,法规司可以组织实地调查,并可召开座谈会、论证会,听取意见。"这一阶段的座谈会或论证会,相比于草案制定阶段,其范围相对较窄,一般限于有直接利害关系的部门和权威专家,论题也更加集中,针对重点、难点问题。

(五)举行听证会

在草案审议阶段,对于有重大争议问题或者社会影响较大的草案,也可以召开听证会,征求公众意见。《行政法规制定程序办法》第22条行政法规送审稿直接涉及公民、法人或者其他组织的切身利益的,国务院法制机构可以举行听证会,听取有关机关、组织和公民的意见。《规章制定程序办法》第23条规章送审稿直接涉及公民、法人或者其他组织切身利益,有关机关、组织或者公民对其有重大意见分歧,起草单位在起草过程中未向社会公布,也未举行听证会的,法制机构经本部门或者本级人民政府批准,可以向社会公布,也可以举行听证会。《环境保护法规制定程序办法》第18条第2款规定环境保护法规草案送审稿创设行政许可事项,或者直接涉及公民、法人或者其他组织切身利益,有关机关、组织或者公民对其有重大意见分歧的,法规司和负责起草工作的司(办、局)可以采取听证会等形式,听取有关机关、组织和公民的意见。

四、法律规范实施阶段

法律一经生效,即具有普遍强制执行力,进入实施阶段。但法律并不是一成不变的,其绩效也只有在实践中才能得到充分检验。在规范实施阶段,仍有必要通过一定方式吸收公众参与,听取公众意见。例如,举行监督听证会或座谈会,公开听取公众对法律规范实施情况的意见以及对法律规范修改的建议,了解法律规范实施情况和反映执法过程中存在的问题,以便适时对法律规范进行修改、清理或废止。在这一阶段,实践中较为成熟的做法是立法"后评估"制度,即由立法机关委托具有资质的学术单位或社会团体对某一法规的实施情况、实施绩效、存在问题进行跟踪调查,提出相应的完善建议。

第三节 完善中国环境立法公众参与制度

与西方工业化国家不同,我国遭遇环境污染问题的时间比较短,环境治理体系不完善，制度化的公众参与立法在我国尚处于初级阶段，很不成熟。我国的环境立法公众参与制度仍然存在一些不足，其主要问题有：参与多为任意性规定，强制性不足；行政色彩浓厚，民众主动性较差；相关概念术语及制度内容模糊不清，难于操作；程序性保障不足等。未来我国环境立法公众参与制度的完善，应从以下几点入手。

一、赋予公众环境立法"参与权"，实现环境立法参与"法制化"

当前立法公众参与的主动权在行政主体手中，是否允许参与、以何种形式参与、公众意见是否采纳等都缺乏明确法律规定，通常由行政部门自主决定，公众处于"被发动"的被动地位。例如，立法征求意见时对于征求意见的对象、方式以及是否征求意见的决定权由法规制定机关掌握，具有较大自由裁量权。由行政机关判断是否涉及公民、法人和其他组织的切身利益，是否需要征求公民、法人和其他组织的意见。由于目前的法律规定缺少对公众立法建议权的保障，一些公众对未来立法的需求、现行法律的优劣有切身体会，但很少提出实质性的建议。又如，法律虽然规定了公民的对制定法规的"可以"表达权，但对收到公众提出来的意见后政府是否负有反馈意见的义务，没有明文规定，这也影响了公众参与的效力。对此，法律应当明文规定公众参与立法活动的各项权利，如提出建议权、表达意见权等，使公民的参与活动不再过度依赖于行政部门的意愿而真正成为一种有法律保障的"权利"，甚至在与行政部门意见不一时也有权参与，发出自己的声音，实现真正意义上的公众参与，实现公众参与的独立自主。

二、加强信息公开，确保环境立法透明

要普遍、真实、全面地公开立法全过程，使立法公开透明体现在立法活动的各个方面各个环节。如在立法规划的制定上，要公布规划草案，听取广大人民群众的意见和建议；在立法起草阶段，要充分允许公民和社会各界阐述对法律草案的看法，以便更加广泛地汇集民意；在立法提案阶段，要扩大提出法律案的主体；在立法审议阶段，不仅要运用网络或采取电视台和电台直接转播的形式让公民了解立法的情况，还应尽可能多地在报刊上公布法律草案以征求各方面的意见，而且应当经常举行公开的立法听证会，允许公民自由旁听立法讨论；在法案表决阶段，要允许公民旁观并在电视和电台转播全过程；在法律公布阶段，不仅要公布法律文本本身，而且应当公开立法会议的议事记录，包括每个代表的全部发言记录。另一方面要制定行之有效的

立法信息和立法过程公开以及公众参与的制度。如建立立法信息公开制度，保障公众能够及时方便地获得有关环境立法信息；建立立法公众参与制度，保障公民和社会组织等参与政府环境立法的权利和义务；建立信息反馈制度，对于来自社会的意见公开反馈并说明采用与否；保障公众参与环境立法的实效；建立监督责任制度，对没有做到信息公开，违反程序的政府机构要追究责任；完善行政复议和行政诉讼制度，对于违反信息公开的立法行为可以通过行政复议和行政诉讼的方式进行处理。总之，要通过一套规范完善的制度，切实保障公众在环境立法中当家做主。

三、制定科学的代表遴选机制和参与规则

公众数量众多，不可能全部同等地进行参与。实践中，无论参加听证会还是出席座谈会或者问卷调查，都必定是选取一小部分公众的"代表"进行。因此，建立科学、完善的代表遴选机制和参与规则至关重要。未来立法应当进一步细化，明确规定提出参与者的程序、参与人的人选、征求意见的公告时间、回复意见的时间。各地在选取立法参与人时，力求尽可能广泛地代表各种利益的人参加立法活动，尽可能全面地反映各种不同的意见，保证所提意见的客观、公正、全面。但确定参与者的名单应避免由法案的起草机构或审议机关自己选择。参与人人选可采取向社会公告的形式邀请愿意参加立法的公众参与。由于参与立法的人同时具备不同利益的代表性、深入了解现实情况并客观作出判断的科学性和对立法技术的专业性只是一个理想，现实是有的地方即使是关系老百姓切身利益的立法项目，即便是作了大量的宣传，普通群众踊跃报名的情况依然没有出现。为了实现实质上的公平，公众参与立法制度应当允许参与人尤其是与立法机构利益对立的人的代理人代为参加，并充分考虑其意见。另外征求意见的公告时间、反馈意见的时间是立法听证过程中的两项关键的技术性安排，应明确列入制度内容。必须安排足够长的、合适的时间征求公众意见和意见反馈，时间确定的科学与否关系到能否充分表达不同利益群体的意见。

四、扩大和创新公众参与的方式和途径

我国立法公众参与的各种方式均缺乏明确、具体的法律规定，各地的公众参与实践往往五花八门，效力不一。如同样为立法听证，不同地区、不同部门主导的，其具体程序可能就存在很大差别，包括一些不太合理的规定。因此，有必要从法律上制定具体的细化的可操作的实施细则予以规范和统一。

立法听证是公众参与立法最为有效的途径，我国应该从法律上制定具体的细化的可操作的立法听证制度，把立法听证的范围，听证证人的确定规则，立法听证举行的程序等重要事项明确规定下来。同时，还应针对立法座谈会、论证会、书面征求意见、后评估等重要的公众参与形式制定实施细则，以提高这些制度的可操作性。

五、为公众参与立法提供信息网络技术支持

现代化社会是信息社会，信息的及时、充分传播离不开先进的信息技术支撑。在现代社会，要想切实公众参与立法进程，就必须建立完善的立法信息系统，其中尤其要加强信息化网络建设，发挥网络的力量。目前我国多个省市都设立了政府法制办的网站或法制信息网站，大多数网站都设立了公众法案意见征求专栏和立法项目建议专栏，应该继续加强这方面的建设。对此，一要建立信息发布平台，二要建立公众参与信息平台，三要建立信息收集反馈平台。通过这些平台发布通告、收集评论、公布法规、反馈意见、储存信息，交流互动。要大力提高信息化含量和信息网络水平，提高立法人员驾驭网络信息的能力，保证公众能方便、快捷、有序地参与到立法实践中来。

第六章　环境决策公众参与

　　环境决策是指国家行政机关工作人员在处理与环境资源有关的行政事务时，为了达到预定目标，根据一定的情况和条件，运用科学的理论和方法，系统分析主客观条件，在掌握大量有关信息的基础上，对所要解决或处理的环境问题和事务做出决定的过程。公众参与环境决策可帮助政府部门在作出具体决策和制定计划与政策等宏观战略的过程中充分认识和考虑到公共环境利益，实现环境保护。

　　中共中央十八届四中全会通过的《关于全面推进依法治国若干重大问题的决定》，明确提出要健全依法决策机制。要把公众参与、专家论证、风险评估、合法性审查、集体讨论确定为重大行政决策法定程序，确保决策制度科学、程序正当、过程公开、责任明确。《全面推进依法行政实施纲要》指出，要"健全行政决策机制。建立健全公众参与、专家论证和政府决定相结合的行政决策机制。实行依法决策、科学决策、民主决策"。

　　公众参与环境决策是我国政府推动依法行政、建设法治政府在环境保护领域的重要体现。2003 年开始实施的《环境影响评价法》《行政许可法》以及 2006 年实施的《国务院防止海洋工程建设项目污染损害海洋环境管理条例》等均规定，有关环境行政审批过程应当为公众提供参与的机会。2004 年开始实施的《环境保护行政许可听证暂行办法》和 2006 年出台的《环境影响评价公众参与暂行办法》等对公众参与环境行政许可和环境影响评价进行了详细规定，极大提高了公众参与制度的可操作性。

　　行政决策在本质上属于一种由行政机关行使"行政职权行为"，并非在行政决策的任何领域、任何环节公众都可以参与。从现行法律法规规定的情况来看，我国公众参与环境决策的制度渠道主要有三种：参与环境影响评价；参与环境规划；参与环境行政许可。

第一节 环境影响评价中的公众参与

环境影响评价是"在实施对环境可能有重大影响的活动之前,就该活动所发生的环境影响进行调查、分析与评价,并在此基础上提出回避、减轻重大环境影响的措施与方案,经过对各项结果综合考虑和判断并公开审查后,决定是否实施该活动的一系列程序的总称"。① 依据所评价的对象的不同,环境影响评价又可分为建设项目环境影响评价(项目环评)和战略规划环境影响评价(战略环评)两类。本节主要讨论项目环评。

一、环境影响评价公众参与概述

环境影响评价制度源起于美国。1969年美国《国家环境政策法》首次将环境影响评价规定为政府环境管理的一项基本制度。该法颁布之后,美国各州相继建立了各种形式的环境影响评价制度。由于环境影响评价制度对于预防和减少人类活动对环境的负面影响具有积极作用,受到世界各国的采纳和效仿,成为现代各国环境法的基本制度。如瑞典、澳大利亚、法国、荷兰等国分别在其国家的环境基本法中对环境影响评价制度作出了规定,英国制定了《环境影响评价条例》,德国、加拿大分别制定了《环境影响评价法》。② 环境影响评价已经成为一项为世界各国所通用的环境保护制度。

环境影响评价是一种以预防为主的管理制度。由于环境事务的复杂性和利益的广泛性,必须全面了解公众意见才能对建设项目的环境后果和社会影响作出准确判断,并提出合理的解决方案。因此,公众参与环评,也即除开发单位及审查环境影响评价的机关之外的其他相关机关、团体、企事业单位、地方政府、专家学者、当代居民等社会主体通过法定方式参与环境影响评价文件的制作、审查与监督,是环境影响评价制度中的重要组成部分,是整个环评程序中的重要一环。各国环境影响评价相关法律规定都对"公众参与"给予相当重视,并有一系列的制度保障。因此,公众参与作为确保环境影响评价的民主性和公正性所必不可少的重要程序是整个环评制度的基石,环评的各个环节和领域都应当向公众公开,确保公众知

---

① 汪劲:《环境影响评价程序之公众参与问题研究——兼论我国〈环境影响评价法〉相关规定的施行》,载《法学评论》2004年第2期。

② 汪劲:《中外环境影响评价制度比较研究》,北京大学出版社2006年版,第35~36页。

情并及时听取公众意见。

我国早在1979年的《中华人民共和国环境保护法（试行）》中就规定了要实行环境报告书（表）制度。2014年4月24日修订的《环境保护法》第56条规定建设项目环境影响报告书必须向社会公众公开。"对依法应当编制环境影响报告书的建设项目，建设单位应当在编制时向可能受影响的公众说明情况，充分征求意见。""负责审批建设项目环境影响评价文件的部门在收到建设项目环境影响报告书后，除涉及国家秘密和商业秘密的事项外，应当全文公开；发现建设项目未充分征求公众意见的，应当责成建设单位征求公众意见。"1981年国务院通过的《基本建设项目环境保护管理办法》对建设项目环境影响评价的范围、内容、程序及其审批作了具体规定，1986年该《管理办法》被修改为《建设项目环境保护管理办法》，自此，我国环境影响评价制度得以全面确立。到20世纪80年代末，环境影响评价由单一项目的孤立评价开始扩展到区域开发的环境影响评价。1998年国务院针对建设项目环境管理出现的新问题发布了《建设项目环境保护管理条例》，该条例对建设项目的环境影响评价制度进行了详尽的规定。1982年制定的《海洋环境保护法》、1984年制定的《水污染防治法》、1987年制定的《大气污染防治法》、1988年制定的《水法》《野生动物保护法》等环境单行法分别规定了特定领域和事务中的环评制度。1989年制定的《环境影响保护法》进一步确认了该制度作为我国环境保护基本制度的法律地位。2002年10月全国人大常委会通过了《环境影响评价法》。

但是，我国早期的环评制度中并没有明确的公众参与规定。"该项制度实施的前10年间，相关的法律、法规对公众参与环境影响评价只字未提。1993年由国家计委、国家环保局、财政部、人民银行联合发布的《关于加强国际金融组织贷款建设项目环境影响评价管理工作的通知》首次以文件的形式明确了公众参与的要求：'公众参与是环境影响评价工作的重要组成部分，（报告书）应设专门章节予以表述，使可能受影响的公众或社会团体的利益得到考虑和补偿，公众参与工作可在（评价大纲）编制和审查，（报告书）审查阶段进行'。"[①] 公众参与由此开始受到重视。

从20世纪末开始，随着我国环境影响评价法律制度体系的不断完善，公众参与环境影响评价的规定也在逐步增多，参与的广度和深度不断加大。1998年的《建设项目环境保护管理条例》规定："建设单位编制环境影响报

---

① 蔡定剑：《公众参与：风险社会的制度建设》，法律出版社2009年版，第78页。

告书，应当依照有关法律规定，征求建设项目所在地有关单位和居民的意见。"2002年的《环境影响评价法》明确"国家鼓励有关单位、专家和公众以适当方式参与环境影响评价"，并对多个环节中的公众参与作出了具体规定。2005年《国家环保总局建设项目环境影响评价文件审批程序规定》规定环境影响报告书的审查阶段应"组织专家评审"，对有重大影响或存在重大分歧的项目"可以举行听证会，听取有关单位、专家和公众的意见，并公开听证结果，说明对有关意见采纳或不采纳的理由"。为进一步推进和规范环境影响评价中的公众参与活动，提高公众参与的质量，2006年原国家环保总局颁布《环境影响评价公众参与暂行办法》，不仅明确了"国家鼓励公众参与环境影响评价活动""公众参与实行公开、平等、广泛和便利的原则"等基本原则，而且对公众参与的一般要求、组织形式、参与方法、参与环节、具体程序等都作出了细致规定，大大提高了环评公众参与的"制度化"程度（参见图6-1）。

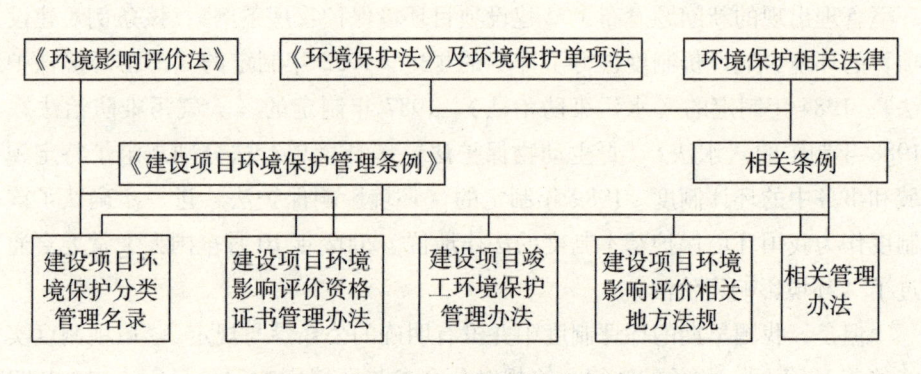

图6-1 建设项目环境影响评价法规体系

二、我国环境影响评价公众参与制度

（一）参与主体

参与者是指有权参与建设项目环境影响评价活动的社会主体。根据我国相关法律规定，环境影响评价中的公众可分为专家和"群众"两类。其中专家的参与主要是就涉及环境管理政策和技术复杂的决策性问题，通过咨询、评价、参与研究等方式，提供意见和建议，对环评工作进行改进。"群众"主要是项目所在地的"单位或居民"，他们因其自身经济、生活利益受到实质影响而对建设项目提出意见和建议。《环境影响评价公众参与暂行办法》规定，建设单位或者其委托的环境影响评价机构、环境保护行政主管部门，应当综合考虑地域、职业、专业知识背景、表达能力、受影响程度等因素，合理选

择被征求意见的公民、法人或者其他组织。被征求意见的公众必须包括受建设项目影响的公民、法人或者其他组织的代表。

组织实施者是在环评程序中具体组织公众从事某种参与活动的实施者，或者有义务向公众开放信息、提供参与条件的人。根据我国法律法规，环境影响评价公众参与的实施主体主要有三类，其中首要的是项目建设者，主要发生在环境影响评价文件的制作过程中。《环境影响评价法》第21条规定："建设单位应当在报批建设项目环境影响报告书前，举行论证会、听证会，或者采取其他形式，征求有关单位、专家和公众的意见。"《建设项目环境保护管理条例》第15条对公众参与环境影响评价也作了十分原则的规定："建设单位编制环境影响报告书，应当依照有关法律规定，征求建设项目所在地有关单位和居民的意见。"由于环境影响评价文件也可由项目建设者委托有资质的环境影响评价单位代为进行，所以接受委托制作环境影响评价文件的"环境影响评价机构"也是公众参与活动的组织实施者。《环境影响评价公众参与暂行办法》第5条第2款规定："建设单位可以委托承担环境影响评价工作的环境影响评价机构进行征求公众意见的活动。"另外，根据《环境保护总局建设项目环境影响评价文件审批程序规定》，"对环境可能造成重大影响、应当编制环境影响报告书的建设项目，可能严重影响项目所在地居民生活环境质量的建设项目，以及存在重大意见分歧的建设项目，环保总局可以举行听证会，听取有关单位、专家和公众的意见"，表明对环境影响评价文件有审批权的环保部门也是公众参与活动的组织实施者。

（二）项目范围

根据原国家环保局《关于执行建设项目环境影响评价制度有关问题的通知》，"建设项目"是指：以固定资产投资方式进行的一切开发建设活动，包括国有经济、城乡集体经济、联营、股份制、外资、港澳台投资、个体经济和其他各种不同经济类型的开发活动。按计划管理体制，建设项目可分为基本建设、技术改造、房地产开发（包括开发区建设、新区建设、老区改造）和其他共四个部分的工程和设施建设。对环境可能造成影响的饮食娱乐服务性行业，也属《条例》管理范围。

从法理上说，公众对任何可能对环境产生不利影响的项目都有知情和参与的权利。但在实践中，法律只对规模较大、影响较大、确有必要征求公众意见的"重要项目"规定了明确的公众参与要求，主要分为三类：一是对环境可能造成重大影响、依法应当编制环境影响报告书的建设项目；二是环境影响报告书经批准后，项目的性质、规模、地点、采用的生产工艺或者防治污染、防止生态破坏的措施发生重大变动，建设单位应当重新报批环境影响报告书的建设项目；三是环境影响报告书自批准之日起超过五年方决定开工建设，其环境影响报告书应当报原审批机关重新审核的建设项目。

（三）参与环节

《环境影响评价公众参与暂行办法》第5条第1款规定："建设单位或者其委托的环境影响评价机构在编制环境影响报告书的过程中，环境保护行政主管部门在审批或者重新审核环境影响报告书的过程中，应当依照本办法的规定，公开有关环境影响评价的信息，征求公众意见。"根据此条及其他相关法律条文的规定，我国公众参与环境影响评价的具体环节主要有两方面：一是在环境影响报告书的编制过程中，二是环保部门审批或重新审核环境影响报告书的过程中。

（四）基本制度规定

根据环境影响评价的实施流程，我国公众参与环境影响评价的具体制度包括以下几点。

1. 公告项目基本信息

在《建设项目环境分类管理名录》规定的环境敏感区建设的需要编制环境影响报告书的项目，建设单位应当在确定了承担环境影响评价工作的环境影响评价机构后7日内，向公众公告下列信息：建设项目的名称及概要；建设项目的建设单位的名称和联系方式；承担评价工作的环境影响评价机构的名称和联系方式；环境影响评价的工作程序和主要工作内容；征求公众意见的主要事项；公众提出意见的主要方式。

2. 征集公众意见，制作环境影响报告书

建设单位或者其委托的环境影响评价机构，应当认真考虑公众意见，并在环境影响报告书中附具对公众意见采纳或者不采纳的说明。

建设单位或者其委托的环境影响评价机构在编制环境影响报告书的过程中，应当在报送环境保护行政主管部门审批或者重新审核前，向公众公告如下内容：建设项目情况简述；建设项目对环境可能造成影响的概述；预防或者减轻不良环境影响的对策和措施的要点；环境影响报告书提出的环境影响评价结论的要点；公众查阅环境影响报告书简本的方式和期限，以及公众认为必要时向建设单位或者其委托的环境影响评价机构索取补充信息的方式和期限；征求公众意见的范围和主要事项；征求公众意见的具体形式；公众提出意见的起止时间。

3. 公开环境影响报告书简本,再次征求公众意见

建设单位或其委托的环境影响评价机构公开便于公众理解的环境影响评价报告书简本,方式包括:在特定场所提供环境影响报告书的简本;制作包含环境影响报告书的简本的专题网页;在公共网站或者专题网站上设置环境影响报告书的简本的链接;其他便于公众获取环境影响报告书的简本的方式。

建设单位或者其委托的环境影响评价机构应当在发布信息公告、公开环境影响报告书的简本后,采取调查公众意见、咨询专家意见、座谈会、论证会、听证会等形式,公开征求公众意见。建设单位或者其委托的环境影响评价机构征求公众意见的期限不得少于 10 日,并确保其公开的有关信息在整个征求公众意见的期限之内均处于公开状态。

4. 反馈公众意见处理情况,修改报告书

环境影响报告书报送环境保护行政主管部门审批或者重新审核前,建设单位或者其委托的环境影响评价机构可以通过适当方式,向提出意见的公众反馈意见处理情况。建设单位报批的环境影响报告书应当附具对有关单位、专家和公众的意见采纳或者不采纳的说明。

5. 审批信息公开

环境保护行政主管部门应当在受理建设项目环境影响报告书后,在其政府网站或者采用其他便利公众知悉的方式,公告环境影响报告书受理的有关信息。

环境保护行政主管部门公告的期限不得少于 10 日,并确保其公开的有关信息在整个审批期限之内均处于公开状态。

6. 审批过程中征求公众意见

环境保护行政主管部门根据规定的方式公开征求意见后,对公众意见较大的建设项目,可以采取调查公众意见、咨询专家意见、座谈会、论证会、听证会等形式再次公开征求公众意见。

环境保护行政主管部门在作出审批或者重新审核决定后,应当在政府网站公告审批或者审核结果。

公众可以在有关信息公开后,以信函、传真、电子邮件或者按照有关公告要求的其他方式,向建设单位或者其委托的环境影响评价机构、负责审批或者重新审核环境影响报告书的环境保护行政主管部门,提交书面意见。

环境保护行政主管部门可以组织专家咨询委员会,由其对环境影响报告书中有关公众意见采纳情况的说明进行审议,判断其合理性并提出处理建议。

环境保护行政主管部门在作出审批决定时,应当认真考虑专家咨询委员

会的处理建议。

（五）参与方式

1. 问卷调查

建设单位或者其委托的环境影响评价机构调查公众意见可以采取问卷调查等方式，并应当在环境影响报告书的编制过程中完成。采取问卷调查方式征求公众意见的，调查内容的设计应当简单、通俗、明确、易懂，避免设计可能对公众产生明显诱导的问题。问卷的发放范围应当与建设项目的影响范围相一致。问卷的发放数量应当根据建设项目的具体情况，综合考虑环境影响的范围和程度、社会关注程度、组织公众参与所需要的人力和物力资源以及其他相关因素确定。

2. 咨询专家意见

建设单位或者其委托的环境影响评价机构咨询专家意见可以采用书面或者其他形式。咨询专家意见包括向有关专家进行个人咨询或者向有关单位的专家进行集体咨询。接受咨询的专家个人和单位应当对咨询事项提出明确意见，并以书面形式回复。对书面回复意见，个人应当签署姓名，单位应当加盖公章。集体咨询专家时，有不同意见的，接受咨询的单位应当在咨询回复中载明。

3. 座谈会和论证会

建设单位或者其委托的环境影响评价机构决定以座谈会或者论证会的方式征求公众意见的，应当根据环境影响的范围和程度、环境因素和评价因子等相关情况，合理确定座谈会或者论证会的主要议题。

建设单位或者其委托的环境影响评价机构应当在座谈会或者论证会召开7日前，将座谈会或者论证会的时间、地点、主要议题等事项，书面通知有关单位和个人。建设单位或者其委托的环境影响评价机构应当在座谈会或者论证会结束后5日内，根据现场会议记录整理制作座谈会议纪要或者论证结论，并存档备查。会议纪要或者论证结论应当如实记载不同意见。

4. 听证会

建设单位或者其委托的环境影响评价机构（以下简称"听证会组织者"）决定举行听证会征求公众意见的，应当在举行听证会的10日前，在该建设项目可能影响范围内的公共媒体或者采用其他公众可知悉的方式，公告听证会的时间、地点、听证事项和报名办法。

希望参加听证会的公民、法人或者其他组织，应当按照听证会公告的要求和方式提出申请，并同时提出自己所持意见的要点。

听证会组织者综合考虑地域、职业、专业知识背景、表达能力、受影响程度等因素,在申请人中遴选参会代表,并在举行听证会的5日前通知已选定的参会代表。听证会组织者选定的参加听证会的代表人数一般不得少于15人。

听证会组织者举行听证会,设听证主持人1名、记录员1名。被选定参加听证会的组织的代表参加听证会时,应当出具该组织的证明,个人代表应当出具身份证明。被选定参加听证会的代表因故不能如期参加听证会的,可以向听证会组织者提交经本人签名的书面意见。参加听证会的人员应当如实反映对建设项目环境影响的意见,遵守听证会纪律,并保守有关技术秘密和业务秘密。

听证会必须公开举行。个人或者组织可以凭有效证件按第24条所指公告的规定,向听证会组织者申请旁听公开举行的听证会。准予旁听听证会的人数及人选由听证会组织者根据报名人数和报名顺序确定。准予旁听听证会的人数一般不得少于15人。旁听人应当遵守听证会纪律。旁听者不享有听证会发言权,但可以在听证会结束后,向听证会主持人或者有关单位提交书面意见。新闻单位采访听证会,应当事先向听证会组织者申请。

听证会必须按照规定的程序进行,听证会组织者对听证会应当制作笔录,载明下列事项:听证会主要议题;听证主持人和记录人员的姓名、职务;听证参加人的基本情况;听证时间、地点;建设单位或者其委托的环境影响评价机构的代表对环境影响报告书所作的概要说明;听证会公众代表对建设项目环境影响报告书提出的问题和意见;建设单位或者其委托的环境影响评价机构代表对听证会公众代表就环境影响报告书提出问题和意见所作的解释和说明;听证主持人对听证活动中有关事项的处理情况;听证主持人认为应笔录的其他事项。

听证结束后,听证笔录应当交参加听证会的代表审核并签字。无正当理由拒绝签字的,应当记入听证笔录。

三、我国环境影响评价公众参与制度简评

我国专门制定了《环境影响评价公众参与暂行办法》,对公众参与环境影响评价作了专门规定。公众参与是环境影响评价中的重要内容,公开进行调查并听取公众对评价程序及评价结论的意见,便于环境影响评价赢得公众的支持,能够提高公众的参与意识,促进环境决策的民主化,提高决策透明度,有利于保证公众正当环境权益的维护。

与外国实行的以公众参与 EIA 为主的方法不同，我国的公众参与工作尚处于探索、完善阶段。2002 年的《环境影响评价法》只有第 5 条和第 11 条有关于公众参与的规定，且均为原则性的规定，缺乏具体的操作措施。第 5 条中规定，"国家鼓励有关单位、专家和公众以适当方式参与环境影响评价"，而对于"公众"的范围又缺乏明确的规定，似乎将单位、专家和公众并列，而国外关于公众的含义很广泛，除环评单位以外的任何机构、组织、团体和自然人、法人均可列入公众的范围。第 11 条规定了关于编制专项规划时应当在报送草案审批前，举行听证会、论证会等形式征求有关单位、专家和公众对于环境影响评价书草案的意见，而对于建设项目则没有规定公众参与的内容，同时也未规定公众参与规划环评具体的权利和程序，更未规定环境信息公开制度等配套性制度。为了适应公众参与环境影响评价的需要，2006 年国家环保总局颁布了《环境影响评价公众参与暂行办法》，对公众如何参与环境影响评价做出了专门的规定，但该规定缺乏信息的全面和及时告知规定，该《暂行办法》第 8 条和第 9 条规定了建设单位和环评单位的信息公布义务，但要求公开的信息不全面，譬如对建设单位污染物的排放情况污染物的类型、排放量的大小及其危害、所需要采取的污染治理措施、项目建设对环境的影响程度等信息没有详细地、明晰地规定在范围之内。而且该《暂行办法》对公众参与环境影响评价方式规定得相对单一，它只规定了调查问卷、论证会、座谈会和听证会等公众参与的几种途径和形式，没有像国外一样规定诸如记者会邀请意见、网络调查、发行手册简讯等多种形式。参与形式的单一势必影响公众参与的规模和质量，在实践中，现阶段的公众参与主要停留在发放调查问卷的形式上。

第二节 环境规划中的公众参与

环境规划是人类为使环境与经济的社会协调发展而对自身活动和环境所做的空间上和时间上的合理安排。环境规划的目的是指导人们进行各项环境保护活动，按既定的目标和措施合理分配排污削减量，约束排污者的行为，改善生态环境，防止资源破坏，保障环境保护活动纳入国民经济和社会发展计划，以最小的投资获取最佳的环境效益，促进环境、经济和社会的可持续发展。环境规划（environmental planning）是国民经济和社会发展的有机组成部分，是环境决策在时间上、空间上的具体安排，是规划管理者对一定时期内环境保护目标和措施所作出的具体规定，是一种带有指令性的经济发展与环境保护方案，其目的是在发展经济的同时保护环境，使经济与社会协调发展。在环境管理中，环境预测、决策和规划这三个概念，既相联系又相区别。环境预测是环境决策的依据；环境规划是环境决策的具体安排，它产生于环境决策之后；预测是规划的前期准备工作，是使规划建立在科学分析基础上的前提。可见，环境规划是环境预测与环境决策的产物，是环境管理的重要内容和主要手段。

一、环境规划公众参与概述

环境规划是对与环境保护相关的各类规划的统称。在实践中，涉及环境的规划既包括对特定地区的土地或经济生活进行统筹安排的综合性规划，又包括针对特定行业和领域的专项规划，其中，以协调土地利用、经济发展和人民生活为主要内容的"城乡规划"尤为重要。在此，主要以城乡规划为基础进行讨论。

在人类历史早期，城乡规划是仅属于少数政治精英和技术专家有权决定的事项。随着近代社会的发展，尤其是工业文明带来的城市化进程的加快，城市发展越来越快、规模越来越大、涉及人群越来越多，仅仅由少数精英决定城乡发展状况的决策已经难以适应实践的需要。一方面，现代城市规模之大、事务之繁杂非少数精英所能妥善处理；另一方面，由于涉及诸多社会主体利益，城乡规划也只有在取得公众的理解和支持，达成各方利益均衡的基础上才能得到良好实施。由此，从20世纪中叶以来，公众在城乡规划中的作用越来越受到重视。1947年，英国颁布世界上首部《城乡规划法》，把城乡规划过程中的公众参与写入立法。1965年，保罗·大卫多夫撰写《规划中的倡导性和多样化》一文，提出"多元化倡导性规划"概念并使之成为规划公众参与的宣言。1977年的《马丘比丘宪章》指出："城市环境是人民创造的，城市规划必须建立在各专业设计人、城市居民及公众和政治领导人之间系统地、不断地互相协作配合的基础上。"德国在20世纪80年代出台的《建设法典》和《城市规划法》则更加强调了公众参与规划整个过程的程序性规定，从而将公众参与置于城乡规划过程中的核心地位。如今，公众参与思想的影响早已超越欧美国家成为世界规划领域的一条核心指导思想，并且通过规划操作层面上的条例化和制度化，以及组织结构和工作程序上的保证使之得到切实体现。①

---

① 孙炳红：《阳光规划的实践与探索》，载《规划师》2005年第4期。

二、我国环境规划公众参与制度

(一) 法律渊源

在我国,法律首次明确规定规划活动中的"公众参与"是 2002 年的《环境影响评价法》。该法规定"应当在规划编制过程中组织进行环境影响评价",同时又对公众参与环境影响评价作出了原则性规定,即"国家鼓励有关单位、专家和公众以适当方式参与环境影响评价",从而使规划的制定与公众参与有了明确的法律上的关联。该法第 21 条规定"对可能造成不良环境影响并直接涉及公众环境权益的规划,应当在该规划草案报送审批前,举行论证会、听证会,或者采取其他形式,征求有关单位、专家和公众对环境影响报告书草案的意见",不过对象仅限于"专项规划",而不涉及城乡规划这种"综合性规划"。2006 年的《环境影响评价公众参与暂行办法》对专项规划制定中的公众参与作出了具体规定,但仍没有涉及综合性规划。直到 2007 年,新《城乡规划法》第 26 条规定"城乡规划报送审批前,组织编制机关应当依法将城乡规划草案予以公告,并采取论证会、听证会或者其他方式征求专家和公众的意见。公告的时间不得少于三十日。组织编制机关应当充分考虑专家和公众的意见,并在报送审批的材料中附具意见采纳情况及理由",才为我国公众参与城乡规划提供了明确的法律依据。同时,该法第 46 条、第 50 条、第 54 条分别规定了城乡规划的实施阶段、修改阶段和监督检查中的公众参与。2009 年的《规划环境影响评级条例》对专项规划在制定、审批过程中的公众参与作出了细致规定。

(二) 城乡规划公众参与

在我国,包括城乡规划在内的各类"综合性"规划在制定过程中应当"组织进行环境影响评价编写该规划有关环境影响的篇章或者说明",但对这类规划的环评,法律并没有明确的公众参与要求。公众对城乡规划的参与主要是依据《城乡规划法》相关规定。依据该法,公众的参与主要有以下几点。

1. 信息公开与知情权保障

公开规划信息,保障公众知情权是公众参与的基本要求,《城乡规划法》在总则部分即作出明确规定,将之确立为基本原则。该法第 8 条规定:"城乡规划组织编制机关应当及时公布经依法批准的城乡规划。但是,法律、行政法规规定不得公开的内容除外。"第 9 条第 1 款规定:任何单位和个人"有权就涉及其利害关系的建设活动是否符合规划的要求向城乡规划主管部门查询"。

2. 制定阶段

制定规划时充分听取当事人意见是规划公众参与中最重要、最根本的环节。对此,《城乡规划法》第26条规定:"城乡规划报送审批前,组织编制机关应当依法将城乡规划草案予以公告,并采取论证会、听证会或者其他方式征求专家和公众的意见。公告的时间不得少于三十日。组织编制机关应当充分考虑专家和公众的意见,并在报送审批的材料中附具意见采纳情况及理由。"不仅明确了"征求公众意见"为法定必经程序,而且"附具意见采纳情况及理由"的规定对确保编制机关充分考虑公众意见也具有良好保障。同时,由于考虑到"村庄规划"与当事人的利害关系更为直接,该法第22条特别规定"村庄规划在报送审批前,应当经村民会议或者村民代表会议讨论同意",从而更加增强了其公众参与的力度。

3. 实施阶段

《城乡规划法》第28条规定"地方各级人民政府应当根据当地经济社会发展水平,量力而行,尊重群众意愿,有计划、分步骤地组织实施城乡规划",把"尊重群众意愿"作为实施规划的法定参考因素之一。该法第46条则规定:"省域城镇体系规划、城市总体规划、镇总体规划的组织编制机关,应当组织有关部门和专家定期对规划实施情况进行评估,并采取论证会、听证会或者其他方式征求公众意见。组织编制机关应当向本级人民代表大会常务委员会、镇人民代表大会和原审批机关提出评估报告并附具征求意见的情况。"

4. 修改阶段

规划制定之后,往往在实施过程中发现新问题而不得不进行必要的修改,这一过程中的公众参与也很重要,对此,《城乡规划法》主要从三个方面作出了规定:一是把征求公众意见作为启动修改的前置程序。该法第48条规定:"修改控制性详细规划的,组织编制机关应当对修改的必要性进行论证,征求规划地段内利害关系人的意见,并向原审批机关提出专题报告,经原审批机关同意后,方可编制修改方案。"二是把公众意见作为实施修改的重要依据。第50条第2款规定:"经依法审定的修建性详细规划、建设工程设计方案的总平面图不得随意修改;确需修改的,城乡规划主管部门应当采取听证会等形式,听取利害关系人的意见;因修改给利害关系人合法权益造成损失的,应当依法给予补偿。"三是为避免有关人员借规划修改损害公众利益,《城乡规划法》对未经充分听取公众意见而擅自修改规划的行为作出了明确的责任规定,该法第60条第5项规定"同意修改修建性详细规划、建设工程设计方案的总平面图前未采取听证会等形式听取利害关系人的意见的","由本级人民政府、上级人民政府城乡规划主管部门或者监察机关依据职权责令改正,通报批评;对直接负责的主管人员和其他直接责任人员依法给予处分"。

5. 监督检查阶段

《城乡规划法》第54条:"监督检查情况和处理结果应当依法公开,供公众查阅和监督。"

(三) 专项规划公众参与

相对于综合性规划,我国立法在专项规划的公众参与方面有着更加丰富的制度规范。《环境影响评价法》《规划环境影响评价条例》《环境影响评价公众参与暂行办法》《专项规划环境影响报告书审查办法》等环评相关法律法规中都有大量规定。但需要注意的是,这些立法所规制的公众参与是对专项规划中"环评文件"的参与,而不是对"规划本身"的参与。综合来看,主要涉及三个环节的参与。

1. 环评文件的制定阶段

根据《环境影响评价法》第11条、《规划环境影响评价条例》第13条、《环境影响评价公众参与暂行办法》第33条、34条之规定,工业、农业、畜牧业、林业、能源、水利、交通、城市建设、旅游、自然资源开发的有关专项规划的编制机关,可能造成不良环境影响并直接涉及公众环境权益的规划,应当在该规划草案报送审批前,征求有关单位、专家和公众对环境影响报告书草案的意见。征集意见的方式包括调查问卷、座谈会、论证会、听证会等形式。编制机关应当认真考虑有关单位、专家和公众对环境影响报告书草案的意见,并应当在报送审查的环境影响报告书中附具对意见采纳或者不采纳的说明。有关单位、专家和公众的意见与环境影响评价结论有重大分歧的,规划编制机关应当采取论证会、听证会等形式进一步论证。为切实保证公众参与的实施,上述法律法规还明确把有无依法组织公众参与作为环评文件审批通过的必备依据。如《环境影响评价公众参与暂行办法》第35条规定:"在召集有关部门专家和代表对开发建设规划的环境影响报告书中有关公众参与的内容进行审查时,应当重点审查以下内容:(一)专项规划的编制机关在该规划草案报送审批前,是否依法举行了论证会、听证会,或者采取其他形式,征求了有关单位、专家和公众对环境影响报告书草案的意见;(二)专项规划的编制机关是否认真考虑了有关单位、专家和公众对环境影响报告书草案的意见,并在报送审查的环境影响报告书中附具了对意见采纳或者不采纳的说明。"第36条规定:"环境保护行政主管部门组织对开发建设规划的环境影响报告书提出审查意见时,应当就公众参与内容的审查结果提出处理建议,报送审批机关。审批机关在审批中应当充分考虑公众意见以及前款所指审查意见中关于公众参与内容审查结果的处理建议;未采纳审查意见中关于公众参与内容的处理建议的,应当作出说明,并存档备查。"

2. 环评文件的审批阶段

为保证规划环评审批的公正,规划环评文件审批实行"审查小组"制度,由环境保护主管部门召集有关部门代表和专家组成审查小组,对环境影响报告书进行审查。审查小组所提交的书面审查意见作为人民政府有关部门审批专项规划草案时的重要参考。

审查小组的专家应当从依法设立的专家库内相关专业的专家名单中随机抽取。参与环境影响报告书编制的专家,不得作为该环境影响报告书审查小组的成员。审查小组中专家人数不得少于审查小组总人数的二分之一;少于二分之一的,审查小组的审查意见无效。审查小组的成员应当客观、公正、独立地对环境影响报告书提出书面审查意见,规划审批机关、规划编制机关、审查小组的召集部门不得干预。

审查意见应当包括:基础资料、数据的真实性;评价方法的适当性;环境影响分析、预测和评估的可靠性;预防或者减轻不良环境影响的对策和措施的合理性和有效性;公众意见采纳与不采纳情况及其理由的说明的合理性;环境影响评价结论的科学性。

在出现基础资料、数据失实的;评价方法选择不当的;对不良环境影响的分析、预测和评估不准确、不深入,需要进一步论证的;预防或者减轻不良环境影响的对策和措施存在严重缺陷的;环境影响评价结论不明确、不合理或者错误的;未附具对公众意见采纳与不采纳情况及其理由的说明,或者不采纳公众意见的理由明显不合理的;内容存在其他重大缺陷或者遗漏等情形的,审查小组应当提出对环境影响报告书进行修改并重新审查的意见。

在出现依据现有知识水平和技术条件,对规划实施可能产生的不良环境影响的程度或者范围不能作出科学判断的;或者规划实施可能造成重大不良环境影响,并且无法提出切实可行的预防或者减轻对策和措施的情况时,审查小组应当提出不予通过环境影响报告书的意见。

审查意见应当经审查小组四分之三以上成员签字同意。审查小组成员有不同意见的,应当如实记录和反映。

规划审批机关在审批专项规划草案时,应当将审查意见作为决策的重要依据;对审查意见不予采纳的,应当逐项就不予采纳的理由作出书面说明,并存档备查。有关单位、专家和公众可以申请查阅；但是，依法需要保密的除外。

3. 跟踪评价阶段

《环境影响评价法》第15条规定："对环境有重大影响的规划实施后，编制机关应当及时组织环境影响的跟踪评价，并将评价结果报告审批机关；发现有明显不良环境影响的，应当及时提出改进措施。"根据《规划环境影响条例》之规定，规划环境影响跟踪评价的具体内容包括：规划实施后实际产生的环境影响与环境影响评价文件预测可能产生的环境影响之间的比较分析和评估；规划实施中所采取的预防或者减轻不良环境影响的对策和措施有效性的分析和评估；公众对规划实施所产生的环境影响的意见；跟踪评价的结论。该法第26条规定："规划编制机关对规划环境影响进行跟踪评价，应当采取调查问卷、现场走访、座谈会等形式征求有关单位、专家和公众的意见。"

第三节　环境行政许可中的公众参与

行政许可是指行政机关根据公民、法人或者其他组织的申请，经依法审查，准予其从事特定活动的行为。行政部门在对公共事务进行管理的过程中经常需要采用行政许可的方式，为保证行政许可实施的公平、公正，《行政许可法》规定了重大行政许可的听证制度。该法第46条规定："法律、法规、规章规定实施行政许可应当听证的事项。或者行政机关认为需要听证的其他涉及公共利益的重大行政许可事项，行政机关应当依职权向社会公告，并举行听证。"第47条规定："行政许可直接涉及申请人与他人之间巨大利益关系的，行政机关在作出行政许可决定前，应当告知申请人、利害关系人享有要求听证的权利；申请人、利害关系人在规定期限内提出听证申请的，行政机关应组织听证。"

环境行政许可则是指行政部门实施的与环境保护密切相关的行政许可事项。从广义上说，环保部门对环境影响评价文件的审批也是一种许可。除此之外，由环保部门或自然资源部门掌握审批权的一些重要事项，如发放排污许可证、颁发危险废物经营许可证、划定自然保护区等，也都是重要的环境行政许可行为。在环境行政许可的公众参与方面，除《环境保护行政许可听证暂行办法》对环境保护行政许可的"听证"作出专门规定之外，《渔业法》《危险废物经营许可证管理办法》《自然保护区条例》《排污费征收使用管理条例》《民用核安全设备监督管理条例》等法律法规中也作出了一些规定。综合这些法律法规的规定来看，当前我国环境行政许可中的公众参与制度主要有以下几种。

一、环境行政许可听证

环境行政许可是以环境保护行政主管机关为听证组织机关，依法律规定或因其审议的重大环境行政许可事项涉及公共利益而依职权启动，或者依环境行政许可申请人或利害关系人的依法申请而启动听证程序，听证组织机关指派专人主持听取审查该环境行政许可申请的工作人员和申请人、利害关系人就实施、事实和证据进行陈述、质证、辩论的法定程序。环境行政许可听证制度的意义在于在环境行政决策过程中给予当事人和利害关系人陈述自己立场的机会，充分听取各方面意见，以保护有关各方的合法权益，实现公共利益最大化。《环境保护行政许可听证暂行办法》在《行政许可法》基础上，对听证在环境行政许可中的适用作了具体规定：除了准许环保部门在审批建设项目的环境影响评价报告书时可以举行公开听证会之外，该办法还专门列举了若干可能直接对项目所在地居民生活质量造成严重影响的建设项目，准许环保部门在对此种项目进行审查时可以举行听证会征求当地居民意见。目前已经开展的环境保护行政许可听证中，环境影响评价审批听证会占据了听证会的大多数。此外，该办法还准许环保部门被指定审批政府专项规划时面向公众举行听证会。作为附件，该法还附带《环境保护行政许可公告》《环境保护行政许可听证告知书》《环境保护行政许可申请书》《环境保护行政许可听证通知书》《送达回执》五份法律文书格式。其制度要点有以下几点。

（一）基本原则

环境保护行政主管部门组织听证，应当遵循公开、公平、公正和便民的原则，充分听取公民、法人和其他组织的意见，保证其陈述意见、质证和申辩的权利。除涉及国家秘密、商业秘密或者个人隐私外，听证应当公开举行。公开举行的听证，公民、法人或者其他组织可以申请参加旁听。

（二）适用范围

1. 一般性环境行政许可

第一，按照法律、法规、规章的规定，实施环境保护行政许可应当组织听证的；

第二，实施涉及公共利益的重大环境保护行政许可，环境保护行政主管部门认为需要听证的；

第三，环境保护行政许可直接涉及申请人与他人之间重大利益关系，申请人、利害关系人依法要求听证的。

2. 建设项目环评审批

除国家规定需要保密的建设项目外，建设本条所列项目的单位，在报批环境影响报告书前，未依法征求有关单位、专家和公众的意见，或者虽然依法征求了有关单位、专家和公众的意见，但存在重大意见分歧的，环境保护行政主管部门在审查或者重新审核建设项目环境影响评价文件之前，可以举行听证会，征求项目所在地有关单位和居民的意见。

第一，对环境可能造成重大影响、应当编制环境影响报告书的建设项目；

第二，可能产生油烟、恶臭、噪声或者其他污染，严重影响项目所在地居民生活环境质量的建设项目。

3. 专项规划环评审批

对可能造成不良环境影响并直接涉及公众环境权益的工业、农业、畜牧业、林业、能源、水利、交通、城市建设、旅游、自然资源开发的有关专项规划，设区的市级以上人民政府在审批该专项规划草案和作出决策之前，指定环境保护行政主管部门对环境影响报告书进行审查的，环境保护行政主管部门可以举行听证会，征求有关单位、专家和公众对环境影响报告书草案的意见。国家规定需要保密的规划除外。

（三）听证主持人

环境保护行政许可的听证活动，由承担许可职能的环境保护行政主管部门组织，并由其指定听证主持人具体实施。听证主持人应当由环境保护行政主管部门许可审查机构内审查该行政许可申请的工作人员以外的人员担任。环境行政许可事项重大复杂，环境保护行政主管部门决定举行听证，由许可审查机构的人员担任听证主持人可能影响公正处理的，由法制机构工作人员担任听证主持人。

（四）听证参加人

听证参加人包括环境保护行政许可申请人、利害关系人，及其他申请参加听证并得到允许的人。其中，环境保护行政许可申请人、利害关系人是主要参加者，其享有下列权利：要求或者放弃听证的权利；依法申请听证主持人回避的权利；亲自或委托代理人参加听证的权利；就听证事项进行陈述、申辩和举证的权利；对证据进行质证的权利；听证结束前进行最后陈述的权利；审阅并核对听证笔录的权利；查阅案卷的权利。承担下列义务：按照组织听证的环境保护行政主管部门指定的时间、地点出席听证会的义务；依法举证的义务；如实回答听证主持人的询问的义务；遵守听证纪律的义务。听证申请人无正当理由不出席听证会的，或者因严重违反听证纪律被听证主持人责令退场的，视同放弃听证权利。

除此之外，申请人、利害关系人也可委托他人代为参见。《环境保护行政许可听证暂行办法》第14条规定："行政许可申请人、利害关系人或者其法定代理人，委托他人代理参加听证的，应当向组织听证的环境保护行政主管部门提交由委托人签名或者盖章的授权委托书。授权委托书应当载明委托事项及权限。"

同时，组织听证的环境保护行政主管部门还可以通知欲了解被听证的行政许可事项的单位和个人出席听证会。有关单位应当支持想了解被听证的行政许可事项的单位和个人出席听证会。证人确有困难不能出席听证会的，可以提交有本人签名或者盖章的书面证言。环境保护行政许可事项需要进行鉴定或者监测的，应当委托符合条件的鉴定或者监测机构。接受委托的机构有权了解有关材料，必要时可以询问行政许可申请人、利害关系人或者证人。

（五）听证程序

1. 事前公告

环境保护行政主管部门对依法应当举行听证，或者涉及公共利益而认为需要进行听证的环境保护行政许可事项，决定举行听证的，应在听证举行的10日前，通过报纸、网络或者布告等适当方式，向社会公告。公告内容应当包括被听证的许可事项和听证会的时间、地点，以及参加听证会的方法。

2. 告知权利，送达《听证告知书》

环境保护行政主管部门对环境保护行政许可直接涉及申请人与他人之间重大利益关系，申请人、利害关系人依法要求听证的环境保护行政许可事项，在作出行政许可决定之前，应当告知行政许可申请人、利害关系人享有要求听证的权利，并送达《环境保护行政许可听证告知书》，载明行政许可申请人、利害关系人的姓名或者名称；被听证的行政许可事项；对被听证的行政许可的初步审查意见、证据和理由；告知行政许可申请人、利害关系人有申请听证的权利；告知申请听证的期限和听证的组织机关等事项。行政许可申请人、利害关系人人数众多或有其他必要情形时，可以通过报纸、网络或者布告等适当方式，将《环境保护行政许可听证告知书》向社会公告。

3. 受理听证申请，确定参加人

组织听证的环境保护行政主管部门可以根据场地等条件，确定参加听证会的人数。参加环境保护行政许可听证的公民、法人或者其他组织人数众多的，可以推举代表人参加听证。

依据申请听证的情形，行政许可申请人、利害关系人应当在收到听证告知书之日起 5 日内以书面形式提出听证申请。《环境保护行政许可听证申请书》包括以下内容：听证申请人的姓名、地址；申请听证的具体要求；申请听证的依据、理由；其他相关材料。

组织行政许可听证的环境保护行政主管部门收到听证申请书后，应当对申请材料进行审查。申请材料不齐备的，应当一次性告知听证申请人补正。

听证申请有下列情形之一的，组织听证的环境保护行政主管部门不予受理，并书面说明理由：听证申请人不是该环境保护行政许可的申请人、利害关系人的；听证申请未在收到《环境保护行政许可听证告知书》后 5 个工作日内提出的；其他不符合申请听证条件的。

组织听证的环境保护行政主管部门经过审核，对符合听证条件的听证申请，应当受理，并在 20 日内组织听证。

4. 送达或公告《听证通知书》

组织听证的环境保护行政主管部门应当在听证举行的 7 日前，将《环境保护行政许可听证通知书》分别送达行政许可申请人、利害关系人，并由其在送达回执上签字。

《环境保护行政许可听证通知书》应当载明：行政许可申请人、利害关系人的姓名或者名称；听证的事由与依据；听证举行的时间、地点和方式；听证主持人、行政许可审查人员的姓名、职务；告知行政许可申请人、利害关系人预先准备证据、通知证人等事项；告知行政许可申请人、利害关系人参加听证的权利和义务；其他注意事项。申请人、利害关系人人数众多或有其他必要情形时，可以通过报纸、网络或者布告等适当方式，向社会公告。环境保护行政许可申请人、利害关系人接到听证通知后，应当按时到场；无正当理由不到场的，或者未经听证主持人允许中途退场的，视为放弃听证权利，并记入听证笔录。

5. 组织听证

环境保护行政许可听证会按规定程序进行，在听证过程中，主持人可以向行政许可审查人员、行政许可申请人、利害关系人和证人发问，有关人员应当如实回答。

6. 制作笔录

组织听证的环境保护行政主管部门，对听证会必须制作笔录，并由听证员和记录员签名。听证结束后，听证笔录应交陈述意见的行政许可申请人、利害关系人审核无误后签字或者盖章。无正当理由拒绝签字或者盖章的，应当记入听证笔录。

7. 后续处理

听证终结后,听证主持人应当及时将听证笔录报告本部门负责人。环境保护行政主管部门应当根据听证笔录,作出环境保护行政许可决定,并应当在许可决定中附具对听证会反映的主要观点采纳或者不采纳的说明。

二、听取相关部门和专家意见

在一些技术性较强、涉及多个部门的环境行政许可中,需要广泛听取相关部门和专家的意见。例如,《危险废物经营许可证管理办法》第9条第2款规定:"发证机关在颁发危险废物经营许可证前,可以根据实际需要征求卫生、城乡规划等有关主管部门和专家的意见。申请单位凭危险废物经营许可证向工商管理部门办理登记注册手续。"《民用核安全设备监督管理条例》第10条第3款规定:"制定民用核安全设备国家标准和行业标准,应当充分听取有关部门和专家的意见。"《全国污染源普查条例》第17条规定:"拟订全国污染源普查方案,应当充分听取有关部门和专家的意见。"

三、向社会公告,接受监督

在一些与人民群众利益息息相关的许可领域,为确保公平,需要向社会公开,听取公众意见,接受公众监督。如2014年4月修订的《环境保护法》第54条第二款规定:"县级以上环保部门和其他负有环境保护监管管理职责的部门,应当依法公开环境行政许可的信息。"《渔业法》第22条规定:"捕捞限额总量的分配应当体现公平、公正的原则,分配办法和分配结果必须向社会公开,并接受监督。"《自然保护区条例》第14条第2款规定:"确定自然保护区的范围和界线,应当兼顾保护对象的完整性和适度性,以及当地经济建设和居民生产、生活的需要。"《排污费征收使用管理条例》第17条规定:"批准减缴、免缴、缓缴排污费的排污者名单由受理申请的环境保护行政主管部门会同同级财政部门、价格主管部门予以公告,公告应当注明批准减缴、免缴、缓缴排污费的主要理由。"

第七章 环境执法公众参与

第一节 环境执法公众参与概述

随着我国经济的快速发展，资源环境承载力和经济发展对环境资源需求的矛盾日益突出，环境问题日趋复杂。一些地方、一些企业出于自身经济利益的考虑，污染物偷排漏排现象时有发生，环境污染事件频发。由于环境污染引发的群体性事件时有发生，环境执法任务非常艰巨。随着人们对环境质量需求的日益高涨，广大公众环境维权意识显著增强，公众参与环境保护的呼声和要求也越来越高。面对新形势，环保部门一方面通过立法手段，调高对环境违法行为的处罚上限；另一方面通过严格执法，加大对环境违法行为的查处追究力度。但是，环保部门也面临着执法资源有限的瓶颈，依靠目前的环境执法力量很难对所有环境违法行为进行监管。要深入有效地开展环境执法，切实维护公民环境权益，环境保护执法还需要动员公众的力量，编织覆盖全社会的环保监督网络，一旦有环境违法行为，就能够及时向环保部门举报，进而制止环境违法行为。公众参与环境执法作为当前创新环境执法方式的举措，应运而生。

环境执法公众参与是指在环境行政执法过程中吸收公众参与，举报污染行为，监督执法过程，提出环境保护建议和意见。这是公众享有环境知情权、参与权和监督权的体现。在环境执法过程中广泛存在的行政执法自由裁量权和自由裁量行为使得公众参与成为环境行政正当性的重要手段。环境法律的执行，不仅需要环境行政执法机关的努力，建立公众参与的民主法治机制更为重要。[1]

公众对环境有知情权、参与权和监督权，是法律赋予的权利。环境执法

---

[1] 王灿发：《中国环境行政执法手册》，中国人民大学出版社2008年版，第317页。

机关通过引导公众有序参与环境执法，尤其是现场执法，使公众进一步了解产生环境违法问题的原因、表现形式、调查处理程序，以及现行法律法规对环境违法问题的处理规定，充分调动公众关注、支持环境保护的积极性，让公众在参与中提高环境法律意识和水平，有利于形成良好的环境执法氛围，提高全社会环境保护的自觉性，减少行政执法成本。公众参与环境执法，使公众对环境违法现象有了进一步认识，为环境执法部门与公众之间提供了信息交流平台，加强了理解和沟通，有利于环境执法机关把环境问题解决在初期阶段，避免群体性上访事件的发生。同时，公众参与环境执法，使公众敢于和善于运用法律武器维护自身的合法环境权益，借用公众舆论的力量，对企业的环境行为进行监督，促使企业加强管理，加大环保投入，遵守环保法律法规。公众参与环境执法，加强了执法机关和公众的沟通，有利于争取公众对环境执法的理解。公众参与有助于加强对环保执法机关自由裁量权的监督，确保执法机关公正、合理地行使行政权力，确保环境违法案件得到有效解决，进而提升环保执法机关的工作水平，提高执法效率。

　　在实践中，公众参与环境执法较为常见的是公众对环境违法行为的举报。浙江省富阳市在2000年6月开全国先河，推出公开有奖举报活动，在全市范围内发动群众公开举报环境污染行为，其主要包括建设项目违反"三同时"制度、老污染源违反限期治理制度、环保设施建而不用和取缔关闭企业擅自恢复生产等4种行为。这是比较直接的公众参与环境执法行为，公众只提供一些环境违法行为的线索，为环境执法人员引路，一般不对行政处罚发表意见，不参与作出处罚决定的过程。

　　近年来，随着民主理念的深入人心，公众参与环境执法呈现出新的特点，形式日益多样化，参与的程度也日益深入，公众的意见在参与过程中也日益突出，凸显了话语权。2004年，武汉市举行餐饮油烟噪声扰民社区居民自治听证会，社区餐饮油烟饮食店的去留根据民主自治原则，由社区居民协商解决。2009年，浙江省台州市环保局推出"环保台州，全民参与"行动，邀请热心环保的市民作为义务环保协管员。由义务环保协管员"点单"，突击检查企业，共同监督企业违法排污的现象。2010年，浙江省嘉兴市在环境行政处罚中，引入公众陪审制，让公众充当"环境法官"参与处罚环境违法案件的自由裁量权审议，包括对适用的法律条款、处罚额度和限期整改要求等，使环境执法集中民智、体察民意，尽可能做到执法公正、公开，增强了公众监督的公信力，同时，建立了相关的制度，做到有章可循。

　　可见，公众参与环境执法由早期的举报、检举环境违法行为，逐步发展到参与现场执法,"点单"选择排污企业,参与行政处罚案件讨论,提出意见。公众参与环境执法的制度日益健全,公众在环境执法中的话语权日益增加,公众参与环境执法的效果也日益显现,公众的作用日益凸显。

第二节　环境执法公众参与依据与参与形式

一、环境执法公众参与的政策依据

党的十七大报告指出:"要健全民主制度,丰富民主形式,拓宽民主渠道,依法实行民主选举、民主决策、民主管理、民主监督,保障人民的知情权、参与权、表达权、监督权。"这一重要论述明确了公众参与公共事务管理的权利,为环境保护公众参与指明了方向,也提供了政策依据。

1994年3月,《中国21议程——中国21世纪人口、环境与发展白皮书》,对公众参与作了较为详细的规定。在第20章"团体及公众可持续发展"中,专门讨论了公众参与的意义、途径和行动方案,指出公众是推动社会进步和实现可持续发展战略的主体,公众参与程度和方式直接关系到可持续发展的战略目标能否实现。另外,在第3章提出了扩大公众和社会团体在与可持续发展有关立法制定和法律实施中的作用。第6章提出了提高行政和决策方面的透明度,使有关社会团体、公众能有效地参与决策过程。

1996年8月,国务院在《关于环境保护若干问题的决定》中规定:建立公众参与机制,发挥社会团体的作用,鼓励公众参与环境保护工作,检举和揭发各种违反环境保护法律法规的行为。

2004年3月,国务院在《全面推进依法行政实施纲要》指出,行政机关实施行政管理,除涉及国家秘密和依法受到保护的商业秘密、个人隐私的外,应当公开,注意听取公民、法人和其他组织的意见;要严格遵循法定程序,依法保障行政管理相对人、利害关系人的知情权、参与权和救济权。

2005年12月,国务院《关于落实科学发展观加强环境保护的决定》(国发〔2005〕39号)中也强调:"健全社会监督机制。实行环境质量公告制度,定期公布有关环境保护指标、公布环境信息,及时发布污染事故信息,为公众参与创造条件;发挥社会团体的作用,鼓励检举和揭发各种环境违法行为,推动环境公益诉讼。企业要公开环境信息。对涉及公众环境权益的发展规划和建设项目,通过听证会、论证会或社会公示等形式,听取公众意见,强化社会监督。"

二、环境执法公众参与的法律依据

环境行政执法公众参与在我国宪法、环境保护法律法规、规章三个层次作出了明确规定,为环境执法公众参与提供了法律依据。

公众参与原则在我国具有宪法根据。宪法第2条第3款规定:人民依照法律规定,通过各种途径和形式,管理国家事务,管理经济和文化事业,管理社会事务。这从根本上明确了公众参与的权利。第41条指出:"中华人民共和国公民对于任何国家机关和国家工作人员,有提出批评和建议的权利,对于任何国家机关和国家工作人员的违法失职行为,有向有关国家机关提出申诉、控告或者检举的权利。"

现行法律中,对公众在检举、控告和获得赔偿等方面的权利作出了原则性的规定。原《环境保护法》第6条规定:"一切单位和个人都有保护环境的义务,并有权对污染和破坏环境的单位和个人进行检举和控告。"2014年4月修订的《环境保护法》第57条规定:"公民、法人和其他组织发现任何单位和个人有污染环境和破坏生态行为的,有权向环境保护主管部门或者其他负有环境保护监督管理职责的部门举报。""公民、法人和其他组织发现地方各级人民政府、县级以上人民政府环境保护主管部门和其他负有环境保护监督管理职责的部门不依法履行职责的,有权向其上级机关或者监察机关举报。"第58条规定:"对污染环境、破坏生态,损害社会公共利益的行为,符合下列条件的社会组织可以向人民法院提起诉讼:(一)依法在设区的市级以上人民政府民政部门登记;(二)专门从事环境保护公益活动连续五年以上且无违法记录。"《水污染防治法》第5条规定:"一切单位和个人都有责任保护水环境,并有权对污染损害水环境的行为进行监督和检举。因水污染危害直接受到损失的单位和个人,有权要求致害者排除危害和赔偿损失。"《大气污染防治法》《固体废物污染环境防治法》《噪声污染防治法》《海洋环境保护法》《放射性污染防治法》等法律都作了类似的规定。《清洁生产法》规定:列入污染物严重企业名单的企业,应当按照国务院环境保护行政主管部门的规定公布主要污染物的排放情况,接受公众监督。这些都是公众参与环境执法的法律依据。

现行规章中,原国家环境保护总局《环境信访办法》第16条规定:"信访人可以提出以下环境信访事项:(一)检举、揭发违反环境保护法律、法规和侵害公民、法人或者其他组织合法环境权益的行为;(二)对环境保护工作提出意见、建议和要求;(三)对环境保护行政主管部门以及所属单位工作人员提出批评、建议和要求。"原国家环境保护总局《环境保护行政许可听证暂行办法》规定了环境保护行政许可听证的适用范围、主持人和听证参加人、听证程序、罚则等内容。2007年，原国家环境保护总局发布了《环境信息公开办法（试行）》，对于如何推进和规范环境保护行政主管部门以及企业公开环境信息，维护公民、法人和其他组织获取环境信息的权益，推动公众参与环境保护作出了规定，同时也重点对政府环境信息公开、企业环境信息公开、监督与责任等方面作出了程序性的规定。公众的环境知情权有了法律的保障，公众环境参与权、监督权也就有了更坚实的基础。

另外，在一些省份的地方性法规、规章和规范性文件中，也有对公众参与环境执法作了专门规定的。《沈阳市公众参与环境保护办法》第20条指出，公众对环境污染和生态破坏的投诉以及公众对环境保护工作提出的建议，环境保护行政主管部门应当予以支持和鼓励，并设立公开电话，受理公众投诉，研究解决问题的办法，采纳其合理的建议。《山西省公众参与环境保护办法》设专门章节，对公众参与环境监督做了详细的规定。该办法第23条规定，公众有权通过正当渠道对政府和环境保护行政主管部门的工作提出批评和建议。公众有权直接向环境保护行政主管部门检举和控告污染和破坏环境的单位和个人。

三、环境执法公众参与的途径和形式

目前，我国相关的政策法律对公众参与环境执法的形式做了规定，主要是环境信访、听证等，法律规定的座谈会、论证会等形式，对公众参与环境执法有很好的借鉴意义。另外，在近几年的实践中，一些地方因地制宜，探索出了诸如市民检查团、公众陪审团等参与形式，取得了较好的效果。

（一）环境信访

环境信访是指公民、法人或者其他组织采用书信、电子邮件、传真、电话、走访等形式，向各级环境保护部门反映环境保护情况，提出建议、意见或者投诉请求，依法由环境保护部门处理的活动。① 环境信访是公众参与环境执法的重要途径。

1. 环境信访渠道

各级环境保护行政主管部门应当向社会公布环境信访工作机构的通信地址、邮政编码、电子信箱、投诉电话，信访接待时间、地点、查询方式等。

---

① 《环境信访办法》第2条。

各级环境保护行政主管部门应当在其信访接待场所或本机关网站公布与环境信访工作有关的法律、法规、规章，环境信访事项的处理程序，以及其他为信访人提供便利的相关事项。①

地方各级环境保护行政主管部门应当建立负责人信访接待日制度，由部门负责人协调处理信访事项，信访人可以在公布的接待日和接待地点，当面反映环境保护情况，提出意见、建议或者投诉。各级环境保护行政主管部门负责人或者其指定的人员，必要时可以就信访人反映的突出问题到信访人居住地与信访人面谈或进行相关调查。②

国务院环境保护行政主管部门充分利用现有政务信息网络资源，推进全国环境信访信息系统建设。地方各级环境保护行政主管部门应当建立本行政区域的环境信访信息系统，与环境举报热线、环境统计和本级人民政府信访信息系统互相联通，实现信息共享。③

环境信访工作机构应当及时、准确地将下列信息输入环境信访信息系统：（1）信访人的姓名、地址和联系电话，环境信访事项的基本要求、事实和理由摘要；（2）已受理环境信访事项的转办、交办、办理和督办情况；（3）重大紧急环境信访事项的发生、处置情况。信访人可以到受理其信访事项的环境信访工作机构指定的场所，查询其提出的环境信访事项的处理情况及结果。④

各级环境保护行政主管部门可以协调相关社会团体、法律援助机构、相关专业人员、社会志愿者等共同参与，综合运用咨询、教育、协商、调解、听证等方法，依法、及时、合理地处理信访人反映的环境问题。⑤

2. 环境信访的提出

信访人可以提出以下环境信访事项：（1）检举、揭发违反环境保护法律、法规和侵害公民、法人或者其他组织合法环境权益的行为；（2）对环境保护工作提出意见、建议和要求；（3）对环境保护行政主管部门及其所属单位工作人员提出批评、建议和要求。对依法应当通过诉讼、仲裁、行政复议等法定途径解决的投诉请求，信访人应当依照有关法律、行政法规规定的程序向

---

① 《环境信访办法》第11条。
② 《环境信访办法》第12条。
③ 《环境信访办法》第13条。
④ 《环境信访办法》第14条。
⑤ 《环境信访办法》第15条。

有关机关提出。① 信访人的环境信访事项，应当依法向有权处理该事项的本级或者上一级环境保护行政主管部门提出。②

信访人一般应当采用书信、电子邮件、传真等书面形式提出环境信访事项；采用口头形式提出的，环境信访机构工作人员应当记录信访人的基本情况、请求、主要事实、理由、时间和联系方式。③ 信访人采用走访形式提出环境信访事项的，应当到环境保护行政主管部门设立或者指定的接待场所提出。多人提出同一环境信访事项的，应当推选代表，代表人数不得超过5人。④

信访人在信访过程中应当遵守法律、法规，自觉履行下列义务：（1）尊重社会公德，爱护接待场所的公共财物；（2）申请处理环境信访事项，应当如实反映基本事实、具体要求和理由，提供本人真实姓名、证件及联系方式；（3）对环境信访事项材料内容的真实性负责；（4）服从环境保护行政主管部门做出的符合环境保护法律、法规的处理决定。⑤

3. 环境信访受理

各级环境信访工作机构收到信访事项，应当予以登记，并区分情况，分别按下列方式处理：（1）信访人提出属于本办法第16条规定的环境信访事项的，应予以受理，并及时转送、交办本部门有关内设机构、单位或下一级环境保护行政主管部门处理，要求其在指定办理期限内反馈结果，提交办结报告，并回复信访人。对情况重大、紧急的，应当及时提出建议，报请本级环境保护行政主管部门负责人决定。（2）对不属于环境保护行政主管部门处理的信访事项不予受理，但应当告知信访人依法向有关机关提出。（3）对依法应当通过诉讼、仲裁、行政复议等法定途径解决的，应当告知信访人依照有关法律、行政法规规定程序向有关机关和单位提出。（4）对信访人提出的环境信访事项已经受理并正在办理中的，信访人在规定的办理期限内再次提出同一环境信访事项的，不予受理。对信访人提出的环境信访事项，环境信访机构能够当场决定受理的，应当场答复；不能当场答复是否受理的，应当自收到环境信访事项之日起15日内书面告知信访人。但是信访人的姓名（名称）、住址或联系方式不清而联系不上的除外。各级环境保护行政主管部门工

---

① 《环境信访办法》第16条。
② 《环境信访办法》第17条。
③ 《环境信访办法》第18条。
④ 《环境信访办法》第19条。
⑤ 《环境信访办法》第20条。

作人员收到的环境信访事项,交由环境信访工作机构按规定处理。① 同级人民政府信访机构转送、交办的环境信访事项,接办的环境保护行政主管部门应当自收到转送、交办信访事项之日起 15 日内,决定是否受理并书面告知信访人。②

环境信访事项涉及两个或两个以上环境保护行政主管部门时,最先收到环境信访事项的环境保护行政主管部门可进行调查,由环境信访事项涉及的环境保护行政主管部门协商受理,受理有争议的,由上级环境保护行政主管部门协调、决定受理部门。对依法应当由其他环境保护行政主管部门处理的环境信访事项,环境信访工作人员应当告知信访人依照属地管理规定向有权处理的环境保护行政主管部门提出环境信访事项,并将环境信访事项转送有权处理的环境保护行政主管部门;上级环境保护行政主管部门认为有必要直接受理的环境信访事项,可以直接受理。③

信访人提出可能造成社会影响的重大、紧急环境信访事项时,环境信访工作人员应当及时向本级环境保护行政主管部门负责人报告。本级环境保护行政主管部门应当在职权范围内依法采取措施,果断处理,防止不良影响的发生或扩大,并立即报告本级人民政府和上一级环境保护行政主管部门。④ 各级环境保护行政主管部门及其工作人员不得将信访人的检举、揭发材料及有关情况透露或者转给被检举、揭发的人员或者单位。⑤

4. 环境信访办理

有权做出处理决定的环境保护行政主管部门工作人员与环境信访事项或者信访人有直接利害关系的,应当回避。⑥ 各级环境保护行政主管部门或单位对办理的环境信访事项应当进行登记,并根据职责权限和信访事项的性质,按照下列程序办理:(1)属于环境信访受理范围、事实清楚、法律依据充分,做出予以支持的决定,并答复信访人;(2)信访人的请求合理但缺乏法律依据的,应当对信访人说服教育,同时向有关部门提出完善制度的建议;(3)信访人的请求不属于环境信访受理范围,不符合法律、法规及其他有关规定的,不予支持,并答复信访人。(4)对重大、复杂、疑难的环境信访事项可

---

① 《环境信访办法》第 22 条。
② 《环境信访办法》第 23 条。
③ 《环境信访办法》第 24 条。
④ 《环境信访办法》第 25 条。
⑤ 《环境信访办法》第 26 条。
⑥ 《环境信访办法》第 28 条。

以举行听证。听证应当公开举行，通过质询、辩论、评议、合议等方式，查明事实，分清责任。听证范围、主持人、参加人、程序等可以按照有关规定执行。①

环境信访事项应当自受理之日起 60 日内办结，情况复杂的，经本级环境保护行政主管部门负责人批准，可以适当延长办理期限，但延长期限不得超过 30 日，并应告知信访人延长理由；法律、行政法规另有规定的，从其规定。对上级环境保护行政主管部门或者同级人民政府信访机构交办的环境信访事项，接办的环境保护行政主管部门必须按照交办的时限要求办结，并将办理结果报告交办部门和答复信访人；情况复杂的，经本级环境保护行政主管部门负责人批准，并向交办部门说明情况，可以适当延长办理期限，并告知信访人延期理由。上级环境保护行政主管部门或者同级人民政府信访机构认为交办的环境信访事项处理不当的，可以要求原办理的环境保护行政主管部门重新办理。②

信访人对环境保护行政主管部门做出的环境信访事项处理决定不服的，可以自收到书面答复之日起 30 日内请求原办理部门的同级人民政府或上一级环境保护行政主管部门复查。收到复查请求的环境保护行政主管部门自收到复查请求之日起 30 日内提出复查意见，并予以书面答复。③

信访人对复查意见不服的，可以自收到书面答复之日起 30 日内请求复查部门的本级人民政府或上一级环境保护行政主管部门复核，收到复核请求的环境保护行政主管部门自收到复核请求之日起 30 日内提出复核意见。④

上级环境保护行政主管部门对环境信访事项进行复查、复核时，应当听取作出决定的环境保护行政主管部门的意见，必要时可以要求信访人和原处理部门共同到场说明情况，需要向其他有关部门调查核实的，也可以向其他有关部门和人员进行核实。上级环境保护行政主管部门对环境信访事项进行复查、复核时，发现下级环境保护行政主管部门对环境信访事项处理不当的，在复查、复核的同时，有权直接处理或者要求下级环境保护行政主管部门重新处理。各级环境保护行政主管部门在复查、复核环境信访事项中，本级人民政府或上一级人民政府对信访事项的复查、复核有明确规定的，按其规定

---

① 《环境信访办法》第 29 条。
② 《环境信访办法》第 30 条。
③ 《环境信访办法》第 31 条。
④ 《环境信访办法》第 32 条。

执行。①

实践中，环境污染有奖举报作为环境信访的形式之一，在环境执法中发挥了积极作用。浙江省富阳市环保局发动社会力量、发动公众参与环境保护，让群众一起来参与环境监督和评判，于 2000 年 6 月 15 日开始实施环境污染有奖举报机制，在全国范围内首开先河。奖励金额之大，查处动作之快，在富阳市引起了不小的震动，也给杭州地区乃至全国的治污工作带来了全新的思路。

富阳市发动了一场监督治污的"人民战争"，通过各种媒体的宣传，做到举报环境污染有奖电话号码家喻户晓。2000 年 6 月 15 日，有奖举报正式实施第一天，富阳就受理群众举报污染企业 14 家，查实 8 家，并随即通知举报人领奖。这条消息通过电视台、报纸等媒体发布后，整个富阳城乡都议论纷纷。老百姓从中看到了政府治理污染的决心，也不断有痛恨污染的群众加入到举报行列中来，公众参与热情不断高涨。实施污染有奖举报的第一年，富阳通过公众举报查处了违法企业 800 余家（次），兑现举报奖金 40 余万元，企业污染治理设施的运转率也从 30% 提高到了 85%。环境污染情况的快速好转，坚定了富阳市继续开展公众污染有奖举报的决心。

有奖举报有效震慑了那些存在侥幸心理，妄想偷排、漏排的企业，有力遏制了企业违法排污的行为。绝大多数企业的环境责任感也日益提高，建立了治污设施运行管理责任制，落实了责任人，完善了台账资料，自觉弥补了治污设施设计、建设中的缺陷。当治污设施出现问题或故障时，企业会及时向环保部门报告。

（二）听证会

听证制度是行政法的一项基本程序性制度。环境行政执法中，较为常见的是环境行政许可听证，和环境行政处罚听证。环境行政许可听证在第七章中已经做了专门介绍，本章重点讨论环境行政处罚听证。

环境行政处罚听证会，是指环境行政机关在做出重大行政处罚决定前，在特定的时间、地点举行的让当事人、利害关系人与案件调查人，对所要认定的违法事实及应适用的处罚依据进行举证、质证、陈述、辩论的法定程序。

环境保护部门在作出暂扣或吊销许可证、较大数额的罚款和没收、责令停产、停业、关闭的等重大行政处罚决定之前，应当告知当事人有要求举行

---

① 《环境信访办法》第 33 条。

听证的权利。当事人要求听证的，环境保护部门应当组织听证。①

听证会前的准备工作。受理听证申请后，应立即着手组织听证会。

1. 确定听证主持人、参加人

行政机关应当在收到当事人听证申请的 5 日内，确定主持人，决定听证的时间和地点。听证主持人是指负责听证活动组织工作，使听证会按照法定程序合法完成的非本案调查人员的行政机关内部工作人员。根据相关法规规定，行政机关在确定听证主持人时应遵循以下原则：（1）行政处罚听证主持人实行资格认证制度（如北京市规定，应是在行政机关从事法制工作两年以上或者从事行政执法工作五年以上、公道正派的人员）。（2）职能分离原则。担任听证主持人员只能是非本案调查人，直接参与案件调查或指导研究人员均不得担任听证主持人。（3）回避原则。指当事人近亲属、与案件本身具有利害关系的或当事人有正当理由认为不适宜担任主持人的，均不得从事听证工作。

听证主持人为 1 人，听证员可为 1～3 人。听证会还需配备 1 至数名书记人员。听证参加人包括案件调查人、当事人（申请人）、委托代理人、第三人、证人等其他参加人员。

《环境行政处罚办法》对环境保护主管部门应当在多长时间内确定听证会的举行时间，并没有做出规定，不过在环境保护部的规范性文件中对此做了明确的时间规定。《环境行政处罚听证程序规定》明确表明，环境保护主管部门应当在收到当事人听证申请之日起 7 日内进行审查，并作出是否举行听证的决定，听证应在决定听证之日起 30 日内举行。

2. 告知听证参加人，向社会发布公告

凡是公开听证的案件，听证举行前，行政机关应当将听证的内容、时间、地点及有关事项，向社会予以公告。公告的形式可张贴，也可在有关媒体上发布听证公告书。

---

① 《环境行政处罚听证程序规定》（环办〔2010〕174 号）第 5 条：环境保护主管部门在作出以下行政处罚决定之前，应当告知当事人有申请听证的权利；当事人申请听证的，环境保护主管部门应当组织听证：

（一）拟对法人、其他组织处以人民币 50000 元以上或者对公民处以人民币 5000 元以上罚款的；

（二）拟对法人、其他组织处以人民币（或者等值物品价值）50000 元以上或者对公民处以人民币（或者等值物品价值）5000 元以上的没收违法所得或者没收非法财物的；

（三）拟处以暂扣、吊销许可证或者其他具有许可性质的证件的；

（四）拟责令停产、停业、关闭的。

3. 听证会的程序

按照《环境行政处罚听证程序规定》，听证会应按下列程序进行：（1）记录员查明听证参加人的身份和到场情况，宣布听证会场纪律和注意事项，介绍听证主持人、听证员和记录员的姓名、工作单位、职务；（2）听证主持人宣布听证会开始，介绍听证案由，询问并核实听证参加人的身份，告知听证参加人的权利和义务；询问当事人、第三人是否申请听证主持人、听证员和记录员回避；（3）案件调查人员陈述当事人违法事实，出示证据，提出初步处罚意见和依据；（4）当事人进行陈述、申辩，提出事实理由依据和证据；（5）第三人进行陈述，提出事实理由依据和证据；（6）案件调查人员、当事人、第三人进行质证、辩论；（7）案件调查人员、当事人、第三人作最后陈述；（8）听证主持人宣布听证会结束。

听证会期间，听证主持人要牢记自己居间听判的角色职能，并把握好质证的范围、节奏和会场气氛。质证的范围严格限定在本案的事实与依据上，对跑题性发言及带有人身攻击性的语言均应予以及时制止，必要时可中止听证。

听证结束后，听证笔录交陈述意见的案件调查人员、当事人、第三人审核无误后当场签字或者盖章。拒绝签字或者盖章的，将情况记入听证笔录。听证主持人、听证员、记录员审核无误后在听证笔录上签字或者盖章。

听证终结后，听证主持人应及时制作听证报告书，将听证会情况书面报告本部门负责人。听证报告应包括以下内容：（1）听证会举行的时间、地点；（2）听证案由、听证内容；（3）听证主持人、听证员、书记员、听证参加人的基本信息；（4）听证参加人提出的主要事实、理由和意见；（5）对当事人意见的采纳建议及理由；（6）综合分析，提出处罚建议。

听证会是一个内部审查把关的程序，要起到"安全阀"的作用。故行政处罚听证出具的听证报告书以及对案件的事实、证据、处罚依据和处罚建议提出的意见，对行政机关负责人的最终决策具有重要作用。

在实践中，对《环境行政处罚听证程序规定》中的适用听证程序的四类行政处罚，环保部门都会依法告知听证事项，当事人依法申请听证。环境处罚听证会是环保部门在作出行政处罚之前，听取行政相对人和利益相关人的意见，让行政相对人和利益相关人能够按照既定程序平等地陈述自己的意见，用证据支持自己的意见，这也是他们的法定权利。听证强化了由单一环境执法到多样化联合执法的转变，即体现了环境执法由政府对企业单向管理的"一元结构"向执法机关严格执法、公众全面参与监督、污染企业自觉守法的三元执法监督体系的转变，树立了政府依法管理、温情执法的亲民形象，极大地巩固了政府领导、部门联动、各方参与的联合执法机制。听证利于促进意见沟通，加强理性思考，排除外界干扰，保证行政处罚更加接近公正，也使处罚决定更加容易被行政相对人或利益相关人理解和认可。

环保行政处罚通过听证，维护了当事人的权利，使其有陈述、申辩的机会，更重要的是标志着环保行政处罚逐步实现规范化、程序化，树立了环保行政处罚的"公开、公平、公正"的良好形象。环境行政执法的公众参与，不仅要求行政主体在作出影响行政相对人权益的行为时有说明理由或请求召开听证会的权利，而且也要求除行政相对人之外的与环境权益相关的公众有知情权、批评权、建议权、检举权等。保证在执法程序中能听取除行政相对人之外的公众意见，对环境执法取得积极效果具有重要作用。

（三）座谈会

座谈会作为听取公众意见的一种方式，相比听证会来说，更加简单和随意，是被很多政府部门经常采用的了解民意的方式。《环境影响评价公众参与暂行办法》明确规定了座谈会作为征求公众意见的方式之一。座谈会有以下几个特点：（1）座谈会一般由行政机关视情况决定是否召开；（2）参加座谈会的人员一般由行政机关根据议题进行邀请；（3）主持召开座谈会的部门预先设定议题，事先向参会代表公开，并向其提供有关背景信息；（4）座谈会围绕某个议题进行讨论，公众提出的意见和建议供行政机关决策时参考。

环保部门通过组织公众座谈会，广开言路，集思广益，开门决策，体现了环境民主决策和科学决策的精神，实现利益各方在对话中共同解决问题，提升了环保部门的形象。但是，座谈会主要用来收集意见，不是深层的公众参与手段，发挥的作用比较有限。

（四）公众环保检查团

公众环保检查团，是指公众跟随环保执法人员协助开展执法检查，监督和纠正各种环境违法行为。公众环保检查团一般应具备以下几个基本条件：（1）热爱环保公益事业，关心和支持环境保护工作；（2）具有强烈的责任感；（3）具有一定的环保和相关法律知识。公众环保检查团一般由环保部门公开招聘，公众可提出申请，环保部门从申请者中遴选最具备条件的公众代表组成公众环保检查团。公众环保检查团除了参加环保执法检查活动以外，还会参与企业污染治理项目验收和重大污染违法行为听证等。

浙江嘉兴市公众环保检查团参与环境执法取得了一定成效。2008年3月，嘉兴市环保局通过公开向社会招聘，组建了"市民环保检查团"，其主要工作是跟随环保执法人员开展执法检查，监督和纠正各种环境违法行为，参与对环保信用不良企业、环境污染违法较重企业和重点整治污染企业的"摘帽"验收评价及监督管理。市民环保检查团有 200 名成员，来自社会各阶层，包括大专院校的教师、学生、社区居民、外来务工人员、机关干部等。

在环保执法检查行动中，重点检查哪些企业，市民环保检查团有"点单权"，公众参与环保执法监督不受任何外在因素制约。自 2008 年以来，全市已经开展"点单式"执法 50 余次，参与人数近 3000 人次。检查名单由市民环保检查团代表圈定，随即抽查企业环境治理、污水排放等情况。检查团还在现场对整治方案、治理进程、治理效果和设施维护运行情况进行面对面质询和探讨，并提出整改督办意见和要求。"点单式"参与执法，使环保执法透明度进一步提升，公众监督力度不断加强，增进了市民、企业和政府之间的理解，而且有效地强化了公众参与维权行动。

嘉兴市环保局多次举办市民环保检查团听证会，市民代表听取申请"摘帽"企业整改陈述、现场核查并验收投票，企业最终能否"摘帽"由群众说了算。市民检查团手中的否决权，对那些污染较重、希望"摘帽"的企业，形成了巨大的压力，出现了企业治污投入加大、清洁生产进度加快的良好局面。

（五）市民陪审团

市民陪审团参与环境执法，是指由随机挑选的公众代表参与环境执法案件评议，陪审团成员根据自己获取或环境执法部门提供的相关案件信息，对具体的环境违法案件进行评议，提出建议，将建议和意见汇编后向组织市民陪审团的环境保护部门提交"陪审报告"，以此作为环境保护部门作出具体环境行为的重要参考依据。当前，我国法律上没有明确规定市民陪审团参与环境执法。

浙江省嘉兴市市民陪审团参与环境执法具有以下五大特点：（1）参与市民范围广。环境执法部门通过媒体向社会公开招聘，18 周岁以上，在本地学习或工作，具有完全民事行为能力的公民均可报名参加。（2）市民获得充裕时间。他们可以为一个具体目标担任几天的顾问，为某项行政处罚提供咨询意见和方案。（3）独立获取各项有关信息。陪审团成员有权独立获取与目标案件相关的信息。（4）成员不断变更。陪审团成员不断变更，以保证广大市民有平等的讨论机会，同时也避免长时间与环境执法部门合作，受执法部门的思维影响，从而影响其中立性。（5）汇编陪审报告。陪审团的意见建议汇编成"陪审报告"，并提交给组织该次陪审团的环境保护部门。

市民陪审团作为公众参与环境执法的新形式，具有两大优点，市民陪审团成员评议环境违法案件，加深对环境执法的理解，也是一个环境保护普法过程；陪审团成员就案件的事实和法律适用问题进行讨论，监督环境执法人员依法作出决定，增加了行政执法的透明度。

第三节 加强环境执法公众参与的对策

在环境执法中，环境行政权力在环境管理中占有主导地位，而公众则在很多情况下以行政相对人、被管理者的身份出现，这影响了公众参与环境保护的积极性[①]。实践证明，仅仅通过政府和环保执法部门动用行政手段自上而下地进行监管是远远不够的，必须依靠公众参与才能真正推动环境保护。目前，法律对公众参与环境保护的权利规定比较笼统，使公众在环境执法的具体参与行为受到限制。要实现公众参与环境保护真正的发展，必须从法律上解决参与应作为政府决策和智力程序过程的刚性制度问题。[②] 在法律上进一步细化公众参与权利。

完善环境信息公开制度建设。通过公开相关环境信息，借用公众舆论和公众监督，对环境污染和生态破坏的制造者施加压力。建立知情机制，使公众能及时地获取环保部门等管理部门所持有的关于环境的资料，并让公众了解影响环境状况的各种信息，增加环境决策和执法的"透明度"，确保公众知情权与公众参与的良性互动。要加强信息公开平台建设。建设数字环保，建立环境质量和污染源信息查询平台，及时向社会公开区域环境质量信息和企业污染治理情况，让社会公众及时了解周边生活环境的状况。加强对企业环境信用等级评价。公开企业环境信息、环境执法动态，使公众及时了解执法动态，加强对环境执法行为和违法排污行为的监督。加大环境信息公开督查力度，严格界定有关国家秘密或企业商业秘密，尽量杜绝以此为由逃避公开相关环境信息，对应该公开而不公开的行为，要及时纠正和查处。

完善环境执法公众参与机制。环境执法机关要从理念上重视公众参与执法，积极推动公众参与执法的落实。第一，发挥环境举报受理平台作用，建立环境违法行为快速处理联动机制。借助环保"12369"举报电话、环保网络平台等多种手段，及时查处反映的各类环境违法行为，提高环境执法工作的

---

① 王灿发主编：《北京市地方环境法治研究》，中国人民大学出版社 2009 年版，第 176 页。
② 蔡定剑主编：《公众参与风险社会的制度建设》，法律出版社 2009 年版，第 23 页。

社会公信力和环境执法的威慑力,完善有奖举报制度,调动社会公众参与环境执法的热情,推进环境执法工作的效能。第二,发挥新闻媒体的力量,建立环境执法与新闻媒体联动机制。环境执法已不再是环保部门一个部门的事情,它更是一种社会性执法行为。在当前环境问题仍然较为突出的形势下,不少地区一方面要求加强环境执法,通过执法改善人居环境;另一方面又怕环境执法工作影响地区经济发展,使得环境执法工作处于"两难"境地。环保部门要结合群众关注的环境热点、难点问题,积极与新闻媒体建立定期沟通机制,借助媒体力量,抓住环境热点,充分发动社会媒体参与环境执法。第三,加强环境法制宣传工作,建立环境执法与公众宣传联动机制。环境执法的过程,也是环境法制宣传的过程,将环境执法工作与公众宣传结合起来,提高环境执法人员法制宣传能力,借助公众力量做好说服、讲解、宣传等工作,减少环境执法中的障碍,使环境执法工作得到社会公众的拥护和行政相对人的理解,化被动为主动,在更高层面上推进环境执法工作。

创新公众参与形式,不断拓宽参与渠道。环境执法机关要改变高高在上的态度,要顺应公众对环境问题的关注和参与环境管理的呼声和要求,积极主动地采取措施来实现公众与行政主体的平等对话,拓宽参与渠道,将公众参与环保的热情转化成环境保护的推进力量,使环境执法更能集中民智、体现民意、凝聚民力,让环保理念更加深入人心。要进一步细化和完善法律规定的座谈会、通报会、听证会等参与方式,严格依照法定程序,在作出具体行政行为时,充分考虑公众意见。积极探索市民点单执法、陪审团参与行政处罚等新形式,条件成熟时通过地方立法的形式进行规范。

加强民间环保组织能力建设。充分发挥民间环保组织在创新社会管理中的作用,引导民间环保组织加强自身建设、增强服务社会能力。出台相关法规政策,对民间环保组织加以支持、引导和规范。民间环保组织在环境保护中发挥重要作用,要营造有利于民间环保组织发展的制度环境,政府可以通过项目委托的形式,对民间环保组织的运作提供资金支持和必要的引导,扶持民间环保组织的发展,充分发挥其在环保宣传、参与环境立法、执法监督和环保公益诉讼等方面的积极作用。要重点培育和发展一批能够积极参与环境公共管理的民间环保组织,加强评估和监管,发挥其在环境公共事务中的积极作用。政府通过对民间环保组织的引导,将公民对环境公共事务的关注和意愿表达纳入制度化、有序化的公众参与轨道,使之成为推进生态文明建设的积极力量。

完善公众参与环境执法法律救济制度。明确行政救济和司法救济的方式，为公众参与环境执法提供制度保障。通过行政复议、行政监察等手段，保障公众参与环境执法的法定权利。吸收国外行政公益诉讼的经验，建立行政公益诉讼制度，赋予包括民间环保组织在内的社会公众对侵犯环境公众利益行为提起诉讼的原告主体资格，引导社会公众通过司法途径监督行政执法行为。

第八章 环境公益诉讼与公众参与

运用司法手段保护环境是环境法的重要职能。环境公益诉讼制度是公众参与原则在环境司法上的制度要求和具体体现。环境公益诉讼制度在中国还处于探索阶段，但它是环境法发展的一个重要趋势，是公众环境参与权利司法保障的制度载体。

第一节 环境公益诉讼制度

公益诉讼起源于罗马法，是相对于私益诉讼而言的。私益诉讼是指为了保护个人权利的诉讼，仅特定的人才可以提起的诉讼。公益诉讼是为了保护社会公共利益的诉讼，除法律有特别规定外，凡社会公众均可提起。与私益诉讼相比，公益诉讼的目的是追求社会正义，实现社会公平，维护国家和社会公共利益，具有强烈的公益色彩。在环境保护领域，环境权益指向的对象大多为公共物品，如大气、水体等，这些物品往往产权不明，形体上又难以分割，又不具备排他性和专有性，法律很难界定哪些人可以对此主张权利，加之被告一般是企业、政府机构，诉讼双方在社会经济地位、诉讼能力等方面极不平衡，诉讼很难进行；而且环境侵害具有广泛性、复杂性、多样性以及潜伏性等特点，有些还涉及公共利益和政治因素，法律难以提供相应的司法救济，导致许多环境侵害行为发生后长期无人问津，以致情况恶化，矛盾积累，造成公共利益损害[①]。

目前在中国的诉讼法律中，公益诉讼范围狭窄，环境公益保护不力。随着环境污染问题的日益突出，对环境权益的救济不仅要求私益诉讼的完善，

[①] 陈虹：《环境公益诉讼功能研究》，载吕忠梅、[美] 王立德主编《环境公益诉讼中美之比较》，法律出版社2009年版。

更需要公益诉讼机制的构建,① 发挥公众在环境公益诉讼中的作用,建立全民参与的环境公益保护机制,积极回应社会变化和社会现实需求。

一、环境公益诉讼基本理论

环境公益诉讼是指公民、社会团体和其他组织针对行政机关、企事业单位或者其他组织及个人的不当行为或者违法行为致使环境受到或可能受到污染和破坏的情势下,为维护公众环境利益不受损害而依法向法院提起诉讼的制度。②

(一)环境公益诉讼的特点

1. 环境公益诉讼的原告不一定是直接利害关系人

在普通的民事、行政诉讼中的原告,必须是和本案有直接利害关系的人。而在环境公益诉讼中,原告的资格与本案是否具有直接利害关系并不重要。原告既可以是受到违法侵害的、与本案有直接利害关系的人,一般其私人利益较小,而公共利益较大。也可以是没有直接受到违法行为侵害、与本案无直接利害关系的人,因为其利益会因环境公益受损而最终受到间接损害。环境利益的所有享有者都有权在环境遭受侵害时享有诉讼的权利,环境公益诉讼的原告既可以是代表国家的检察机关、政府部门、社会组织,也可以是公民及其团体。

2. 环境公益诉讼的目的是为了维护公共利益

环境公共利益是社会的整体利益,区别于社会成员的个体利益,但也并非社会个体成员的环境利益的总和。环境公益诉讼主张的是环境公共利益而非某个人或某些人的环境利益。公益诉讼以公益的促进为建制的目的与诉讼的要件,诉讼实际的目的往往不是为了个案的救济,而是督促政府或受管制者积极采取某些促进公益的法定作为,判决的效力亦未必局限于诉讼的当事人。③

3. 环境公益诉讼具有显著的预防性

环境公共利益不同于一般的社会公共利益,一旦受到损害,事后补救比较困难,这决定了对环境保护要注重预防,体现在程序法上就是要进行事前或事中救济,预防环境损害结构的发生和扩大。在起诉条件上,环境公益诉

---

① 吕忠梅、吴勇:《环境公益实现之诉讼制度构想》,载别涛主编《环境公益诉讼》,法律出版社 2007 年版。
② 邓一峰:《环境诉讼制度研究》,中国法制出版社 2008 年版,第 67~68 页。
③ 叶俊荣:《环境政策与法律》,中国政法大学出版社 2003 年版,第 224 页。

讼的提起不以发生实质性的损害为要件，只要根据有关情况合理判断其具有发生侵害的可能性即可提起诉讼，侧重于"防患于未然"；在请求救济内容上，已经不仅针对过去已发生的事件采取简单的赔偿或恢复原状等救济措施，而是停止侵害及排除妨碍等措施，针对潜在的环境危害，防止或减轻环境公益损害结果的发生；在损害赔偿上，不光要考虑已经造成的人身或财产损失，而且还要考虑背后的环境损害，实施惩罚性赔偿，以震慑违法者，避免再次出现违法行为。

4. 环境公益诉讼的既判力扩展至潜在受害者

在环境公益诉讼中，原告的主张具有公益内容，其利益主体并非特定的自然人、法人或其他社会团体，他们全体所组成的集合体才是真正的利益主体，才是承受完整损害的主体。① 环境公益诉讼的判决效力不仅直接拘束案件的诉讼参加人，对于未参加诉讼的潜在受害者也应产生拘束力。潜在受害者的环境后果出现以后，无需再提起诉讼，可以直接享有与已诉讼同一案由的原告相同的权利。

（二）环境公益诉讼的价值功能

公益诉讼的特点在于通过诉讼推动公共利益的实现。环境公益诉讼机制给公众参与环境问题的解决提供了一个实践平台，它与公众参与的各个环节相衔接，形成了事前、事中、事后参与的完整的公众参与机制。公益诉讼制度的设立，提供了一条体制内的公众参与管道，以免诉求无门而动辄走上街头。② 从实践上看，环境公益诉讼具有以下价值功能③。

1. 环境公益诉讼可以有效监督企业环境行为

在环境保护方面，对企业的环境行为监督是在企业自律和他律的交替作用中进行的。从自律层面来看，企业通过强化自身的社会责任，提升企业生态文化和加强内部管理来减少对环境的污染或者是不良影响；从他律层面来看，法律法规、行政执法、公众舆论等要素构成了对企业行为的外部约束。行政执法监管是对企业环境行为的主要监管渠道，公众舆论是对企业环境行为的社会监督力量。环境公益诉讼则是把公众舆论制约上升到法律操作层面，社会公众对企业环境违法行为不再仅仅是口头上的谴责或是一般行为上的抗议，而是可以诉之法律、通过法律程序进行制裁的"有力武器"。

---

① 竺效：《生态损害的社会化填补法理研究》，中国政法法学出版社2007年版，第327页。
② 叶俊荣：《环境政策与法律》，中国政法大学出版社2003年版，第223页。
③ 黄中显：《论公民环境公益诉讼的动力机制》，载吕忠梅、[美]王立德主编《环境公益诉讼中美之比较》，法律出版社2009年版。

2. 环境公益诉讼可以有效监督政府行为

一般来说，对企业的环境违法行为的规制主要还是靠政府的"阳光执法"。但政府也摆脱不了"经纪人"的一些习性，政府自身的利益偏好、权力寻租等都会使政府在权力运行过程中背离社会利益的需求。而环境公益诉讼扣动了环境公益诉讼司法救济的扳机，让政府部门在环境执法时多了司法审查的压力，避免在环境问题上法院"无奈的缺席"。

3. 环境公益诉讼是环境行政执法的有效补充

虽然环境执法力量不断加强和执法水平不断上升，但环境问题涉及高度的科技背景和广度的利益冲突，对环境行政管理来说是一个很大的挑战。在环境管理中很难做到面面俱到，环境污染事件时有发生。环境公益诉讼可以发挥公众的力量，在环境执法部门不能或疏于执行法律时，通过诉讼途径对环境违法行为进行监督，弥补政府执法的不足，达到与行政执法同样的效果。

4. 环境公益诉讼是有效民事补偿机制

环境是公共物品，由于环境污染造成的对环境资源的侵害大多情况下得不到有效的弥补。在一般的民事诉讼中，我们所看到的通常是侵害人对受害人的赔偿，而对环境的修复和赔偿经常处于真空地带。环境公益诉讼可以在诉讼中针对性地提出相应的生态修复补偿诉求，让环境资源的损害得到最大限度的弥补。

（三）环境公益诉讼的分类

按照提起环境公益诉讼的原告身份不同，可以将环境公益诉讼分为普通环境公益诉讼和环境公诉两大类型①。

1. 普通环境公益诉讼

即公民或者法人出于保护公益的目的，针对损害环境公共利益的行为，向法院提起的公益之诉。就原告身份和诉讼的目的而言，表现为"私人为公益"的显著特点。按照被诉主体不同，环境公益诉讼有两种模式，一是环境行政公益诉讼，即公民或者法人（包括环保 NGO），认为行政机关的具体行政行为危害环境公共利益，向法院提起的诉讼。就主体而言，它表现为"私人对公权，私人为公益"的特点；就诉求而言，它以私人请求法院通过司法审查撤销或者变更环保部门的具体行政行为或者督促环保部门履行职责为目的。二是环境民事公益诉讼。即公民或者法人（包括环保 NGO），针对公民

---

① 别涛：《中国的环境公益及其立法设想》，载别涛主编《环境公益诉讼》，法律出版社 2007 年版。

或者组织侵害公共环境利益的行为，请求法院提供民事性质的救济。就诉讼主体和诉求而言，它表现出"私人对私人，私人为公益"的特点。

2. 环境公诉

根据国家公诉的通常分配模式，环境公诉特指作为国家公诉人的检察机关，为了保护公共环境利益，以原告身份，通过公诉的形式以制止和制裁环境公益的侵害行为为目的，向法院提起的诉讼。就原告身份和诉讼目的而言，它表现出"公权为公益"的特点。环境公诉包括环境刑事公诉、环境民事公诉和环境行政公诉三种形式。

（1）环境刑事公诉。即检察院以制裁环境犯罪行为、追究刑事责任为目的的诉讼。就主体而言，它表现为"检察院对私人"之诉；就诉讼而言，它以检察院请求法院对环境犯罪嫌疑人"实施刑事制裁"为目的。

（2）环境民事公诉。它是指在公民或者法人的民事经济行为，污染了环境或者破坏了生态，因而侵害了公共环境利益的情形下。检察院为了维护环境公益，以国家公诉人身份实施干预，请求法院制止和制裁环境侵害行为的诉讼，是检察院作为国家公诉人针对公民或者法人的民事行为提起的诉讼。就主体而言，表现为"检察院对私人"之诉；就目的而言，它以检察院请求法院针对环境民事侵害行为"实施民事救济"为目的。我国也有一些地方已经在司法实践方面展开了探索，并且也积累了一些经验。

（3）环境行政公益诉讼。即检察院认为行政机关的具体行政行为或者不作为行为危害公共环境利益，向法院提起的诉讼。就主体而言，它表现为"检察院对行政机关"之诉；就诉求而言，它以检察院请求法院通过司法审查"撤销或者变更具体行政行为或督促履行职责"为目的。

环境公诉是环境公益诉讼的新发展，是我国近年来实践中探索较多的公益诉讼类型，国家公诉机关为保护环境公共利益而提起的环境公益诉讼，为推动环境保护工作发挥重要的积极作用。

二、发达国家环境公益诉讼的主要制度

环境公益诉讼制度赋予了社会公众、社会组织通过法院来查处环境污染违法行为以及有关职能部门的环保失职行为。以美、欧等国家为代表的环境公益诉讼的立法与司法实践，反映了司法在推动环境保护方面的重要作用。环境公益诉讼最早发端于美国，着重介绍美国环境公益诉讼的基本制度。

美国环境公益诉讼制度发端于20世纪70年代。在美国联邦法律制度层面，最早的环境公益诉讼条款来源于1970年《清洁空气法》的法律授权，后在多部联邦法律中得到确认,现存的环境公益诉讼条款均来自于各个具体的联邦环境法律的特别授权。在原告资格方面,任何人或任何公民可以代表自己提起一项民事诉讼。从法条规定来看,原告范围极其广泛,涉及美国社会公共与私人领域的具有独立法律地位的任何法律实体。除极少数联邦环境以外,美国联邦环境公益诉讼的原告适格问题在国会立法层面几乎未受到任何限制。但是司法对原告适格有一定的法律限制,主要表现为环境公益诉讼的原告应该证实由于被告的违法行为而使自己受到了"事实损害"。

在被告方面,联邦环境公益诉讼条款中,公益诉讼的被告是有法律明确规定的。一般包括以下两种类型:一是指违反公益诉讼条款可诉范围事项的"任何人",概念范围基本等同于原告的"任何人",也必然包括美国联邦政府以及在美国宪法第十一修正案所允许范围内的其他联邦政府机构、部门等法律实体;二是指授权该环境公益诉讼条款的联邦环境法律的法律实施机构,如美国联邦环境保护局。

在可诉范围方面,美国联邦环境公益诉讼条款中,可诉范围受到了法律的严格界定。只有授权了环境公益诉讼条款的联邦环境法律才存在环境公益诉讼的可诉范围问题,不同的环境法律对公益的可诉范围的规定并非完全相同。一般而言,公益诉讼条款所规定的可诉范围一般局限于违反特定法律内容的行为,具体有三种类型:一是涉嫌违反授予公益诉讼条款的联邦环境法律的任何条款和依据该法授权颁布的任何行政规章的行为;二是涉嫌违反授予公益诉讼条款的联邦环境法律特定法律条款和内容的行为,如违反该法特别规定的排污标准、限制、排污许可证及其条款,以及行政执法机关根据上述标准、限制、许可证所作出的行政命令、要求以及行政规章等具有明确含义的事项等;三是联邦环境法律的行政执法机关的不作为行为。[①]

另外,联邦环境法律也对公益诉讼做了一些限制性的规定,如《清洁水法》还规定:公民必须向该政府机构以及违法事件发生地所在的州提前60天就该诉讼意愿予以告知。该州或政府机构因此获得对该案件进行处理的机会。如果它们因为任何原因没有采取行动,公民就可以直接诉诸法院。同时,联邦法律也对公益诉讼作了一些激励性的规定,如《清洁空气法》规定:如诉讼结果是污染者支付罚金,那么收缴的罚金将进入一个专门的政府基金用于

---

① 陈冬:《美国环境公民诉讼管窥》,载别涛主编《环境公益诉讼》,法律出版社2007年版。

巩固空气质量执法。提起诉讼的公民仍然可以获得律师费补偿。[1]

其他国家，日本环境公益诉讼的类型包括取消诉讼、课以义务诉讼、居民诉讼、请求国家赔偿诉讼等。[2] 法国环境公益诉讼一般是通过越权之诉加以体现的。[3] 英国环境公益诉讼则主要表现为检举人诉讼制度。[4] 德国、意大利等通过制定特别法在特定情况下赋予环保主体等提起环境公益诉讼。[5]

三、我国环境公益诉讼制度的依据

现阶段，虽然法律没有明确规定环保行政机关或者人民检察院必须提起环境公益诉讼案件，但相关法律和政策性文件的有关规定是支持环境公益诉讼的。

（一）宪法依据：环境权作为基本人权的确认

环境权被确认为一项基本人权，为公民提起公益诉讼提供了宪法依据。《人类环境宣言》宣布："人类有权在一种能够过尊严和福利的生活环境中，享有自由、平等和充足的生活条件的基本权利，并且负有保护和改善这一代和将来的世世代代的环境的庄严责任。"首次承认了环境权。随后欧洲人权委员会也接受了环境权的主张，并将其作为《世界人权宣言》的补充。我国《宪法》第26条第1款规定："国家保护和改善生活环境和生态环境，防治污染和其他公害。"《宪法》第2条3款，"人民依照法律规定，通过各种途径和形式，管理国家事务，管理经济和文化事业，管理社会事务"。这里的社会事务当然包括环境事务。由此可以说，公民有参与环境保护的权利。

（二）环境法依据：环境权的保护和对起诉权的确认

在环境保护立法中对环境权进行规定，是环境保护立法的通常做法。我国的环境法律和一些地方性的法规都对环境权作出规定。原《环境保护法》第6条："一切单位和个人都有保护环境的义务，并有权对污染破坏环境的单位和个人进行检举和控告。"2014年4月修订的《环境保护法》第58条规定："对污染环境、破坏生态，损害社会公共利益的行为，符合下列条件的社会组织可以向人民法院提起诉讼：（一）依法在设区的市级以上人民政府民政

---

[1] 玛莎·S. 本森：《环境案件起诉资格、公民诉讼和环境清理责任分摊——历经三十五年环境诉讼的美国》，载吕忠梅、[美] 王立德主编《环境公益诉讼中美之比较》，法律出版社2009年版。
[2] [日] 原田尚彦：《环境法》，于敏译，法律出版社1999年版，第176~179页。
[3] 王名扬：《法国行政法》，中国政法大学出版社1988年版，第667~681页。
[4] 王名扬：《英国行政法》，中国政法大学出版社1987年版，第202~203页。
[5] 邓一峰：《环境诉讼制度研究》，中国法制出版社2008年版，第81页。

部门登记；（二）专门从事环境保护公益活动连续五年以上且无违法记录。"《上海市环境保护条例》第6条明确规定："公民有享受良好环境的权利，有保护环境的义务。"第8条规定："一切单位和个人，都有享受良好环境的权利和保护环境的义务。对污染破坏环境的行为有权进行检举和控告。"《海洋环境保护法》第90条第2款规定："对破坏海洋生态、海洋水产资源、海洋保护区，给国家造成重大损失的，由依照本法规定行使海洋环境监督管理权的部门代表国家对责任者提出损害赔偿要求。"国家海洋管理部门对污染环境的损害赔偿请求权，当然包括提起诉讼的权利。

（三）诉讼法依据：环境权的司法救济

按照传统的诉讼法理论，公民不得对与自己无关的财产主张权利。如《行政诉讼法》第2条规定："公民、法人或者其他组织认为行政机关和行政机关工作人员的具体行政行为侵犯其合法权益，有权依照本法向人民法院提起诉讼。"但近年来，原告范围有扩大趋势。最高人民法院《关于执行〈行政诉讼法〉若干问题的解释》第12条规定："与具体行政行为有法律上利害关系的公民、法人或者其他组织对该行为不服的，可以依法提起行政诉讼。"该解释第13条进一步规定："有下列情形之一的，公民、法人或者其他组织可以依法提起行政诉讼：（一）被诉的具体行政行为涉及其相邻权或者公平竞争权的；（二）与被诉的行政复议决定有法律上利害关系或者在复议程序中被追加为第三人的；（三）要求主管行政机关依法追究加害人法律责任的；（四）与撤销或者变更具体行政行为有法律上利害关系的。"根据司法解释，行政使诉讼的原告范围实际上已经有所扩大。人即从一般意义上的"行政相对人"，扩大到"利害关系人"，即"有法律上利害关系的公民、法人或者其他组织"。这几类原告提起的行政诉讼，特别是针对环境违法行为的举报人提起的行政诉讼，不仅是出于个人利害关系，而且诉讼的结果在客观上具有保护公共利益的效果，因而可以将其归结为环境行政公益诉讼。环境违法行为的举报人可以提起公益诉讼，从而将普通的举报程序和严格的诉讼程序紧密结合，有效地强化了公众参与环境监督的法律机制。《民事诉讼法》第15条规定，机关、团体、企业事业单位对损害国家集体和个人民事权益的行为，可以支持受损害的单位或个人向人民法院起诉，也为推动环境公益诉讼创造条件。

（四）政策依据：推动环境公益诉讼

国务院《关于落实科学发展观加强环境保护的决定》指出："研究建立环境民事和行政公益诉讼制度……发挥社会团体作用，鼓励检举和揭发各种环境违法行为，推动环境公益诉讼。"首次以国家政策性文件形式提出了推动环境公益诉讼。最高司法机关的态度也是积极的。原国家环保总局 2005 年曾经专门征求最高人民检察院的意见，最高人民检察院同年 8 月 5 日回复指出："近年来，环境污染致害事件呈明显上升趋势。因此，建立环境民事、行政公诉制度是必要而可行的。"据媒体报道，最高人民检察院领导在中国法学会诉讼法学研究会 2006 年年会表示，针对公益诉讼遭遇的制度困境，研究建立"社会公益诉讼是民事诉讼法研究的创新使命"。最高人民法院 2008 年 7 月专门召开了水资源司法保护研讨会，研究环境公益诉讼、跨界环境污染的特殊管辖等问题。近年来，全国人大代表和政协委员先后多次提出关于建立环境公益诉讼制度的建议。

因此，无论是作为专司国家公诉职能的检察机关，还是环保行政部门，乃至环保团体组织，都有权"对污染和破坏环境的单位和个人进行检举和控告"，包括提起环境公益诉讼。人民法院应受理和审判环境公益诉讼案件。

第二节 我国环境公益诉讼的探索实践

我国环保行政机关承担日常的环境监管工作，法律赋予了一定的行政强制手段，但大多情况下，需要申请法院强制执行，环境执法的效果离环境保护要求还有一定的差距。实践中，主要是以检察机关和行政管理部门介入环境公益诉讼的形式，环保非政府组织或公民个人作为原告的案例很少见。因此，需要立法机关根据情势需要修改法律，司法机关在实践中大胆创新，为环境公益诉讼作出制度安排。以下介绍一些地方在环境公益诉讼方面的探索实践。

四川省资阳市雁江区检察院于 2004 年 2 月从媒体得知当地清水河流域石材加工厂将石浆和碎石直接排入河道，造成生态环境严重破坏情况后，主动与环保局取得联系，共同对该案进行调查。清水河流经两个乡镇的数十个村庄，是沿岸村庄灌溉和人畜饮水的主要来源。近两年来，在清水河及其支流沿岸相继兴办了数十家石料加工厂，这些石料加工作坊肆意排放，不仅阻塞河道，而且污染水体，使 4 个村的 53.3 hm^2 土地、近 2000 人的生产生活受到严重影响。之后，检察院对污染问题严重的 8 家石材厂分别下达了检察建议书，建议企业对治污设施进行整改，使所排出水达到环保标准；告诫这些企业，如果不积极治理污染，将对其依法提起民事公诉。在我国还未建立公民环境诉讼的情况下，检察机关对污染损害责任人提起的环境公益诉讼，对促进企业治理污染、停止环境侵害有十分积极的作用。因此，各级环保行政机关应积极加强与检察院的联系,尤其是环保监察机构应与检察院建立固定联系,将涉及面广、公益性强的环境民事侵权案件信息转交检察院,并在证据收集、事实鉴定等方面支持检察院提起环境民事诉讼,这将有助于解决区域性、大范围环境污染纠纷案件。

2008年11月5日,昆明市中级法院、市检察院、市公安局、市环保局联合发布了《关于建立环境保护执法协调机制的实施意见》。这一意见规定,环境公益诉讼的案件,由检察机关、环保部门和有关社会团体向法院提起诉讼。环保部门在环境污染事故鉴定、损害后果评估方面,对环境公益诉讼提供技术支持。市中级法院设立环保审判庭,有条件的基层法院也可以设立环保审判法庭,对涉及环境的刑事、民事、行政案件及执行实行"四合一"的审判执行模式,并积极探索环境公益诉讼和跨行政区域的环境污染诉讼。此外,昆明市检察院设立了环境检察处。

2008年9月8日,无锡市中级法院和市检察院联合发布了《关于办理环境民事公益诉讼案件的试行规定》。依此规定,环境民事公益诉讼是指法院、检察院为了遏制侵害环境公益的违法行为,保护环境公共利益,根据职能分工,通过支持起诉、督促起诉、提起民事公益诉讼案件3种方式所实施的诉讼活动。在提起环境民事公益诉讼程序中,检察院享有不同于普通民事诉讼原告的诉讼地位。支持起诉,即检察院对涉及侵害环境公益的民事案件,符合规定条件的,可以支持相关单位或者个人起诉。督促起诉,即对于侵害环境公益的违法行为,相关环保部门依法应当进行查处而未查处的,检察院应当向其发出《检察建议书》,建议其依法履行查处职责。对涉及侵害环境公益的民事案件,经审查认为相关环保部门对侵害环境公益的违法行为已经依法进行过行政处罚,但侵害行为造成的环境损害后果尚未处理的,可以督促相关环保部门起诉,并制作《民事督促起诉书》。提起民事公益诉讼,即检察院对涉及侵害环境公益的民事案件,对被督促起诉单位无正当理由未向法院起诉,不提起公益诉讼可能导致环境公益遭受进一步损害的,可以向法院提起环境民事公益诉讼,并制作《民事公益诉讼起诉书》。检察院提起环境民事公益诉讼免交诉讼费用。公益诉讼成立的,判决被告履行相应责任,包括判决被告承担环境恢复费用,并承担监测、化验、鉴定、评估等费用及法院在审判中依职权发生的实际费用。2008年12月8日,无锡市中级人民法院、市人民检察院、市政府法制办联合发布了《关于在环境民事公益诉讼中具有环保行政职能的部门向检察机关提供证据的意见》。这一意见规定,检察机关在办理环境民事公益诉讼案件中,需要由相关环保部门提供勘验、监测、检测、鉴定、化验、评估等技术数据结论的，可以发出《协助提供证据材料通知书》，相关部门应当全面收集并及时提供有关证据材料；环境公益诉讼请求成立的，法院判决此费用由被告承担。

由地方政府或行政主管机关作为原告提起公益诉讼的成功案例，是轰动一时的我国海洋生态环境索赔第一案："塔斯曼海轮"溢油案。2002年11月23日马耳他籍"塔斯曼海轮"与中国大连"顺凯一号轮"在天津渤海海域发生碰撞，导致"塔斯曼海轮"所载的205.924吨文莱轻质原油入海，溢油扩散面积从18平方公里至205平方公里波动变化。2004年12月经国家海洋局授权，天津市海洋局向天津海事法院提交诉状，要求"塔斯曼海轮"的船主英费尼特航运公司和伦敦汽船船东互保协会为海洋生态环境污染损害进行赔偿，索赔金额为1.7亿元。2004年12月30日天津海事法院作出一审判决，判令被告赔偿损失共计4209万元：其中包括海洋环境容量损失750.58万元，调查、监测、评估费及生物修复研究经费245.23万元；赔偿天津市渔政渔港监督管理处渔业资源损失1500余万元；赔偿遭受损失的1490名渔民及养殖户1700余万元。被告不服一审判决结果，上诉至天津市高级人民法院。2009年，该案终审判决，判令被告赔偿1513.42万元人民币。由于该案包含10个案件，其中由天津市海洋局最终就海洋生态损害获赔的金额，并未为外界所知。该案成为首例由我国海洋主管部门依法代表国家向破坏海洋生态的责任人提出海洋生态损害赔偿要求的案件，亦成为迄今国内就海洋生态破坏事件作出的首次判决。

2001年5月，陕西省丹凤县人民政府向商洛地区中级人民法院提起民事诉讼，要求"9·29"特大氰化钠泄漏丹江案被告湖北省枣阳市金牛公司、陕西凤县四方金矿有限责任公司和胡宝林、邓小琦等赔偿由此事引起的环境污染损害费胜诉，最终由陕西省商洛地区中级人民法院判决获赔865.62万元。[①]

浙江省积极探索环境公益诉讼，在省级和市县层面积极探索人民检察院和环保部门长效协作机制，联合出台了相关措施，依靠司法推进环境执法，增强环境执法刚性，防范环境污染，捍卫环境公共利益，张扬环境保护的公平和正义，疏导化解环境纠纷，提高公众参与环境保护积极性。如嘉兴市南湖区检察院，在环境公益诉讼方面积极探索，值得肯定。2007年，嘉兴市南湖区朱某建造橱柜厂，主要从事橱柜门板的来料加工及销售。该厂自投产以

---

① 钟青：《陕西特大氰化钠泄漏案结案丹凤县政府获环境污染损害巨额赔偿》，人民网http://www.people.com.cn/（2001年12月22日，2016年3月22日访问）。

来未办理任何环保审批手续，也未配备污水管网等基础环保设施，将污水直接排入河道，造成农户养殖的鱼类大量死亡，同时还随意排放大量粉尘和有机废气，严重影响周边居民生活。接到群众举报后，嘉兴市南湖区环保局多次要求朱某停止生产，及时补办环保审批手续，并建议其另行选址，但朱某我行我素。2009年7月，南湖区检察院和区环保局联合制定《关于环境保护公益诉讼的若干意见》，规定检察机关对环境污染案件，可根据不同的情形作出支持起诉、督促起诉和提起环境公益诉讼。随后，南湖区环保局将此案移送至区检察院。区检察院经过仔细调查，决定支持村民对该厂提起诉讼。检察机关的介入，让朱某认识到问题的严重性，他主动停止生产，拆除设备，遣散员工并做出赔偿。

2010年8月，浙江省检察院和浙江省环保厅联合出台《关于积极运用民事行政检察职能加强环境保护的意见》。《意见》规定，当事人的人身或者财产权益受到环境污染行为侵害，有起诉意愿而因证据收集困难或者诉讼能力缺乏等原因尚未起诉的，检察机关可以支持起诉。对符合《浙江省检察机关办理民事督促起诉案件的规定（试行）》督促起诉条件的，应当依法立案审查，并将审查结果书面告知环保部门或者其他依法负有环境监督职责的部门。提出了探索环境公益诉讼制度，各地检察机关和环保部门应当积极探索环境公益诉讼，鼓励有条件的县（市、区）与人民法院协调先行试点。对环保部门作为原告代表公共利益提起环境污染民事公益诉讼的，检察机关应当予以支持。

第三节　完善环境公益诉讼制度

一、我国环境法律在环境司法救济上的缺陷

我国原来的《环境保护法》规定："一切单位和个人都有保护环境的义务，并有权对污染和破坏环境的单位和个人进行检举和控告。"明确了公民的控告权和检举权，但是由于该条款是一个宣示性的条款，不足以启动公益诉讼，在实际操作层面难以发挥有效作用。2014年4月修订的《环境保护法》虽然明确了环境公益诉讼制度，明确规定了符合条件的环保组织能够对污染环境、破坏生态、损害社会公共利益的行为向人民法院提起诉讼，但这一规定没有明确公民和其他社会组织的环境公益诉讼权，环境公益诉讼制度仍需完善。

我国环境公益诉讼机制尚未形成。由于我国立法上没有明确公益诉讼制度，凡是提起诉讼的，必须是与本人有直接利害关系的或本人利益受到侵害的。在民事诉讼中，原告必须是"与本案有直接利害关系的当事人"；在行政诉讼中，原告必须是"行政机关或者行政机关工作人员的具体行政行为侵犯其合法权益"的公民、法人或者其他组织。即都强调原告与诉由的直接利益性，这实际上是不认可公益诉讼的。公共利益受损不能由公民代表公共利益起诉。在环境法领域中，受害者只能就个人的财产利益和人身利益受污染危害提起环境民事诉讼，或者对侵犯其合法权益的具体行政行为提起环境行政诉讼，而不能对没有直接侵害其利益的排污行为、行政行为提起诉讼。虽然在刑事诉讼中，由检察官而非由直接受害人提起诉讼，但是检察官是代表国家行使检察职权，而不是代表公民个人进行的，因而也不是由公民对公共利益主张权利，行使诉讼权。正因为我国法律没有规定公民对环境公益诉讼起诉资格、举证责任等方面进行规定，公民不可能仅依据《环境保护法》第6条"一切单位和个人都有保护环境的义务"之规定而提起环境公益诉讼。这样的规定使得有能力并有环保意愿的非环保团体或其他不受环境损害的公民不能对环境违法、环境侵权甚至只是纯粹环境上损害的行为起诉，不利于环境保护事业的开展，更不利于环境法治的实现。

《环境保护法》和其他环境保护单行法，只针对排污行为，并不针对行政机关的行为。然而，恰恰是行政机关的不作为或监管不力，造成了污染者的排污行为肆无忌惮，严重损害了公众的环境权益。立法上缺少对行政机关环境管理不作为的有力监督，大大制约了公众对环境事务的参与。

《环境保护法》只规定了公民检举和控告的权利，但没有明确规定公民应该向谁检举和控告，是环境保护部门，还是公、检、法等司法机关，控告是不是包含诉讼呢，这些都没有明确规定，严重限制了公众参与环境保护作用的发挥。而在美国，任何公民都有权依法针对与自身没有直接利益关联的环境破坏行为提起诉讼，寻求司法救济。[1]

二、完善环境公益诉讼制度

作为现代环境司法制度的核心，公益诉讼制度的确立是大势所趋。我国

---

[1] 玛莎·S. 本森：《环境案件起诉资格、公民诉讼和环境清理责任分摊——历经三十五年环境诉讼的美国》，载吕忠梅、[美]王立德主编《环境公益诉讼中美之比较》，法律出版社2009年版。

要想在环境保护公众参与方面有所作为，就必须完善诉讼制度。公益诉讼是重要的司法保障，借鉴发达国家的环境公益诉讼制度，根据我国情况逐步建立环境公益诉讼制度十分迫切。

（一）修改相关法律，增加公民环境公益诉讼条款

在《行政诉讼法》《民事诉讼法》中增加环境公益诉讼条款，或由司法解释规定环境公益诉讼的基本程序。在《环境保护法》中要继续扩大原告主体资格，明确社会公众与政府机关和环保NGO同样具有环境公益诉讼权利。如规定："当环境公益遭受或者可能遭受侵害时，检察机关、社会团体或有利害关系的公民可以对妨碍人提起诉讼。"放宽原告资格标准，明确只要有环境污染和破坏资源的违法行为，已经或即将对社会公共环境资源造成不利影响的，都应当允许没有直接利害关系的人提起环境民事公益诉讼。对受害人不确定、环境权属关系不明确、受害人众多而难以确定代表人或者受害人众多而确实缺乏应有诉讼能力等情况，鼓励依法成立的环保NGO提起公益诉讼。

（二）明确行政处理的前置程序

公众对侵犯环境公益的事实，可向侵害环境公益的行为人告知停止侵害的书面通报，规定公众在履行告知义务的同时，有权向有关行政主管部门请求行政救济。在告知义务的法定期间内，若污染和破坏者未能停止侵害行为和消除负面影响，行政部门也没有采取切实有效措施时，公众可以选择向法院提起环境行政公益诉讼或环境民事公益诉讼。

（三）加强环保部门与司法机关的合作，不断完善诉讼规则

环保部门应该积极配合和支持检察院提起环境民事公诉，为检察机关起诉提供环境监测技术支撑。发挥民事公诉在环境保护领域的积极作用，逐步规范民事公诉行为，在国家层面没有修订法律以前，可尝试出台地方性的审判指导意见，规定具体的诉讼程序和规则。对环境民事公诉案件，侵害环境公益行为受到检察建议书后超过60日未停止侵害环境公益行为的，发出检察建议书的人民检察院可以向法院提起诉讼，请求人民法院责令侵害环境公益行为人停止侵害行为，排除危害，赔偿损失，并采取措施恢复环境原状。对环境行政公诉案件，环境保护部门或者依法负有环境监管职责的部门，收到检察建议书后超过60日未实施查处行为的，发出检察建议书的人民检察院可以向人民法院提起诉讼，请求人民法院责令其依法履行查处职责。

（四）建立诉讼奖励机制

鼓励公众参与环境公益诉讼，减免原告的诉讼费用，对胜诉或虽然不完全胜诉但对公益促进有贡献的原告合理的律师费判由被告承担，并对胜诉的原告

进行必要的奖励。由于在环境民事公益诉讼中，原告要为诉讼花费大量的人力、物力和财力，而诉讼动力是出于对社会公共事务的关心，对于原告保护公共环境利益的行为通过奖励予以鼓励，有助于促使更多的人加入其中。

第九章 发达国家环境保护公众参与

第一节 发达国家环境保护公众参与状况

一、发达国家环境保护中的公众参与

环境保护公众参与是与环境问题相伴而生的。环境问题自古就有，只是在人口数量不多、生产规模不大的情况下没有引起社会的普遍关注。产业革命以后，随着社会生产力的发展，人类对环境的影响越来越大，到 20 世纪中叶，环境问题已成为威胁人类生存的重大问题。从 20 世纪 30 年代开始的西方"八大公害"事件[①]，在最先发展工业文明的发达国家产生了恐慌，人们对环境威胁产生了危机感。由于当时的法律并未把环境侵害纳入调整范围，政府部门的职责范围中也没有把解决环境问题纳入其中，各种行政制度也未为环境受害者提供任何合法的利益诉求和救济渠道，导致大量环境受害者得不到合理补偿和公正对待，污染事件一再爆发。在这种情况下，广大公众为了自身的生存与发展，纷纷走上街头，通过游行、示威、抗议等方式，要求政府采取有力措施治理和控制环境污染，防治环境破坏。

在环境运动的强大社会压力下，西方国家开始认识到环境问题的重要性及环境治理的必要性。从 20 世纪 60 年代末开始，西方国家开始进行大规模环境整治，专门设立了国家级的环境管理机构，对环境问题实行直接干预，并颁布实施了一大批控制污染、保护生态的法律。这些治理举措，除了授予政府部门环境管理职责、惩罚环境污染者破坏者、进行环境保护宣传教育之

[①] 20 世纪 30—60 年代，西方工业化国家发生了马斯河谷事件、多诺拉烟雾事件、伦敦烟雾事件、水俣病事件、四日市哮喘事件、米糠油事件、痛痛病事件、洛杉矶光化学烟雾事件等严重的公害事件。我国学者将上述环境污染事件合称为"八大公害事件"。80 年代后又发生了一系列新的严重公害事件，为示区别，又将上述事件称为"旧八大公害事件。"

外，重要的一点就是确立公众参与原则，为公众直接参与环境决策提供明确的制度渠道。在这方面的典型立法为美国1969年《国家环境政策法》。该法正式确立了环境影响评价制度，并规定环境影响评价过程中要听取受影响者意见。1978年11月，美国总统环境质量委员会公布《国家环境政策法实施条例》对公众参与作了进一步的详细规定，受到世界各国的效仿。当下，环境影响评价已经成为公众参与环境保护的最基本制度，二者彼此关联、密不可分，以至于狭义的公众参与有时就被等同于环境影响评价。除此之外，环境立法和重要环境决策之时举行听证、社会监督、公益诉讼等制度也为公众参与环境治理提供了合法途径。除此之外，公民或各类社会团体，在法律允许的活动范围之内，通过宣传教育、慈善捐赠、技术培训、义务植树、减排节能等各种方式亲身从事有益于保护环境的社会实践，也成为公众参与环境保护的重要形式。

在西方发达国家，公众参与环境保护的实践与环境治理成为政府的主要职能几乎同步，政府在将环境保护纳入公共事务管理范围的最初时期，就把公众参与作为环境治理必须坚持的重要原则。在美国，环境运动就有鲜明的"自下而上"草根运动的特质[1]。伴随着大众环境意识的觉醒，一方面，大型环境保护组织无论是在资金积累、影响力还是成员人数上均快速扩张；数以百万计的普通市民改变了他们的日常生活习惯。另一方面，公民通过环境诉讼参与环境治理与保护的案例在范围与数量上都发生急剧变化[2]。正是由于环境运动的持续发展，使得政治家们逐渐关注环境问题，环境问题于是成为重要的政治议题，列入政策议程，各国相继成立独立的环境保护部门。在欧洲，以生态可持续、社会公正、广泛的民主以及和平主义为核心价值的绿党在20世纪70年代后期的广泛兴起表现了公众对环境保护议题的重要关注，并开辟了公众通过选举投票参与环境保护的政治途径。

从20世纪60年代后期开始到80年代兴盛的"西方环境运动"对政治产生了持久的影响力，并经历了最广泛的制度化过程[3]，到今天，政策制定者主要致力于从两个方面入手解决当前面临的环境问题，一是寻求环境问题的科

---

[1] D. T. Kuzmiak. The American environmental movement [J]. *The Geographical Journal*, Vol. 157, No. 3, November 1991, pp. 265~278.

[2] Ibid.

[3] [美] 克里斯托弗·卢兹主编：《西方环境运动：地方、国家和全球的向度》，徐凯译，山东大学出版社2005年版，第1页。

学解决手段；二是强调公众及利益相关者的参与①。

政策制定者之所以强调环境治理中的公众参与，公众参与之所以有可能对环境治理产生积极作用，其主要原因在于环境问题的普遍化与复杂性意味着政府不可能单独依靠自己的力量完成保护环境这一重大问题，它需要来自企业、第三部门和普通公众各种力量的支持与合作。联合国欧洲经济委员会的现任主席 Jan Kubis 表示，在回应全球气候变化的政策制定与执行中吸纳公众与市民生活组织并不是一个可选择的问题，而是必需的②。联合国环境规划署认为："实现可持续发展的前提之一是公众广泛参与到决策制定过程中。"③ 人们如此寄希望于公众参与，那么公众参与有何实际效果？2007 年，美国国家研究会应美国国家环境署、能源部、食品药品管理局的要求，成立了"环境评估与决策中的公众参与"小组，受命评估环境治理中的公众参与能否以及如何推进环境保护与治理；作为该小组的研究成果《国家评估与决策中的公众参与》一书发表。该书的一个重要结论是，当操作得当时，公共参与将有助于改进决策的质量与合法性，有助于决策过程中所有参与者的能力建设，有助于导向更好的环境质量及其他社会目标。与此同时，公众参与还能够增进参与各方的信任与理解。④ 正因为此，在环境保护中推行公众参与原则得到了西方发达国家各国政府及各种政治、社会力量的认同，并在与环境密切相关的环境保护、公共卫生、交通建设、土地开发、能源基础设施建设等领域有着广泛的应用。

二、发达国家环境保护公众参与的主要特征

在当代社会，环境保护公众参与是公众对社会公共生活的参与在环境保护领域的延伸，表现出公众对关系到自身生活质量和生存价值的公共事务的关注。综合发达国家环境保护发展历程来看，现代社会中的环境保护公众参与具有以下主要特征：

第一，环境保护公众参与具有阶段性特征，从历史进程来看公众参与逐

---

① Felix Rauschmayer, Jouni Paavola and Heidi Wittmer, European Governance of Natural Resources and Participation in a Multi—Level Context: An Editorial [J]. *Environmental Policy and Governance*. 19, 141~149（2009）.
② 联合国欧洲经济委员会网站，2016 年 1 月 18 日浏览。
③ 联合国环境规划署网站，2016 年 1 月 18 日浏览。
④ Thomas Dietz and Paul C. Stern, Editors, *Panel on Public Participation in Environmental Assessment, PublicParticipation in Environmental Assessment and Decision Making* [M], The National Academies Press, Washington D. C. 2008.

步走向法律化和制度化。有学者把环境保护公众参与分为三个阶段①，20世纪70年代之前为"前"公众参与阶段，主要采取集会、游行、抗议、请愿等对抗性方式进行，环境保护群众运动基本上处于松散状态，未形成政治力量，也缺乏正式的制度管道。20世纪70—90年代初，公众开始形成政治力量，涌现了绿党等一批有政治影响力的政党，公众参与逐步法律化、制度化。20世纪90年代以后，公众参与成为各国环境保护领域的普遍做法，与环保有关的相关立法均明确承认公众参与的合法性并对其具体内容、参与程序作出规定，公众参与的范围更加广泛、形式更加多样、手段更加便利。

第二，公众参与的社会事务领域越来越宽广。早期公众参与主要针对重大污染事件，其功能首先在于为环境受害者寻求救济；其次在于督促政府重视环境问题，采取措施保护环境；最后在于宣传环境的重要性，号召社会公众保护环境。随着社会的发展，民众环保意识已有大幅提高，各国政府更是普遍把保护环境纳入其职责范围，在这种情况下，公众参与的范围更加宽广，手段更加多样：一方面，公众更加广泛地参与各种环境立法与决策，另一方面，公众身体力行，从点滴做起，直接从事保护环境的行动。

第三，非政府组织在公众参与中的作用越来越突出。现代社会环保力量的组织化程度越来越高，各种环保非政府组织（NGO）在公众参与中发挥着中介与桥梁的作用。相对于分散的个人，非政府组织在人员素质、经济实力、知识信息、活动策略等各个方面都有更强的优势，往往成为各种环境运动的领导者和主力军。例如，美国的民间环保组织塞拉俱乐部在公众维护环境权益、监督部门执法、发起公民诉讼方面都起到巨大作用，成为环保运动的领头羊。一些大型环保NGO的影响力甚至早已迈出国门，成为当前国际环境领域的重要力量。

第四，环境领域中的公众参与已经突破传统的国家或地方政治行政体系，步入跨国家组织（如欧盟）与全球性组织（如联合国）的决策议程中。特别是在全球层面，国际环境治理网络不仅包括了发达国家、发展中国家在内的民族国家之间的国际合作，以及欧盟、东盟等跨国地区性合作组织，而且也包括了跨国公司、国际环境NGO等来自国际社会的力量。例如，在许多重要的国际性环境会议上都会有环境NGO的身影。作为全球环境治理与协作的重要国际组织——联合国及各机构（如环境规划署）、委员会一直致力于推动国际环境治理中的公众参与，公众参与原则在所有与环境有关的联合国文件、

---

① 李艳芳：《公众参与环境影响评价制度研究》，中国人民大学出版社2004年版，第41页。

宣言、公约中均有体现。如1992年联合国环境与发展大会通过的《21世纪议程》承认公众参与是全球可持续发展进程的重要组成部分；《里约环境与发展宣言》第10条要求鼓励和发展公众对环境事务的参与权利，包括获得资料信息的权利、参与各项决策的权利和使用司法和行政程序的权利。1998年6月在欧洲经济委员主持下达成的《奥胡斯公约》（全称为《在环境问题上获得信息、公众参与决策和诉诸法律的奥胡斯公约》）是一项专门以环境治理中的公众参与为核心主题的重要条约，这一条约对公众参与的信息渠道、参与权利以及司法救济权利做了更为具体、细致的规定，要求每个缔约方应按照该公约的规定保障在环境问题上获得信息、公众参与决策和诉诸法律的权利。

第二节　发达国家环境法律中关于公众参与的规定

从20世纪后半期开始，世界上大多数国家开始制定或修改环境基本法、环境法典或其他综合性环境法律，结合本国实际在实体法和程序法上对公众参与作了规定。

一、发达国家环境法律法中关于公众参与的规定

20世纪五六十年代严重的环境污染和环境破坏现象出现以后，人们对环境问题日益关注和警觉，一些污染严重的国家开始治理环境污染，并取得了一定成效。与此同时，开始加强环境法制建设，制定或修改其环境法律。下面对世界上几个发达国家综合性环境立法中关于公众参与环境保护的规定作一介绍。

美国1969年的《国家环境政策法》以其规定"国会授权并命令国家机构，应当尽一切可能实现：国家的各项政策、法律以及公法解释与执行均应当与本法的规定一致"而成为该国的环境基本法律。该法虽然不是世界上最早的环境基本法，但它是世界上最早从科学意义的环境保护观念出发，全面、系统性地阐述国家环境保护基本政策的法律。在环境保护的基本政策中，公众参与作为与美国长期标榜的现代民主政治观念相适应的一个政策，得到了充分的体现。该法第11条规定："国会特宣布：联邦政府将与各州、地方政府以及有关公共和私人团体合作采取一切切实可行的手段和措施，包括财政和技术上的援助，发展和促进一般福利……"1976年美国通过的《联邦土地政策管理法》进一步规定了实行公众参与的具体政策——"所谓公众参与是指在制定公有土地管理规划、作出关于公有土地的决定及其制定共有土地的

规划时，给受影响的公民参与其事的机会。"在法律上，私人团体相对政府而言，属于公众的范围，因此，"与私人团体合作"的措辞表明政府与特殊的公众——私人团体合作的政策。在该法的框架内，美国联邦和各州的环境立法对公众参与保护环境的实体性权利和程序性权利作了详尽的规定，其判例法也对公众参与权进行了一些阐述和扩展，可操作性强。一些行政机构还颁布了公众参与环境保护的建议和指南，如美国环境公平咨询委员会发布了"公众参与的模范计划"，该计划阐述了公众参与环境保护的背景、计划、核心价值、公正公平地参与环境保护的清单等内容。一些市县也制定了公众参与环境保护的具体办法，如蒙特哥马里（Montgomery）县颁布了《关于公众参与土地使用决策的指南》。目前，公众参与已经事实上成了美国环境法的一个基本原则。

日本 1993 年颁布的《环境基本法》在第一章"总则"部分第 9 条规定了公民的环境保护职责，即"国民应当根据其基本理念，努力降低伴随其日常生活对环境的负荷，以便防止环境污染。除前款规定的职责外，国民还应根据其基本理念，有责任在自身努力保护环境的同时，协助国家或者地方公共团体实施有关环境保护的政策和措施"。为了加深公民对环境保护的广泛关心和理解，激发他们积极参与环境保护活动的热情，该法第 10 条设立了环境日。可见，这两条规定的公众参与主要是义务性的。该法在第二章"关于环境保护的基本政策"第 25 条（有关环境保护的教育、学习等）规定，国家采取必要措施，振兴环境保护教育，充实环境保护宣传活动，在加深企（事）业者对环境保护的理解的同时，提高他们参加有关环境保护活动的积极性。该法在第 26 条（促进民间组织等自发活动的措施）规定，国家采取必要的措施，促进企（事）业者、国民或由他们组织的民间组织自发开展绿化活动、再生资源的回收活动及其他有关环境保护的活动。该法还在第 27 条（情报的提供）规定了国家要适当地为法人和个人提供环境状况及其他有关环境保护的必要情报。可见第二章所涉及的公众参与规定基本上是建立在国家职责基础上的权利性规定。另外，该法第 31 条（公害纠纷的处理与救济被害者）对权利救济作了原则性规定。第 34 条（旨在促进地方公共团体或民间团体发起的活动）规定，为促进民间团体保护全球环境保护的活动，国家有义务提供信息和其他必要的措施。

加拿大 1997 年颁布的《环境保护法》前言认可了"通过与各省、地区和土著人民的合作"的重要性，并在第 2 条规定了国家三项保证公众参与的职责，一是"鼓励加拿大人民参与对环境有影响的决策过程"，二是"促进由加拿大人民保护环境",三是"向加拿大人民提供加拿大环境状况的信息"。在国家保障职责的基础上,该法设立了第二章"公众参与",规定了公众的环境登记权、自愿报告权、犯罪调查申请权和环境保护诉讼、防止或赔偿损失诉讼等内容。其中,环境保护诉讼类似于美国的"公民诉讼",其提起者并非一定是受害者,该项诉讼建立在犯罪调查未进行、调查不充分或调查结论不合理的基础上;防止或赔偿损失诉讼建立在自己权利受到或即将受到侵害的基础上。加拿大环境法关于公众参与权利的规定十分具体,如环境登记权涉及登记的建立、形式和方式等内容,环境保护诉讼权涉及个人可以提起诉讼的情形、两年诉讼期间、不可以对救济行为提起诉讼、例外、诉讼通知、向总检察长送达、其他诉讼参与人、举证责任、辩护、事业单位支付赔偿金、救济、磋商救济令、对磋商救济命令的限制、和解或中断、和解及命令、费用等内容。另外,该法还在其他章节规定了相应的公众参与权利或与公众参与权利配套的制度措施,如该法的第三章规定了与公众参与密切相关的信息收集、目标、指导方针和行为准则等内容。

法国1998年颁布了《环境法典》,公众参与的原则一直贯穿其中。该法第110.1条规定:"……从事对国家这些共同财富的妥善保护、开发利用、修缮恢复及良好管理必须在有关法律规定的范围内,遵照下列原则进行……"其中的第四个原则是参与原则,对于该原则,该法规定:"根据第1项指出的参与原则,人人有权获取有关环境的各种信息,其中主要包括有关可能对环境造成危害的危险物质以及危险行为的信息。"该法还专门设立第二编"信息与民众参与",分为对治理规划的公众参与、环境影响评价的公众参与、有关对环境造成不利影响项目的公众调查和获取信息的其他渠道四章,具体细致地规定了公众参与环境保护的目的、范围、权利和程序。该编所涵盖的公众参与原则包含增加透明度和有组织的咨询等内容。其中,关于公众调查的法律规则是实施增加透明度和有组织咨询原则的基础。关于公众调查的目的,该法第三章(有关对环境造成不利影响项目的公众调查)第123.3条规定:"第123.1条指出的调查目的:一方面向群众发安民告示;另一方面在从事影响评价之前,征求群众的意见、建议和反建议,以便使得职能部门更加全面地掌握必要的信息。"

俄罗斯在环境基本法中也对公众参与问题作了规定,2002年实施的《俄罗斯联邦环境保护法》把公众参与权的规定分为两大类,一是联邦和联邦各主体的保障职责,二是公民的基本权利。关于联邦和联邦各主体的保障职责,该法在第5条和第6条规定,俄罗斯联邦国家权力机关、联邦各主体国家权力机关在环境保护领域保证向居民提供可靠的环境保护信息；第 13 条规定国家机关和公职人员帮助公民、社会团体和其他非商业性团体实现环境保护权利的职责，规定可能损害环境的项目布局必须考虑居民的意见或公决的结果，并规定阻碍公民、社会团体和其他非商业性团体进行环境保护活动的，应依照规定承担责任；第 15 条规定编制俄罗斯联邦生态发展规划和俄罗斯联邦各主体环境保护专项规划时，应当考虑公民和社会团体的建议。关于公民的基本环境权利，该法第 11 条规定"每个公民都有享受良好环境的权利，有保护环境免受经济活动和其他活动、自然的和生产性的非常情况引起的不良影响的权利，有获得可靠的环境状况信息和得到环境损害赔偿的权利"之后，规定了公民成立社会团体、基金和其他非商业性组织的权利，居住地环境状况及其保护措施的信息请求权，举行会议、集会、示威、游行、纠察、征集请愿签名和公决权，提出社会生态鉴定建议权和参加权，协助国家机关进行环境保护的权利，申诉、申请和建议权，环境损害赔偿诉讼权及法律规定的其他权利。此外，该法第 68 条还规定了公民、社会团体和其他非商业性团体的环境保护社会监督权，并将其目的定位为"实现每个人都有享受良好环境的权利和预防环境保护违法行为的发生"。

二、发达国家环境基本法关于公众参与规定的特点

综合以上国家的环境基本法、环境法典或其他综合性环境法关于公众参与的规定，可以归纳出以下几个共同特点：

科学地界定环境法治的主体结构模式，确认公众的法律参与地位。传统的环境保护法治结构一般只包括管理者（政府）和被管理者（如排污企业），由于环境保护行政管理关系可能涉及双方当事人权益的救济和平衡问题，所以司法机构被作为纠偏力量纳入进来。由于环境行政管理者和被管理者的行为均可能对公共的环境产生广泛的影响，因此，在强调社会利益和个人权利优先的现代民主社会，公众的公共环境利益被广泛渲染并得到大多数民主国家的重视，其保护被纳入环境立法之中。这样，环境法治的主体结构除了包括司法监督下的管理者和被管理者之外，还包括公众。为了保护公众的参与和监督权益，一些国家的环境立法和司法判例又确认了公民诉讼的机制。于是，司法监督框架内的管理者、被管理者和公众的环境保护法治结构就被确立了。上述国家的环境基本法等综合性立法关于公众参与机制的设定也说明了这一点。

把环境保护的公众参与确定为公民的一项基本民主权利或民主社会的基

础，通过设立专门的章节或把公众参与广泛地融入法律条文之中来体现公众参与的环境法基本原则地位。虽然日本、俄罗斯的环境基本法没有明确地把公众参与规定为环境法的一个基本原则，但实际上，公众参与的精神、要求和指导思想还是基本上贯穿于环境基本法的主流条文之中。因此，可以说，公众参与的环境法基本原则和社会文化还是被体现出来了。

重视与参与权相关的环境教育权和环境信息知情权。科学的有秩序的公众参与应该建立在对环境科学有充分了解的基础上。因此上述国家的环境法非常重视环境科学知识的普及和教育。另外，了解相关的环境信息也是科学和民主参与的前提。为此，这些国家的综合性环境法都非常重视公民和社会团体对环境信息的适当获取，并规定了可获取信息的范围、获取渠道和获取程序。

公众参与权的规定既有公民和社会团体参与权利的规定，也有政府保障公众参与职责的规定，而且两者紧密配合。基于公民权利保护的重要性，这些国家一般都先规定国家的保护职责，再规定公民权利的范围和行使程序。值得说明的是，在欧盟、美国、加拿大等国家和地区，公众尤其是非政府的环境保护组织参与环境保护有关的立法和决策已经制度化了。参与方式的正式性和透明性已经成为这些国家公众参与的共同特色。

公民参与的权利广泛，既有政治性、社会性和经济性权利，还有诉讼权利；既有实体性权利，也有程序性权利；既有参与决策的权利，也有参与规划和其他影响自己环境权益活动的权利。除了美国外，这几类权利的规定采取总则和分则规定相结合的方式进行布局，总则的规定比较抽象，分则的规定则比较具体、细致。

第三节　发达国家环境保护公众参与的主要内容

西方发达国家在加强环境法制建设、制定或修改其环境法律的同时，着手建立和完善环境保护具体制度并在具体制度中强调公众参与的作用、规定了公众参与的途径和方式。以下重点介绍美国环境影响评价、环境标准制定与修订、环境许可等制度中的公众参与。

一、发达国家环境影响评价公众参与

（一）环境影响评价制度概述

环境影响评价制度是环境影响评价在法律上的表现，是法律对环境影响

的调查方式、评价程序、范围、内容及法律后果等规定的一系列相对完整的实施规则系统。中国《环境影响评价法》第 2 条规定环境影响评价"是指对规划和建设项目实施后可能造成的环境影响进行分析、预测和评估,提出预防或者减轻不良环境影响的对策和措施,进行跟踪监测的方法与制度"。

环境评价包括环境现状评价、环境回顾评价和环境影响评价三类。环境影响评价,也称环境质量预断评价,各国因环境保护的需要不同,所涉及的适用范围、评价方式也有所不同,其对环境影响评价的定义也不同。譬如,美国的环境影响评价的对象不仅包括建设项目,还包括政府行动和规划,因而其评价的程序也呈现多样化的特点。中国环境影响评价范围包括建设项目、区域开发项目、发展规划,立法的环境影响评价。

环境影响评价制度几乎是世界各国均采用的一种环境行政管理制度。1969 年,美国的《国家环境政策法》最早确立环境影响评价制度,影响非常广泛,70 年代末美国各州基本上都建立了各种形式的环境评价制度,纽约州在 1977 年还专门制定了《环境质量评价法》。法国 1976 年制定的《自然保护法》规定了环境影响评价制度,1977 年又在政令中具体规定了环境影响评价的范围、内容和程序。环境影响评价制度在西方发达国家起到了协调环境保护与经济发展关系的作用,对于加强有关项目和规划、立法的环境影响管理,预防环境纠纷的产生,保护公民环境权具有重要意义。

中国早在 1979 年《环境保护法〈试行〉》首次以法律形式确立了环境影响评价制度,在这部法律中规定了要实行环境报告书(表)制度。2002 年 10 月 28 日中国全国人大常委会通过了《环境影响评价法》。除中国外,目前制定专门的环境影响评价立法的国家主要有加拿大、韩国等,加拿大 1995 年制定了《环境影响评价法案》,韩国于 1993 年制定了《环境影响评价法》。

(二)美国环境影响评价制度中的公众参与

美国环境影响评价制度的主要法律依据是 1969 年的《国家环境政策法》及其后的修正案和美国国家环境质量委员会(Council on Environmental Quality,CEQ)制定的《关于实施国家环境政策法程序的条例》即《CEQ 条例》。美国的《国家环境政策法》设计了贯彻"预防为主"原则的环境影响评价制度。到 20 世纪 70 年代末美国绝大多数州相继建立了各种形式的环境影响评价制度。此后,联邦政府许多部门开始考虑将环境评价结合到部门的发展规划中,房屋与城市开发部在 1981 年编制了《区域环境影响评价指南》,旨在帮助评价在大城市范围内的开发或再开发及其可选方案的环境影响;加利福尼亚州在 1986 年通过了《加利福尼亚环境质量法》(CEQA),要求将环境影响评价的范围从项目拓展到政府的决策、规划和计划。1997年纽约州制定了专门的《环境质量评价法》。

1. 关于评价范围的规定

1969年美国《国家环境政策法》第一篇第2节第2条第1~2款规定："联邦政府的一切官署应在作出可能对人类环境产生影响的规划和决定时，采用一种能够确保综合利用自然科学和社会科学以及环境设计工艺的系统的多学科的方法；与根据本法第2节的规定而设立的环境质量委员会进行磋商，确定并发展各种方法和程序，确保当前尚不符合要求的环境舒适和环境价值在作出决定时与经济和技术问题一并得到适当的考虑。"该条第3款规定："在对人类环境质量具有重大影响的每一项建议或立法建议报告和其他重大联邦行动中，均应由负责官员提供一份包括下列各项内容的详细说明：拟议中的行动将会对环境产生的影响；如将建议付诸实施，不可避免地将会出现的任何不利于环境的影响；拟议中的行动的各种选择方案；地方上对人类环境的短期使用和维持和加强长期生产能力之间的关系；和拟议中的行动如付诸实施，将要造成的无法改变和无法恢复的资源损失。"

2. 关于环境评价（EA）的编制

依照美国《国家环境政策实施程序条例》，除非一项拟议行为被联邦机构确定为对环境没有显著影响而排除适用《国家环境政策法》，否则，各机构都必须就行为可能造成的环境影响编制环境评价（EA）或环境影响报告书（EIS）。为了帮助联邦机构进行规划和决策，各机构还可以在任何时候为任何行动准备环境报告书（ES）。编制EA是为了以此作为根据而判定其行为对环境可能产生的影响，其结果是由联邦机构对行为的环境影响作出一个基本判断，并以此为依据作出如下结论：该行为对环境不会产生重大影响，或者应当在EA的基础上继续编制EIS。但是，当主管机构已经决定准备EIS时，则可以不准备ES。可见，我们可以把EA看作编制EIS的前置程序，只有当EA认定拟议行为可能对环境产生显著影响时，才可以要求主管机构编制EIS。

3. 关于环境影响报告书及其编制的规定

美国《国家环境政策法》规定环境影响报告书的内容主要包括：（1）拟议行动的环境影响；（2）实施该拟议行动不可避免地会产生的对环境的负面影响；（3）拟议行动的替代方案；（4）对人类环境的短期利用的地方利益与维持和提高其长期生产力之间的关系；（5）实施该行为所可能引起的任何无法恢复和无法补救的耗损等。编制环境影响报告书（EIS）是美国全面实施环境影响评价制度的核心内容。从法定的EIS编制程序看，主要包括项目审查、范围界定、EIS 草案的准备、EIS 最终文本的编制阶段，而充分征求和考虑公众意见贯穿于编制环境影响报告书的全过程之中①。

4. 关于替代方案的规定

在对人类环境有重大影响的行动中考虑替代方案最初是以判例法的形式确立下来的。随后制定的《国家环境政策法》和环境质量委员会颁布的《关于实施国家环境政策法程序的条例》（CEQ 条例）吸收了此成果，并进一步强调了替代方案在环境影响报告书中的核心地位。CEQ 条例规定，环境影响报告书，应以比较的形式陈述拟议行动及其替代方案的环境影响，从而清楚地阐明问题的含意并为决策者和公众的选择提供明确的依据。替代方案又分为基本替代方案（Primary Alternative）、二等替代方案（Secondary Alternative）和推迟行动；依照替代方案的内容可以将替代方案分为不行动方案、环境首选方案、行政机关首选方案和其他替代方案。② 对替代方案的特别重视和对补救措施的要求是美国环境影响评价报告书的一个突出特点。

5. 关于公众参与的规定

美国的环评程序有两个阶段直接包含公众参与：一是行政机关认定其拟议的行为无重大环境影响，出具"无重大影响认定"文件，公众予以审查并具有最终的决定效力的阶段；二是在环评"报告书的评论和定稿"阶段。在美国，一旦主管机构决定为其拟议行为编制环境影响报告书（EIS），它就必须在《联邦公报》上公布其将准备编制 EIS 的"意思公告"，为关注的人士提供必要的知情信息，公告包括拟议行为、接受公众意见的最后期限、准备 EIS 草案与最终文本的初步时间表，同时还要宣布召开范围会议，并对正在考虑的替代行为和可能的环境影响进行确认。发出意思公告之后，环评进入"scoping"阶段。"scoping"是主管机构决定在 EIS 中将要涉及的问题之范围并对重要问题予以确认的公众参与程序，具体内容包括：邀请公众与受影响机构之参与；决定 EIS 之范围；决定哪些问题是重要的、应当在 EIS 中重点说明的；哪些问题是不需要详细讨论的；决定是否由主导机构准备全部 EIS 还是将之分配给协作机构完成；协调 NEPA 程序与其他必须程序间的关系；说明准备环境评价与该机构决策制定之间的关系；预估 EIS 的篇幅与期限；在必要时可以召开范围界定会议对以上事项进行确定。在 EIS 的草案制定过程中，

---

① 汪劲：《中外环境影响评价制度比较研究——环境与开发决策的正当法律程序》，北京大学出版社 2006 年版，第 76 页。
② 于铭：《美国环境影响评价中的替代方案研究》，硕士学位论文，中国海洋大学 2006 年。

主管机构应当经常召开公众听证会或公众会议以积极地寻求公众对于该拟议行为的意见，公众也可主动地表示对拟议行为的意见。草案拟定之后，主管机构应向相关的联邦、州和地方机构以及申请人发送草案听取他们的意见，还应根据需要将草案复印件送交任何提出申请的个人、团体和机构。草案确定后，主管机构要向环保部门提交并在联邦公报发布草案的实用性公告，并对其充分性进行说明。在公告经过 90 日或最终文本实用性公告 30 日后，主管机构才能针对拟议行为作出决议。在此期间，主管机构应当允许任何有利害关系的个人与机构对该机构是否遵守 NEPA 的状况发表意见。所有公众意见应当在主管机构发布 EIS 草案之后送交给环保部门。在编制最终文本时，主管机构必须在最终文本中设专章以载明公众意见以及该主管机构对于公众意见的答复。当最终文本编制完毕，主管机构应当再次就该文本征求公众意见，意见期为 30 日。在 30 日之后，如果没有公众意见，主管机构才能实施拟议行为。最后，在 EIS 的审查阶段主管机构也"必须尽勤勉之义务以使公众参与 NEPA 之程序"，以各种方式听取公众意见，并将对 EIS 草案之评论及对评论之答复均载入 EIS 的最终文本中。[①] 美国的环评程序给了公众很大的介入范围，让公众最大自由地与机关合作，共同决定立法建议或者建设项目的实施情况。[②]

（三）其他国家环境影响评价制度中的公众参与

20 世纪 80 年代末，由于认识到单个建设项目环境影响评价的不足，许多国家开始将环境影响评价的应用扩展到政策层次，战略环境评价应运而生，并制定相应的法律法规和实施原则，同时在环境影响评价法律中规定公众参与的要求。

日本在 1997 年制定了《环境影响评价法》，该法规定公众参与环境影响评价的听证会程序和公众监督程序，其中第 18 条第 1 项规定："从保护环境的角度出发，凡是对相关环境影响评价报告（EIS）草案有意见的人，在第 16 条规定的公告时间开始至公开审查时间结束后两周内，可以以文件的方式给项目发起人明确其意见。"[③] 在日本，环境影响评价的第一步是要对建设项目是否为法定环评事项进行判断，并将结果报地方政府长官（都、道、府、县

[①] 汪劲：《环境影响评价程序之公众参与问题研究——兼论我国〈环境影响评价法〉相关规定的施行》，载《法学评论》2004 年第 2 期。

[②] 王曦：《美国环境法概论》，武汉大学出版社 1992 年版，第 225 页。

[③] 耿延斌：《浅谈日本的环境影响评价制度》，武汉大学环境法研究所网，http://www.riel.shu.edu.cn（2016 年 3 月 22 日访问）。

知事以及有关乡、镇、村长）。在此过程中，需要听取公众意见，以对拟议项目实施可能产生的环境影响作出预测。第二步是确定对项目进行环境影响评价的方法，也即制作"方法书"。方法书制作完毕后应报各主管当局审批，并在都道府县知事指定的区域内将方法书的主要内容予以公告，提供为期一个月的公众阅览期。公众可从方法书公告之日起两周内向项目者提出，项目者应当将有关居民发表意见的概要以及回应等内容送交相关地方政府长官征求意见，在此基础上再决定环境影响评价书的内容。第三步是"准备书"阶段，准备书是事业者对对象事业进行环境影响评价以后为听取意见而制作的环境影响评价书面文件，包括来自不同方面的各种意见和对该事业实施环境影响评价的内容与结论。事业者向地方政府长官提交准备书后，还应当将其主要内容在一定区域内公布一个月，以听取公众的意见，公众意见可在准备书公告之日起两周内提出。第四步是"评价书"阶段，即在准备书的基础上由事业者根据各种不同意见和主管当局的建议制作评价书，内容除包括准备书记载事项外，还包括各种意见概要、地方政府长官意见以及事业者自身的意见。评价书制作完成后也要在一定区域内公布一个月供公众阅览。[①]

加拿大在1995年颁布了《环境评价法》，对环境评价作了全面规定，其中也包括战略环境影响评价。1999年加拿大还发布了《政策、规划和计划提案环境评价内阁指令》，它适用于提交各个部长和内阁批准并在实施过程中可能产生显著影响的政策、规划和计划提案，该指令明确将政策、规划和计划提案的环境评价称为"战略环境评价"。在《环境评价法》前言部分规定：加拿大政府将努力促进公众参与由加拿大政府或经加拿大政府批准或协助实施项目的环境评价，并提供环境评价所依据的基础材料，把确保公众有机会参与环境评价程序作为环境评价法的目的之一。该法在环境评价程序中明确规定了公众对环境影响评价的参与。

俄罗斯于1995年11月23日颁布了《俄罗斯联邦生态鉴定法》，将生态鉴定的对象规定得十分广泛：将实施后可能对自然环境造成不良影响的俄罗斯联邦各种规范和非规范性法律草案，须经俄罗斯联邦国家权力机关核准的，作为预测俄罗斯联邦生产力发展和布局依据的各种材料等，都必须进行生态鉴定。俄罗斯联邦环境和自然资源保护部于1994年7月18日公布的《俄罗斯联邦环境影响评价条例》虽然内容不多，但第五部分对公众参与环境影

[①] 汪劲：《环境影响评价程序之公众参与问题研究——兼论我国〈环境影响评价法〉相关规定的施行》，载《法学评论》2004年第2期。

评价的公众听证程序作了明确规定。

荷兰在 1987 年建立了法定的环境影响评价制度，要求对废弃物管理、饮水供应、能源与电力供应、土地利用规划等进行环境影响评价；1989 年荷兰修改了《国家环境政策规划》，规定了荷兰到 20 世纪末的环境战略，这个《规划》的宗旨就是要求对所有可能引起环境变化的政策、规划和计划作环境影响评价。

新西兰 1991 年制定的《资源管理法》规定了两类环境评价，一是政策和规划的环境评价，另一是资源开发许可的环境评价。作为环境评价对象的政策和规划包括三个层次：一是中央政府制定的不同领域的国家政策报告；二是各地区政府制定的地区政策报告；三是各地方政府，包括区和市制定的区域规划。

在我国台湾地区，环评的第一阶段为"审查环境影响说明书"。主管机关应当于收到环境影响说明书后 50 日内，作成审查结论并公告。如果审查结论认为开发项目可能对环境有重大影响，应继续进行第二阶段环境影响评估，且开发单位应将环境影响说明书分送有关机关，并于开发场所附近适当地点陈列或揭示，期间不得少于 30 日，并于新闻报纸刊载开发单位之名称、开发场所、审查结论及环境影响说明书陈列或揭示地点。陈列或揭示期满后，开发单位应举行公开说明会。有关机关或当地居民对于开发单位之说明有意见的，应于公开说明会后 15 日内以书面形式向开发单位提出，并通知主管机关及目的事业主管机关。第二阶段为"范畴界定"阶段，在此阶段，主管机关应当邀请目的事业主管机关、相关机关、团体、学者、专家及居民代表界定评估范畴，包括确认替代方案、应进行环评的项目、环评方法及其他相关事项。第三阶段为"编制环境影响评估报告书初稿"。在报告撰写中，开发单位应参酌主管机关、目的事业主管机关、有关机关、学者、专家、团体及当地居民所提意见。在初稿中应当包括对有关机关意见之处理情形以及对当地居民意见之处理情形。第四阶段为"初稿审查及其编制正式稿"阶段。主管机关收到评估书初稿后 30 日内，应会同主管机关和其他有关机关，并邀集专家、学者、团体及当地居民，进行现场勘察并举行听证会，于 30 日内作成勘察现场记录和听证会记录，连同评估书初稿一同送交主管机关审查。开发单位依照主管机关的审查结论修正报告书初稿，做成正式的环境影响报告书，经主管机关认可后,将正式的报告书及审查结论摘要公告,并刊登公告。①

(四) 发达国家公众参与环境影响评价的经验

发达国家环境影响评价范围较宽,建立了关于政策、立法等的战略环境影响评价制度,形成了比较成熟的公众参与环境影响评价机制,公众积极参与环境评价活动,政府在采纳有关环境计划和规划之前,充分考虑其实施时可能会产生的环境影响,环境决策的民主化保证了决策的科学化。发达国家公众在参与环境影响评价时形成了以下经验:

环境影响评价程序中公众的范围比较广泛。从各国的立法看,主要包括:居民、居民代表人、专家学者以及专业人士、低收入阶层、少数民族人士、社会团体、与拟议行为有关的行政机关、受影响的当地政府等。②

公众参与的方式多样。发达国家公众参与环境保护的方式主要有以下种类:公告、非正式小型聚会;一般公开说明会;社区组织说明会、咨询委员会;公民审查委员会;听证会;发行手册简讯;邮寄名单;小组研究;民意调查;全民表决;设立公众通讯站;记者会邀请意见;发信邀请意见;回答公众提问;座谈会等。③

规定了不同环节下的公众参与采用不同的方式。美国在确定公众参与的时机方面,确立了以下的原则:实地参与优于评论;参与意味着公共团体有能力直接或间接影响该项拟议行为的决策;决策的责任可因及早接受公众参与而分散给参与者;在拟议行为的前期阶段,如项目审查阶段或范围界定阶段,参与采用的方式通常是咨询委员会;在拟议行为影响评价的中期阶段一般采用比较正式的参与方式,如听证会等;在拟议行为的后期阶段,参与方式可能是公开说明会、简讯、邮寄名单或公众联络人等比较简单的单方面信息的传达方式。对于听证会,不管是美国还是加拿大都确定了比较严格的适用条件,一般是拟议项目可能会对环境产生重大影响才开听证会,而不是任何有可能对环境造成影响的开发项目都需要召开听证会。

规定了公众参与的效力。一是主管机构负有回应采纳或者不采纳公众意见的义务;美国 CEQ 规则中对于主管机构对公众参与的回应作了相当积极和

---

① 汪劲:《环境影响评价程序之公众参与问题研究——兼论我国〈环境影响评价法〉相关规定的施行》,载《法学评论》2004 年第 2 期。
② 汪劲:《中外环境影响评价制度比较研究——环境与开发决策的正当法律程序》,北京大学出版社 2006 年版,第 172~180 页。
③ 叶俊荣:《环境影响评估的公众参与:法规范的要求与现实的考虑》,载《环境政策与法律》,中国政法大学出版社 2003 年版,第 212 页。

具体的规定。二是公众享有提请司法审查的权利。虽然主管机构享有对于公众意见的自由裁量权，但是其权力也不是任意行使的。如果公众对于主管机构的最终决策没能采纳其意见表示异议，或者认为主管机构的行为违反了法律，那么公众可以请求法院对该主管机构的决策进行司法审查。

规定了公众参与的制度保障。一是规定了组织保障。在美国，组织环境影响评价程序是联邦机构的职责，目的是为了确保充分独立于拟议行为的政府对于替代行为选择的公正性，从而不至于使环境影响评价的目的落空。在加拿大，尽管《环境影响评价法》第11条规定，与项目有关的联邦机关应当在环境影响评价程序中作为负责机构的角色存在，但在实践中，环境影响评价程序一般是由拟议者来负责的。二是规定了信息公开制度。信息公开不仅是公众参与政府决策的前提条件，更是公众参与环境影响评价程序的前提。尤其值得一提的是，对于信息公开，美国的CEQ条例还规定，对于政府在法定的期限内没有履行该信息公开的义务，那么公众应当享有对政府的行为进行审查，并要求法院进行救济的权利。

二、发达国家环境标准制定与修订中的公众参与

环境标准是政府公共决策的一部分，直接关系到公众利益，广泛吸引公众参与有利于决策的民主化，保护公众利益，提高公众的环境意识，最终有利于环境标准的实施。由于环境标准专业性、技术性很强，广泛听取专家意见，吸引先进企业参与环境标准的制定，有利于提高环境标准的科学性、权威性、先进性和实用性。公众参与到环境标准的制修订程序当中来，无疑是制定程序民主化的重要标志。公众是环境标准最终的遵守者，环境标准的严与松与其利益密切相关，公众参与能够促使公众积极行使权利来保障自己的利益，其会衡量污染控制的成本和自己所获得的收益，从而使环境标准更具有合理性。

美国环境标准是由法律或条例进行规定的，这里以环境空气质量标准的制定为例，介绍美国环境标准制定和修订程序中的公众参与。

美国联邦环保局与其他研究分析人员、审查人员和管理人员参与制定和修订环境空气质量标准。美国环境空气质量标准的制定和修订，主要由联邦环保局的环境基准和评价办公室（ECAO）[是研究和开发司（ORD）的下属单位]和空气质量规划和标准办公室（OAQPS）[为空气、噪声和辐射司（OANR）的下属单位]这两个办公室负责。另外，清洁空气科学顾问委员会（CASAC）在标准制定过程中负责对各步骤的科学性进行审查。CASAC是联

邦环保局科学顾问委员会的四个常设委员会之一，委员七人，由环境保护局局长指定，其中至少包括一名内科医生、一名国家科学院院士和一名州空气污染控制机构的代表。

环境空气质量标准的制定和修订过程可以概括为四个阶段：编制基准文件、编写工作报告、进行与标准有关的技术分析、提出建议标准与颁布最终标准，大致要经过57个步骤。

第一阶段，编制基准文件。编制基准文件可以由环境基准和评价办公室独立完成，也可委托科研机构进行关于某种污染物的所有科学资料的全面审查，审查结果以"基准文件"的形式出版。环保局可指派一名官员担任项目经理来监督基准文件的编制。基准文件审查的范围包括所有报道过的有关该污染物的潜在健康影响和福利影响、该污染物的来源及其大气化学过程等的研究结果，它根据制定标准的数据要求对研究项目的科学可信度做出评价。基准文件在正式出版之前要受到科学和医学团体的深入审查。基准文件草案要在专题研讨会上交流和审查。联邦环保局官员、基准文件各章节的作者（作者往往是独立进行科研的专家）与环保局内部和外部的专家共同讨论他们的研究成果，如果有必要，就对草案进行修改。只有当CASAC认为基准文件已包含了对有关环境空气质量标准制定或修订的现有科学资料的适当评价之后，基准文件才能正式出版。

第二阶段，编写工作报告。在基准文件的基础上，空气质量规划和标准办公室开始准备"工作报告"。工作报告的内容包括对基准文件中的关键性研究和科学证据进行解释，并建议环境空气质量标准的数值范围，确定处于污染物暴露危险之中的敏感个体和人群。工作报告是基准文件中包含的科学研究结果和管理决策层的判断之间的一座桥梁。工作报告也要CASAC和公众进行审查，以证实环保局的解释与现有科学资料相符合。由于要经过这些复杂的审查，基准文件和工作报告需要2~3年才能完成。

第三阶段，进行与标准有关的技术分析。在基准文件和工作报告准备和审查的同时，空气质量规划和标准办公室还要进行一系列技术分析，作为标准决策过程的依据。这些分析包括暴露分析、风险评价和管理影响分析等。管理决策程序是用来收集所有与环境保护决策部门对标准进行决策有关的资料的，除包括上述技术分析外，它还解释选择某项环境空气质量标准的原则。

第四阶段，提出建议标准和颁布标准。一旦技术分析完成，建议标准及所有支持文件就被递交环境保护局局长批准。在初步审查后，局长将建议标准和支持文件送管理和预算办公室（OMB）审查。环保局考虑管理和预算办公室的评价后,将建议标准公布在"《联邦公报》(Federal Register)"上,并召开一次或多次公众听证会,以便公众有发表评论和建议的机会。如果没有收到公众评论,建议标准就成为最终标准。如果收到公众评论,环保局就必须考虑审查过程和评论过程中出现的新的资料,并对建议标准作必要的修改。建议标准在经环保局管理人员、局长及 OMB 的再次审查。在完成第二轮审查后,颁布最终的环境空气质量标准。

在美国环境标准的制修订程序中,公众能够参与的程序很多。在国家环境大气质量标准的制定与修改程序当中,每一轮次都有公众参与讨论、进行审查。公众的广泛参与为环境标准的合理性提供了程序保障,这一做法值得借鉴。但是,每轮次公众都参与将会使标准制修订程序耗费更多更长的投资和时间。

三、发达国家环境规划公众参与

根据董秋红博士的整理,欧美发达国家在城乡规划公众参与方面的主要做法如下。[1]

(一) 美国环境机制公众参与

信息公开。美国城市规划公众参与计划详细列明了公众获得信息的各种途径,包括在公开发行的报纸上刊登、在网络上发布和邮寄相关信息等。对于法律要求举行听证会的规划项目,规划职能部门还需在少数民族地区公开发行的报刊上发布相关信息;同时要将听证会议的提案文件资料副本置于公共图书馆、供公众检视的办公场所,邮寄送达于利害关系人以及其他当事人。

告知义务。华盛顿《郡、市发展规划控制法》第 35 条对于公众参与进行了专门规定,主要从告知程序角度规定了规划机关告知义务、告知的具体内容等。首先规定了公众参与所要求的告知程序的对象。2005 年伊利诺伊《地区规划法案》第 40 条第 1 款规定,芝加哥大城市规划委员会应开展、实行与维持公众参与过程,为此应承担相应的告知义务。

听证会。根据 2005 年美国伊利诺伊州《地区规划法案》第 40 条第 2 款,对于任何地区规划的审查与拟定,在批准前委员会必须举行一个公共听证会,而且听证可以根据需要连续进行。根据 2007 年圣弗朗西斯科湾区大都市交通运输委员的公众参与计划书,对于就某一具体规划问题进行讨论的公共会议,

---

[1] 董秋红:《行政规划中的公众参与:以城乡规划为例》,载《中南大学学报》(社科版),2009 年第 2 期。

依据法律规定需要举行听证会的,按照法律关于信息公开的要求公布听证会的时间、地点与目的;除了听证会、常务会议以及各专门委员会的会议外,圣弗朗西斯科湾区大都市交通运输委员还举办各种形式的研讨会、协商会、社区论坛等活动,以让公众了解与参与各种交通运输项目与规划,听取公众对于交通运输项目综合规划以及具体规划的意见。

市民咨询委员会。2005年伊利诺伊《地区规划法案》第40条第3款规定,为在地区规划与政策方面给公众代表提供一个持续的、平衡的参与机会,规划委员会应设立常设的市民咨询委员会。根据2007年圣弗朗西斯科湾区大都市交通运输委员的公众参与计划,市民咨询委员会组织主要有三个,分别是大都市交通运输咨询委员会、老年及残疾人委员会、少数民族咨询委员会。从该计划对于市民咨询委员会的组织结构来看,一个突出的特征是社会弱势群体有了一个广泛参与城市规划过程的机会。

公众参与计划。各州规划法案对于公众参与计划的立法体例一般有两种形式:一是强制性规定,即对于某些类型的规划,例如土地利用规划与开发法令执行规划,必须有公众参与计划;二是非强制性的公众参与计划,即对于法律未明确规定公众参与的规划,规划机构可以实行一种非正式的公众参与机制,从而给公众一个充分发表意见的机会。

(二)英国环境规划公众参与

信息公开。根据1990年英国《城乡规划法》第39条,地方规划当局在制定、修改、撤销以及替换地方规划草案时应确保充分公开信息。同时还规定了制定、修改、替代与撤销过程中的参与主体。

咨询会或其他听证会。根据1990年英国《城乡规划法》第42条之规定,公众参与地方规划草案的拟定、修改、撤销与替换过程的程序性保障机制主要是质询或其他形式的听证会。该条第6款规定了质询或听证会的程序,即依据1971年《法庭与质证法案》的相关程序进行。

公众参与的方式。根据2004年英国《规划与强制购买法》,区域空间战略以及地方开发规划的编制与修订均需广泛的公众参与支持。就"区域空间战略"规划而言,规定了两种形式的公众参与方式:一是社区参与方式;二是公民个人参与方式。根据该法第6条规定,区域规划主体在准备区域空间规划修正草案时,首先,必须向利害关系人准备与提供区域规划政策的相关说明;其次,区域规划主体在准备、公布与执行区域战略规划过程中必须有利害关系人的参与。就地方开发规划而言,规定了独立的调查之公众参与程序。根据该法第20条规定,地方规划当局必须向国务大臣呈递独立调查过程中关于开发规划的任何文件；除此之外，还必须呈递独立调查过程中此类其他的文件以及规定的信息于国务大臣。根据1990年英国《城乡规划法》第35条，国务大臣应就公众参与事项进行审查以决定是否批准该规划草案。

规划许可程序中的公众参与。1990年英国《城乡规划法》第57条之规定，任何有关土地开发方面的作业均需规划许可方可实施。根据该法第66条之规定，如申请人未提交相关证明文件，地方规划当局将不予核准；根据该法第71条，地方规划当局在决定任何规划申请时，将审查任何与该项申请相关的土地所有权人或其他利害关系人的参与情况。

（三）德国环境规划公众参与

信息公开。根据《建设法典》第3章第1节规定，规划编制机关向公众发布建设规划编制决定信息时，应将建设规划的总体目标、建设规划的目的与必要性、相同有效性情况下的可替代方案、对规划区域的认知、发展以及长远影响等内容一并予以公布。规划职能部门公布以上内容的信息资料，还应包括这些信息资料的图例、文字要点以及规划的规范依据等。根据《建设法典》第3章第2节规定，在规划草案确定后，规划编制机关应将规划草案稿、解释性报告或附充足理由的说明书、公众的声明以及异议的采纳情况等刊登在政府公报、政府职能部门的门户网页、公开发行的报纸上。除此而外，还应采用邮寄等方式将上述信息送达利害关系人或其他相关当事人。

公众咨询。公众在获得建设规划编制决定相关信息后，将通过公众会议、听证会、讨论会等多种形式发表自己对建设规划的意见。德国建设规划中公众参与的一个显著特征就是尽早参与原则，即在规划草案确定前，公众就自始至终参与其中。德国《建设法典》第3章对公众参与城乡规划有专门规定。德国《空间规划法》第7条第5、6款规定，制定空间规划目标必须有公共部门和公民个人的参与；该法第20条规定，在负责空间规划的联邦内部必须建立一个咨询委员会，咨询委员会专家除了来自规划部门之外，还必须来自经济、农业和林业经济、自然保护和景观维护、雇主、雇员以及体育领域。除了德国基本法、联邦专门法对于城乡规划中的公众参与程序进行规定外，德国各邦制定的规划法规中亦有公众参与的专门规定。例如《巴登符腾堡规划法》第6条第2款规定，任何公民都可以免费查看具有约束性的发展计划及其相关论证。

公众评论。规划职能部门在充分听取公众、利害关系人、受规划影响的公共团体对于建设规划编制决定后所发布的意见，以及充分考量他们中的代表提出的建设规划草案之后，将在公共利益与私人利益之间进行权衡，然后编制不同版本的建设规划草案报市政当局批准。市政当局同意规划职能部门提出的建设规划草案后,公众参与程序将进入第二个阶段,即公众评论阶段。根据德国《建设法典》第3章第2节,公众评议持续的时间为1个月。公众评议期限内市政当局对于所有利害关系人的评论都需要进行评估,并公布其评估结果。公众评议期限结束后,规划职能部门将公众意见以及对公众意见的评估整理成文字材料,送交议会,议会按照法定程序进行讨论和公开表决。根据规定,凡在公众咨询与评论阶段曾发表过意见的人士将被告知决策结果。

(四)日本环境规划公众参与

1. 一般性规定

城市规划按其进程一般可划分为城市规划编制决定的提出阶段、城市规划草案拟定的调查与讨论阶段、城市规划草案的审查阶段、城市规划草案的裁决阶段以及城市规划的实施阶段等。尽管城市规划由于其阶段不同,公众参与城市规划的形式与方法也就各异,但信息公开、告知与听证等日本行政程序法所规定的程序性正当程序均适用于城市规划过程中的各个不同阶段。城市规划法所规定的公众参与程序贯穿于城市规划的各个阶段;直言之,公众参与城市规划所采用的原则是及早参与。但是城市规划进程各异,公众参与的形式亦不尽相同。一般地,城市规划编制调查阶段的公众参与程序表现为一种非建制化特征;其会议的方式相当于行政程序过程中的非正式听证。但是对于城市规划草案的审查阶段,公众参与程序就表现为一种建制化特征,其听证会、公开讨论会以及调查问卷活动等形式相当于行政程序过程中的正式听证程序。

2. 城市总体规划中的公众参与

从规模分析,日本城市规划法所规定的土地利用规划、城市公共设施规划以及城市开发规划,又可区分为总体意义上的规划与局部意义上的城市规划,前者可称之为总体城市规划;后者可称之为地区规划,或街区规划。

在日本城市总体规划编制与审查批准过程中,市民参与的机会较为有限。日本地方政府召集的规划审议会、规划编制委员会或各类规划协议会等会议,公众参与其中的机会不像美国城市规划法所规定的那样——公众参加政府规划委员会的会议不受任何限制。在日本,只有少数的规划协议会为社会公众设置了几个可以自由应征的市民委员的席位。但一般来说,这些为数较少的几个席位也是专门向政府部门的专业人员或专家学者提供的。除此之外,公众获得有关地方政府总体规划的相关信息亦较为有限。在日本,大部分的市民获得有关城市规划方案的相关内容和审议程序等方面信息的方式只是一些宣传材料，而关于规划草案的目的、必要性以及对于公众异议的说明等信息较难得到。因此，市民与政府之间的互动交流还未能全面开展，而仅仅是政府向市民提供相关信息的单向交流。可以说，目前城市总体规划的决策模式仍然是政府主导型的模式，而不是真正的参与。

为适度激活公众参与城市规划的热情，增进公众对城市规划的理解，获取公众对城市总体规划合法性认同，近年日本城市规划中出现了一种新公众参与机制——市民委员会制。该制度规定城市规划职能部门举行城市总体规划方面的研讨会、论证会以及其他规划会议时应适度保留市民代表的应有席位，让市民的代表参与到城市规划的诸环节中，但这种间接参与机制与美国城乡规划中的直接参与制度相距甚远

3. 街区规划过程中的公众参与

随着公众参与城市规划要求的日趋加强，1980年日本《城市规划法》增加了街区规划这一新的规划类型，以顺应行政规划领域中的日本民情。另一方面，将城市规划过程中一种分散的、非建制化的街区公众参与程序以立法的形式加以明确规定，反映了立法者欲以立法的形式将其加以建制化的目的。日本街区规划中公众参与的持续时间、方式、内容，以及参与强度与前述总体规划中的公众参与大不相同。根据修订的城市规划法，街区规划编制决定的提出由市民在规划专家的指导下自己完成，此与前述各国城乡规划编制决定均由地方政府提出并予以发布显然不同。同时，街区规划方案的确定亦由市民自己加以确定，而非地方政府。一般情形下街区规划编制决定与规划方案的确定，也是市民与市町村规划部门经过相互协商而达成共识的结果。

四、发达国家环境许可公众参与

环境保护许可制度是对开发利用环境及其自然资源的各种活动进行事先审查和控制的一种行政许可制度，目的是把各种影响环境的活动纳入国家统一管理。环境保护许可制度的适用范围比仅适用于污染排放的排污申报登记制度广。排污许可证是环境保护许可中使用得最多的一种，它是比申报登记制度更为严格的对环境和资源进行科学化、目标化和定量化管理的一种制度，它是对有关排污许可证的申请、审核、办理、中止、吊销、监督管理和法律责任等一系列规定的通称。[1]

瑞典是最早实行环境保护许可制度的国家。早在1969年的《环境保护

---

[1] 韩德培：《环境保护法教程》，法律出版社2003年版，第114页。

法》中，就有将近一半的内容是关于许可制度的规定，其主要内容包括许可证办理的条件、申请办法、对申请的审查、决定及其纠正等。澳大利亚于1970年开始实行排污许可制度，要求被认为会造成重要环境危害的企业需要获得排污许可。法国于1973年颁布法令，确定了排污许可制度，其适用范围主要是污水排放和生活垃圾处理方面。美国在1972年修订的《联邦水污染控制法》中规定了所有排入国家通航水体的污染源必须在排放前获得许可，否则就是违法行为；1990年修订的《清洁空气法》增设了许可证，强化了空气污染排污许可证的规定。近年来，美国联邦环保局对排污许可制度的管理作了一些修改和改革。

美国许可制度中最著名的公众参与程序是公开评论和公开听证会制度。《联邦水污染控制法》规定，发证机关在审查完申请材料后，要先做出一个同意或不同意发证的暂时性决定。如不同意发证，则须发布一项否决意向通告。该否决意向要接受公开评论（包括公开听证会）。如经公开评论程序后发证机关改变否决意向，可收回否决意向通告。如果同意发证，则开始编制许可草案，决定排放限制、执行的时间安排、监测要求等。排污者和公众一般都有机会评议和评论这一草案。

法律设定不少于30天的期间让公众可以提交书面意见或要求召开公开听证会。当某个或某批许可证的提议涉及相当大的公众利益时，发证机关应当直接举行公听会。举行听证会的信息要提前告知公众，利害关系人至少应该有30天的准备期。公听会后，发证机关根据公众的意见对发证做最后决定。如果最终决定与先前公布的暂时性决定没有实质性的改变，发证机关应该递交一份决定的复印件给每一位提交了书面意见的人，如果发证机关的最终决定对暂时性决定和许可草案有实质性的改变，发证机关必须发布公告。最终决定公告后的30天内，任何利害关系人可以要求一个证据听证会（evidentiary hearing）或司法审查来重新考虑这一决定。证据听证会是准司法性质的过程，由一个行政法法官主持。听证会做出的决定可以被上诉到联邦环保局局长那里。如果联邦环保局是发证机关的话，则整个发证行为可以根据联邦行政程序法进行司法审查。如果发证机关是州环保局的话，则可能受到州行政程序法约束。只有完成了这些程序后，许可证才能生效。[①]

由于许多重污染企业多选择在远离城市中心的边缘地区或对本城市影响较少的位置落户，其对本城市居民的影响不大，却会对其他邻近城市的居民

[①] 李挚萍：《美国排污许可制度中的公共利益保护机制》，载《法商研究》2004年第4期。

产生严重损害，然而，政府的代表性受到管辖地域的限制，这些受害者的声音不能通过正常途径反映到决策者那里，污染产生地的政府也没有代表这些受害者利益的动力。NAACP 的弗林特团体诉安格拉（NAA CP – Flint Chapter v. Engler）一案中，① 判决要求许可证管理机关在发证时不仅要考虑项目对当地居民的影响，还应考虑其对邻近地区居民的影响。立法机关应制定法律保障受到许可证影响的利害关系人都有机会参加到发放许可证程序中来，表达自己的意见。该案说明了更广泛公众参与的必要性。

美国公众参与程序在完善许可制度方面发挥了积极作用。1977 年前，受美国《联邦水污染控制法》许可制度管制的污染物主要限于几种常规污染物，如生化需氧量、悬浮颗粒物和酸碱物等。虽然《联邦水污染控制法》第 307 条授权联邦环保局确认被证实具有毒性影响的物质并加以管制。由于法律规定的复杂程序，而且 1972 年的法案对环保局有限的员工提出了一些不现实的期限要求，环保局未能建立起对有毒污染物的排放进行控制的有效项目，由此导致著名的环保组织——自然资源保护委员会（NRDC）起诉环保局，这个诉讼已经和解。在解决过程中，环保局和 NRDC 共同提出了一项政策，在该政策中双方确认了：(1) 作为主要管制对象的污染物；(2) 实施这些管制主要涉及的行业；(3) 在现行法律机制中排放有毒物质的管制方法。和解协议成为《联邦水污染控制法》1977 年修正案中控制有毒物质战略的框架以及 1987 年修正案中部分的内容。

在各种公众监督中，公民诉讼制度的震慑作用最大。1972 年的《清洁空气法》最早在美国环境法中规定公民诉讼条款。该法第 304 条规定，任何人都可以自己的名义提起民事诉讼控告任何没有取得本法所规定的许可，进行或准备进行新排放设施的建设或主要排放设施的改建，或被认为是违反了或正在违反依本法发放的许可证条件的人。另外，《联邦水污染控制法》第 505 条也作了类似的规定。

从美国许可制度的规定中我们可以看出，在环境许可制度中公众的参与度非常高，从许可证尚未申请直到最终颁发许可证，公众有各种途径参与进来，发表自己的看法，甚至能影响许可机构的决定。公众参与离不开行政机关和法院的支持，联邦环保局、州和地方环保机构在国会制定的法律的基础上制定了大量的法规和规定，对公众参与的各个方面做出了详细的安排。同

---

① NAACP – Flint Chapter v. Michigan Dept. of Environmental Quality 456 Mich. 919, 573 N. W. 2d 617 (Table) (Mich. 1997).

时,《清洁水法》《清洁空气法》等法律中的公民诉讼条款为司法权的介入提供了正当途径,这是对公众参与的最好支持。

五、发达国家环境执法公众参与

发达国家重视公众参与环境行政管理活动,重视听取民声、反映民意,形成了较为成熟的公众参与环境执法的理论和方式,下面对美国、日本等国家公众参与环境执法的情况作些介绍。

(一)美国环境执法公众参与

美国是最早将公众参与引入环境领域的国家,目前已通过了很多与公众参与环境、能源和自然资源的保护问题有关的立法,公众充分享有决策权、环境信息知情权、监督权等多项参与权利。美国在《国家环境政策法》第101条C款规定:"国会认为,每个人都应当享受健康的环境,同时每个人也有责任对维护和改善环境作出贡献";同时规定联邦政府的工业部门应将其制定的环境影响评价和意见书"向公众公布",并"向机关团体和个人提供关于对恢复、保持和改善环境质量有用的建议和情报";明确提出公众是环境保护的基本主体。这一立法使环保署及环保主义制度化,对每个联邦机构的方案,它都要求出示一份环境影响陈述书,并且有权利同意或否决方案。美国环境执法公众参与的具体做法比较典型。公众和非政府组织可以通过各项活动参与执法,例如,被聘为环境监督员参加检查不法行为的活动,与违法者进行谈判,评论政府的执法行为并提出建议等;某些行业的企业,如银行和保险行业的企业,也可间接地参与执法。例如,在给一个企业发放贷款或者保险单之前,要求该企业以遵守环境法律规定为保证条件,否则,不予贷款或者保险。[1]

许可制度是环境行政管制法的核心,联邦环境法同样赋予公众参与行政许可程序的权利。《清洁水法》《清洁空气法》都要求环保局在许可审批过程中,必须经过公开告示与公开评论程序。在发证机关应要求并认为公众对许可证草案有很大兴趣的情况下,发证机关还必须举办公开听证会,任何人皆可以发表有关许可证草案的口头声明或者递交书面声明或者资料,听证会的录音或者记录稿公开。所有对发证机关关于许可证申请的决定持异议的人必须提出可合理确定的问题和支持其观点的论据。在执法信息公开方面,美国国家环保局建立专门的数据库,公众和企业可通过数据库查询违法情况、检

---

[1] 美国国家环保局编:《环境执法原理》,王曦等译,民主与建设出版社1999年版,第6页。

查记录。在守法监测方面，公民投诉对于未被报告或者未经视察发现的违法行为的查明，是一项重要的途径。如美国的一项执法方案为了鼓励公民参与，规定因公民报告致使违法者被定罪的，公民可以获得经济上的鼓励。①

（二）日本环境执法公众参与

《日本环境基本法》对公众参与环境保护作了概括性的规定。该法第9条规定："国民应当根据基本理念，努力降低伴随其日常生活对环境的负荷，以便防止环境污染。除前款规定的职责外，国民还应当根据基本理念，有责任在自身努力保护环境的同时，协助国家或者地方公共团体实施有关环境保护的政策和措施。"另外，日本的一些具体环境管理制度也体现了公众参与的理念。日本环境纠纷处理制度中，也明确提出了"环境纠纷处理制度在增强日本政府环境管理能力，激励公众参与，补充完整环境标准管理方式等方面，发挥了重要的促进作用"。

日本公害处理法规定，在都道府县及政令规定的市（人口在25万以上的市），为便于接待居民对公害方面的投诉反映，担当处理投诉问题的专门官员，设置公害投诉等相谈员。公害投诉相谈员的任务是：作为公害投诉相谈的窗口，接待居民的相谈，向当事人提供有关公害的知识、信息；相谈员亲自调查公害的实际情况，对当事人、关系人进行帮助、斡旋、指导，努力适当地解决投诉涉及的问题；与有关部门联系，迅速准确地报告涉及公害的投诉信息，发挥公害观察员的作用。从公害纠纷处理的实际情况来看，作为正式的公害纠纷提交公害等调整委员会或都道府公害审查会的案件，包括极其严重的若干事例在内，其总数目也是预想不到得少（全国加起来只有30—40件）。与此相反，各种行政机关的窗口处理的投诉件数却仍然非常多（每年大约3万件）。②

日本的公害防止条例体现了对居民参与公害防治的重视③。对于自治体的公害行政，强烈要求有居民参加，有一些条例设想了能够将公害行政的实施置于居民监督之下的规定。如定期向居民发表公害调查及监测的结果以使居民清楚公害的状况；与污染状况一起公开发表违反法令或者条例，发生公害的工厂名称等。期待在居民的监督之下靠舆论的力量防止公害。有的地方公共团体按地区设置了由居民代表参加的公害监督委员会。有的条例为实现居

---

① 崔卓兰、朱虹：《从美国的环境执法看非强制行政》，载《行政法学研究》2004年第2期。
② ［日］原田尚彦：《环境法》，于敏译，法律出版社1999年版，第43~44页。
③ 公害防止条例指地方公共团体以防止公害的发生于未然为目的，依据自治立法权，就有公害发生可能的工厂、事业场中的事业活动，以及其他人的行为规定管制措施的条例。

民与行政的一体化,加强对公害的监督,规定了保障每个居民指出公害工厂并要求行政当局调查的权利(三重县条例第39条);还有的更进一步地认可了居民的限制提起权(大阪府条例第64条、名古屋市条例第39条)。[①]

日本非常重视民间团体的作用,《日本环境基本法》第26条规定:"国家应当采取必要的措施、促进企(事)业者、国民或由他们组织的民间社团自发开展绿化活动、再生资源的回收活动及其他有关环境保护的活动。"[②] 日本的医生、律师以及各领域的专家和公众以志愿者身份积极参加反公害运动,也出现了各种支援组织团体,监督行政机关在环境保护中发挥的作用。

日本也通过行政合同的形式来提高环境执法的质量。日本《大气污染防治法》规定,地方政府可与污染生产者签订公害协议,确定防治污染的措施和发生污染事故的应急对策。协议可以规定更为严格的排放控制要求和排放标准。协议的形式包括协定、协议书、合同、备忘录、意向书等。20世纪90年代后,公害防止协议的适用范围从原来只限于地方政府与企事业单位之间扩大到居民与企事业单位之间,从原来只针对污染防治扩大到适用于环境污染整治,从只限于污染控制发展到土地开发利用协议等。[③] 行政合同体现的契约,实际上体现的是公众的广泛参与。

美国、日本等国家公众参与环境执法的实践提供了以下几点启示:

第一,注重环境信息公开。环境信息公开是公众参与的前提,决定了公众参与的深度和广度。要及时公开企业日常排污信息和环境违法企业有关信息。严格界定有关国家秘密或企业商业秘密,尽量杜绝以此为由逃避公开相关环境信息。

第二,发挥经济政策手段。通过进一步完善环境污染有奖举报、实施一系列环境经济政策等措施,使公众参与环境执法的同时,能获取一定的经济利益,以此带动更多的社会公众参与到环境保护中来监督环境违法行为。通过环境行政合同、行政指导等非强制手段,调动公众参与环境保护的积极性。

第三,保障公民有检查提起权。公众对自己的生活环境质量有知情权,公众对发生在身边的环境污染行为也比较了解。赋予公众环境检查提起权,一方面能降低执法成本,另一方面能更加调动公众参与环境执法监督的积极性。

---

① [日]原田尚彦:《环境法》,于敏译,法律出版社1999年版,第109~110页。
② 武汉大学环境法研究所:《日本环境基本法》,武汉大学环境法研究所网站,http://www.riel.whu.edu.cn/article.asp?id=1140 (2016年1月10日访问)。
③ 李启家:《日本大气污染防治立法新动向探微》,载《环境导报》2000年第4期。

第四，注重发挥民间环保组织的作用。民间环保组织来自草根，与群众密切联系，可以将民意真实地反馈给政府，有利于政府正确决策，也便于政府在执法中适时地修正偏颇和失误。[①] 他们当中的成员热心环保，具有强烈的环境公益精神，具有坚定的信念和明确的目标，拥有环保专业优势，也有一定的群众基础。通过举办各类活动，普及环保知识，关注环境污染，倡导绿色生活方式，监督企业的环境行为，参与环境决策过程，民间环保组织在环境保护中扮演着越来越重要的角色。

第四节　发达国家环境保护公众参与的主要途径

环境治理中的公众，在不同的情景下有着不同的角色。首先，他可能是特定环境议题中的利益相关群体的一员，如划归为环境保护区所在地的伐木工或猎人，相应的环境决策可能直接影响他们群体的利益；其次，他可能是直接受到环境污染或者环境事件影响的公众，比如某存在环境风险的石化项目所在地的居民，相关决策将对整个区域的空气、水资源造成一定影响；最后，他也可能是热心环境问题的普通公众。公众既可以作为个人，如普通市民、消费者、环境保护主义者而存在，也可以作为一个群体的一部分，如工会成员、环境保护组织成员或工商联合会成员存在。无论何种情况，公民均有权利参与到环境治理中。但在不同的情景下，公众参与环境保护的方式与力度有所不同。

就目前来看，普通公众除了在日常生活中更加注重环保以及环境友好型生活方式的养成之外，他可以通过成立或参与环境 NGO 组织，成为环境志愿者，在 NGO 的平台上开展环境保护的宣传教育、政策执行监督以及政策游说。而当他成为可能受到直接影响的公众一员的时候，一方面可以参与决策体制内的各种地方性、政策性咨询委员会，如社区咨询委员会，作为地方公众的代表影响决策；另一方面，他也可以作为环境决策的直接利益相关者或普通公众参与政府部门举办的各种环境评估与决策的听证会（public hearing）、公民会议（public meeting）与座谈会（workshop）等。当他成为环境决策中的利益相关群体的代表时，他不仅会被邀请参与前述的各种环境评估与决策听证会、公开会议和座谈会，同时也有权利对已经发生的环境损害提起

[①] 潘世钦、石维斌：《我国公众参与环境执法机制的缺失与完善》，载《贵州师范大学学报》（社会科学版），2006 年第 1 期。

行政申诉与环境诉讼。

概括起来,西方国家环境保护中公众参与的途径有:成立或参与 NGO 组织;参与咨询委员会;参加环境听证会、座谈会等会议;提起环境诉讼等。下面分别对这四种参与方式作以简单介绍。

一、成立或参与环境 NGO

参与非政府组织、成为一名志愿者可能是西方国家公众参与最为普遍的选择。1865 年,英国历史上最早的、也是世界上第一个民间环保团体——公共用地及乡间小组保护协会成立,开启了环境 NGO 的序幕。[1] 到上一世纪 70 年代,环境保护运动在主要发达国家均如火如荼地展开,其中一个重大表现就是环境非政府组织的迅速发展。到 1990 年,美国"十大环保团体"的会员数量总和为 511 万多,年度预算总和近 2.2 亿美元。[2] 进入新世纪以后,投身于志愿活动的人数在美国又一次大幅上升[3]。根据美国霍普金斯公民社会研究中心的调查,2007 年全美 16 岁以上的志愿者人数达 6080 万,占成年人比例的 26.2%[4]。环境 NGO 也持续发展,规模最大的全国野生动物协会(NWF)在 2008 年的会员数为 4 百万人,年度预算达 8810 万美元[5]。环境 NGO 组织掌握了越来越多的资源,逐渐成为整个环境治理中不可缺少的一部分。

环境 NGO 组织除了开展环境保护的宣传教育外,行动方式与领域日益丰富与多样化,并趋向制度化。例如,在德国,环境与自然保护联盟——一个专业化的环境 NGO、德国环境保护主要的积极倡导者——的活动范围就非常广泛,他们不仅参加听证会,而且也在议会委员会中工作并评议议案。在地方性的市政与州的层面,他们积极参与计划建筑项目和设施,考虑替代性的交通和能源政策,并参与地方层次上的执行。他们也会出现在法庭上支持公民的法律要求。此外,他们还通过资助科学研究以获得相关议题的科学支持。如环境与自然保护联盟与米索尔基金会(Misereor)一起,资助了乌帕塔尔气

---

[1] 李峰:《试论英国的环境非政府组织》,载《学术论坛》2003 年第 6 期。
[2] D. T. Kuzmiak. The American environmental movement [J]. *The Geographical Journal*, Vol. 157, No. 3, November 1991, pp. 265~278.
[3] Robert Grimm, Jr., Nathan Dietz, John Foster-Bey, David Reingold, Rebecca Nesbit, Volunteer Growth in American: A review of Trends Since 1974. http://www.cns.gov/pdf/06_1203_volunteer_growth (2016 年 3 月 22 日访问)。
[4] 《美国志愿者活动现状》,见 http://www.ce.cn/xwzx/gjsw/gdxw/200807/28/t20080728_16313104.shtml (2016 年 3 月 22 日访问)。
[5] 见其官方网站: http://www.nwf.org/ (2016 年 3 月 22 日访问)。

候、环境和能源研究所从事的"可持续德国"的研究①。在美国,环境组织则呈现出全国性的专业 NGO 与地方性的志愿 NGO 密切互动景象,而且公众参与也超出了"白人会客厅之外"。他们既拥有像环境保护基金(Environmental Defense Fund)、美国野生动物保护协会(National Wildlife Federation)等十大环境保护 NGO,以专业、职业化的方式参与政策游说及执行过程,并成为重要的院外游说集团;同时也有大量的地区性志愿者组织,针对区域内的特定问题影响政策。如在美国西南部,"西南环境和经济正义网络"围绕着诸如警察镇压、移民、食品和营养、卫生保健、校园事项、土地和水权利以及工厂选址等议题展开工作。又如"东洛杉矶母亲"是一个由墨西哥裔美国妇女紧密结合的团体,她们组织起来反对一个监狱、输油管道和有毒废物焚烧炉选址在她们社区。

二、参与咨询委员会

咨询委员会是一系列官方或非官方成立的由一定人数的市民、专家、利益团体组成的,定期会面与活动并作为决策者咨询机构而存在的各种形式的委员会。这类委员会既广泛存在于联邦政府层面,也包括活跃于地方的市民咨询委员会(Civic Advisory Committees)。按照美国国家环境保护局发布的公共参与政策指南,当环境保护局需要获得非联邦政府雇员的个人与群体的意见与建议时,当局需要考虑是否成立一个咨询委员会。依据相关法律要求,咨询委员会应当拥有自己的章程,各个群体均有平衡代表、实行公开会议、并保留所有的会议记录及文件等便于公众获取。②咨询委员会的首要功能是为联邦官员提供建议与意见;同时咨询委员会也可以成为不同利益群体之间讨论问题,交换意见,信息沟通的平台,并有助于加深对部门行动的理解。咨询委员会涉及的议题范围极广,包括政策发展、项目选择、财政资助申请、工作计划、重大合约、部门间协议与预算申请等多个方面。

在地方层面,包括地方政府发起组织的、非政府的地方性组织,及一些由地方领袖、居民推选组成的非正式性更强的咨询委员会,称为市民咨询委员会。市民咨询委员会一般有以下几个基本特征:(1)地方上不同的利益群

---

① [美]克里斯托弗·卢兹主编:《西方环境运动:地方、国家和全球的向度》,徐凯译,山东大学出版社 2005 年版,第 50 页。

② United States Office of Policy, Economics and Innovation, Environmental Protection Agency, Public Involvement Policy of the U.S. Environmental Protection Agency, May, 2003: http://www.epa.gov/publicinvolvement/pdf/policy2003.pdf: p24 (2016 年 3 月 22 日访问)。

体均有代表；(2) 开展常规性的会议；(3) 参与者的评论和观点会被录音；(4) 寻求共识但不要求一定要达成共识；(5) 在决策过程中，市民咨询委员被赋予重要地位。①按照美国相关法律法规的规定，重要的交通政策、规划政策及开发项目确定之前，都需要听取市民咨询委员的建议与意见。

与环境 NGO 组织成员的"志同道合"不同，咨询委员会的成员构成强调广泛的代表性。咨询委员会应当包括所有感兴趣及受影响的群体，无论是企业、工会、环境 NGO、普通市民等都应当在委员会中有相应且平衡的代表者。如联邦咨询委员会的成员应包括以下四类成员：利益无涉的市民代表、公共利益群体（如：关注公共卫生、环境保护的组织）的代表、公共部门职员及有具体利益的市民与组织的代表。因此，咨询委员会既是公众参与的平台，是政府获得信息反馈的重要来源，更是公民内部以及公民与政府方面形成共识、公民影响决策的重要途径。

三、参加听证会、座谈会等会议

在西方国家，各种类型的公民会议，如听证会、座谈会及参与度更大的公民陪审团等组织安排是政府部门鼓励公众参与的重要途径，也是重大环境政策出台的必经之路。在美国，与公共卫生有关的政策法规，如空气资源、水资源管理及有害垃圾处理等政策法规出台之前都必须经过座谈会与听证会的形式听取公民与相关组织的意见。例如，在美国加利福尼亚州，县级空气质量管理地区委员会（Air quality management district board）采纳新的法律与规章前必须经过公示、公众评论、听证会并受州空气资源委员会（Air Resources Board, ARB）的审读。而州空气资源委员会（ARB）作为州政府中管理空气质量的权威机关，其立法过程也包括了多种形式的公众参与。以美国空气资源委员会的政策出台过程及公众参与环节为例（参见图 9-1）。

---

① U. S. Department of Transportation Federal Highway Administration/Federal Transit Administration, Public involvement Techniques for Transportation Decision-making, August, 2002: http: // www. fhwa. dot. gov/REPORTS/PITTD/cover. htm（2016 年 3 月 22 日访问）。

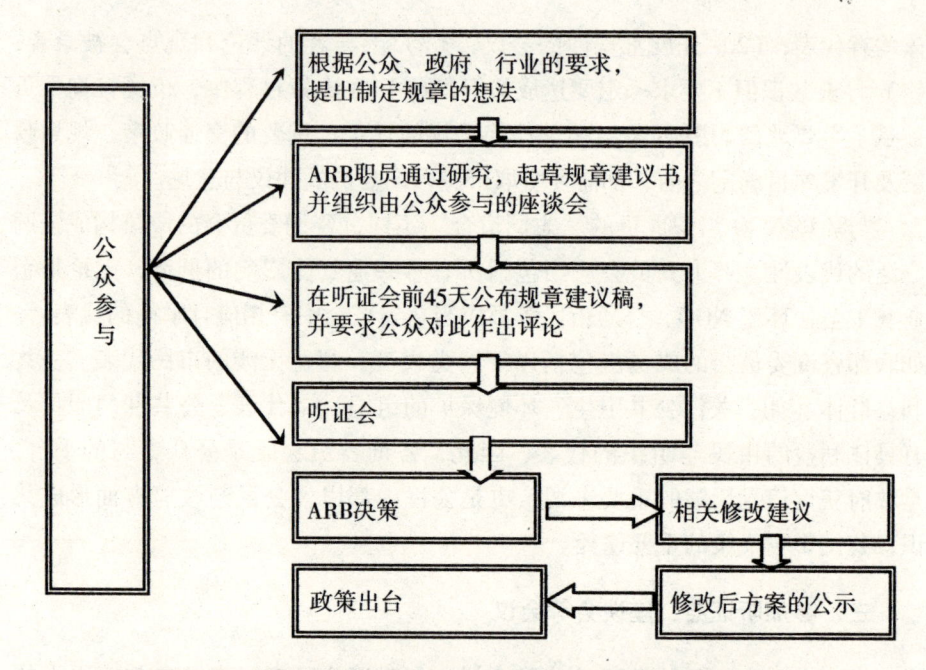

```
                    ┌─────────────────────────────┐
                    │ 根据公众、政府、行业的要求，│
                    │ 提出制定规章的想法          │
                    └─────────────────────────────┘
                                 ↓
┌───┐               ┌─────────────────────────────┐
│公 │               │ ARB职员通过研究，起草规章建议书│
│众 │ ────→        │ 并组织由公众参与的座谈会     │
│参 │               └─────────────────────────────┘
│与 │                            ↓
└───┘               ┌─────────────────────────────┐
                    │ 在听证会前45天公布规章建议稿，│
                    │ 并要求公众对此作出评论      │
                    └─────────────────────────────┘
                                 ↓
                    ┌────────┐
                    │ 听证会 │
                    └────────┘
                                 ↓
         ┌──────────┐         ┌──────────────┐
         │ ARB决策  │ ───→   │ 相关修改建议 │
         └──────────┘         └──────────────┘
                                     ↓
         ┌──────────┐         ┌──────────────┐
         │ 政策出台 │ ←───   │ 修改后方案的公示│
         └──────────┘         └──────────────┘
```

图 9-1 美国空气资源委员会的政策出台过程及公众参与环节

资料来源：California Environmental Protection Agency Air Resources Board, 2005, Let's Clear the Air: A Public Participation Guide to Air Quality Decision Making in California, July, 2005: http://www.arb.ca.gov/ch/ppgEnglish2005.pdf（2016年3月22日访问）。

由图可知，公众可以在立法计划、法案的起草、建议稿的评论及听证阶段参与到决策中来。而且，为了保障公众参与的公平与实效，美国联邦环境保护局还定义了"有效参与"的实质。"有效参与"意味着：（1）可能受到影响的社区居民都有适当机会参与将影响其环境或健康的议案的决策；（2）公众的意见能够影响立法部门的决策；（3）决策过程中应当考虑所有参与者的意见；（4）决策者为潜在受影响者的参与提供便利。同时，相关法案还对听证会、座谈会的组织操作做了详细的规定。除此以外，还存在各种形式的不那么正式的公民会议，小型讨论会、焦点小组等，感兴趣的市民均可以自由参加。而政府部门在公众参与之后必须对公众意见做出整理与反馈。

四、提起环境公益诉讼

环境公益诉讼，特别是公民依法就企业违反法定环境保护义务、污染环境的行为或主管机关没有履行法定职责的行为提起的公民诉讼，是一种积极的公众参与方式，公民或公民团体在此过程中直接介入法律的执行与完善。

1965年，美国纽约州哈德逊河沿岸的房地产主们联合以"保持美丽的哈德逊河联合会"的名义，起诉联邦动力委员会，反对该委员会批准一电力公司在哈德逊河上修建跨河电缆一案首开现代美国公民环保团体起诉之先河。法院受理了此案并裁定环保团体享有为保护风景、历史遗迹和户外娱乐价值而在法院起诉的权利。1972年，赛尔拉俱乐部诉联邦环保局，指控该局批准某些州的含有允许空气质量降级内容的实施方案的决定违反了联邦《清洁空气法》。这项诉讼导致了国会在《清洁空气法》中增补一项关于"防止空气质量严重恶化"的规定。1972年和1977年两次修订的《清洁水法》、1973年的《濒危物种保护法》、1974年的《安全饮用水法》和《资源保护与恢复法》、1977年的《有毒物质控制法》等环境保护法律中，都设置了公民诉讼的条款。

在日本，人们可以依据《公害对策基本法》与《自然环境保护法》提起"公害审判"或"环境保护诉讼"。日本在20世纪60年代有著名的"四大公害"审判运动，即1967年新潟、1969年熊本两地的水俣病诉讼、1969年的四日市诉讼、1968年的福山妇女痛痛病诉讼、1969年的大孤机场诉讼等；此后又有以米糠油中毒者、斯蒙病为首的食品公害、药害诉讼，不仅追究了加害企业的损害赔偿责任，而且还追究了拥有监督责任的国家和地方公共事业行政机构的国家赔偿责任。到70年代以后，环境公害审判、环境保护诉讼、环境权诉讼等案件激增，最多时候有1000多件案件在法院同时审理。[①]

第五节 发达国家环境保护公众参与的主要经验

发达国家的公民在环境影响评价、环境法律和环境标准制定、环境许可等环节与领域的广泛参与，极大地提高了环境保护的成效，在长期实践过程中西方国家在公众参与与环境保护方面积累了以下主要经验。

环境保护公众参与法治化，确认公众参与的法律地位，保障公众参与环境保护的权利。传统环境保护法治主体一般只包括管理者（政府）和被管理者（如排污企业），随着环境法治的完善，为了实现环境保护行政管理关系可能涉及的双方当事人权益救济和平衡问题，司法机构作为纠偏力量被纳入进现代环境法治结构，形成了由环境管理者和被管理者、环境司法监督机构和

[①] 傅剑清：《环境公益诉讼若干问题之探讨》，载王树义主编《环境法系列专题研究》（第二辑），科学出版社2006年版，第42~98页。

环境参与主体（公众）组成的法治结构。环境行政管理强调社会利益和个人环境权利优先，高度重视公众的公共环境权益并受到环境立法的保护。西方国家环境立法对公众参与权的规定主要包括：公民和社会团体参与的权利规定、政府保障公众参与的职责规定这两个主要方面。在欧盟、美国、加拿大等国家和地区，公众尤其是非政府环保组织参与环境保护有关的立法和决策已经制度化，公众和非政府组织参与方式的正式性和透明性已经成为这些国家公众参与的共同特色。为了保护公众的参与权和监督权，一些国家的环境立法和司法判例确认了公民环境诉讼机制。

在国家与社会之间形成环境保护良性互动关系。西方国家环境治理中的公众参与集中体现了国家与社会之间在环境保护问题上的良性互动，作为社会力量的集中代表，环境 NGO 组织在监督政策执行、信息收集、替代性方案的研究与设计及政策制定过程中均发挥了重要作用。由于环境 NGO 的广泛存在，政府部门获得了更为专业、更为翔实的环境信息与知识支撑，以及更加全面的政策输入，在环保知识宣传、培训、环境监督等方面做了大量工作。另一方面，政府在政治、经济等方面的支持提升了环境 NGO 的行动能力与号召力，公民的责任感与社会融合度在合作中提升。西方国家环境治理实践表明在国家与社会之间形成环境保护良性互动关系、完全有可能实现双赢。

公众参与环境决策日趋制度化。正如西方环境运动的研究者克里斯托弗、卢茨（Christopher Rootes）所揭示的，与 20 世纪六七十年代激进的环境抗议不同，如今环境运动组织的规模变大，其行动更多地融入了利益团体的政治网络，更加频繁地出入于决策圈；环境组织也明确地发展了一系列战略观点，不再简单寻求成员数量最大化或回应所有可能相关的问题。在新的时期环境运动者已经较少地用抗议等高度动员的方式来引发公众与政府的注意，取而代之的是制度性参与。制度性的参与渠道超越了公众获知环境信息（知情但没有参与），公众有权发起诉讼（利益受到显著损害）等手段，而进入到鼓励公众参与环境决策的新阶段。大型的 NGO 组织配备了专业化的工作人员，成为决策者咨询的对象与院外游说集团的重要组成部分；普通公众也伴随着一系列参与环境政策制定活动融入到环境治理之中。

强调参与过程公平，保障弱势群体的环境参与权。公众参与无疑不排他地指向所有的社会公众，然而，由于参与意识、参与水平、社会地位、经济地位等各方面的差异，不同群体的社会公众其环境参与能力存在显著的不同。农民、妇女、土著居民、移民、残疾人群体等弱势群体往往容易被排除在环境参与之外，其环境权益难以得到真正的保护。为此，法治国家公众参与环境保护强调"环境正义",任何人不分种族、民族、性别、收入、信仰等应公平地对待并有效地参与,都不应不合理地承担由工业、市政、商业等活动以及联邦、州和地方环境项目与政策实施所带来的消极环境后果。克林顿政府颁布了"联邦政府针对少数民族与低收入公民的环境正义议题之行动"的第12898号行政命令,责成各级政府在其施政范围内需遵守环境正义原则,并组建了多个跨部门的环境正义委员会来统筹相关事项的推进。在美国交通部门发布的公众参与指南中,第一部分就强调公众参与过程必须包括少数族裔、种族、低收入与残疾人群体。联邦环境保护局所建议的公众参与步骤中,重要的一项就是考虑为一些群体的参与提供必要的经济支持与其他帮助(如语言)。

公众参与环境保护以健全的制度作为保障。有效的公众参与需要一系列制度安排加以保障。任何公众参与的途径,无论其起源于"草根"还是依据制度规定,都需要有相应的机制与制度保障,正是这些机制与制度,推动着政府、企业、第三部门和公众在可持续发展和公共健康方面的互补与合作。法治国家保障公众环境参与有效性的制度主要有:信息公开与自由获取制度、环境评价制度、公益诉讼制度、公众参与决策制度等。

第一,信息公开与自由获取制度。科学有秩序的公众参与应该建立在对环境充分了解的基础上。西方国家的环境法非常重视环境科学知识的普及和教育,重视与参与权相关的环境教育权和环境信息知情权。了解相关的环境信息是科学和民主参与的前提,目前环境保护公众参与做得比较好的国家无一不在信息公开与自由获取方面走在前列。西方国家的综合性环境法都非常重视公民和社会团体对环境信息的适当获取,并规定了可获取信息的范围、获取渠道和获取程序。例如,美国1967年通过的《信息自由法》赋予了公民了解政府信息的权利;1976年公布的《阳光法案》,意指政府活动应置于阳光之下,根据该法,联邦政府各机构、委员会和顾问组织的各类会议均应公开举行,允许市民出席、旁听;并提供所有会议文件。欧盟则在1990年通过了《关于自由获取环境信息的指令》要求成员国应确保各自的公共部门,根据任何自然人或法人的事情,向申请者提供有关环境的信息,而无需其证明任何利害关系。2000年,欧盟新的《环境公开指令》进一步要求成员国对环境信息的公开做出切实可行的规划。根据欧盟的要求,德国、英国等国家均相继调整了国内的信息公开法案。

第二,环境公益诉讼制度。公益诉讼是以公益的促进为建制目的与诉讼的要件,诉讼实际目的往往不是为了个案的救济,而是督促政府或受管制者积极采取某些促进公益的法定行为，其判决的效力未必局限于诉讼的当事人。[①] 在美国，公民诉讼（Citizen suit）制度是典型的环境公益诉讼。公民诉讼是指公民可以依法就企业违反法定环境保护义务、污染环境的行为或主管机关没有履行法定职责的行为提起诉讼。与一般的民事诉讼不同，环境公益诉讼对原告的起诉资格不再局限于人身权和财产权受到非法侵害的人，而以"事实上的损害"为条件。在诉讼的对象方面，依据《清洁水法》，公民诉讼的被告大致有两类：一是任何违反法定排污标准或限制的个人、公司、联邦或州政府及其企业和美国政府；二是不能根据法律完成自己职责的环境保护局局长。在诉讼费用上，一些法律规定法院对根据公民诉讼条款提起的任何诉讼中做出任何最后判决时，可以裁定由任何占优势或主要占优势的当事人承担诉讼费用。目前，美国在空气、水、濒临灭绝动物保护、有毒有害物质的排放管理法案均有相应公民诉讼条款。

第三，公众参与环境决策的具体制度。法治国家在保障公民的有效参与环境保护，以及对操作性的评估方法等方面进行了积极探索。从美国的实践来看，尽管还有很多问题没有解决，一些较强的可操作性制度有助于提高公众参与环境决策的有效性。这些规定主要有：将公众参与规定为必需的决策程序，如环境评价制度、特定政策领域的听证会制度都属于这一类，通过相应的制度安排把公众参与界定为政策过程中不可逾越的一个阶段，从而有力保障了公众参与决策的实现。规定某些环境项目的公众参与最低标准，如在水、空气、有害垃圾处理场、濒临灭绝动物保护领域，均规定了决策须经公众参与的最低标准。规范公众参与决策的基本步骤与要件。如美国环境保护局发布的公众参与政策就列出了公共部门在推行公众参与时的七个步骤：制定公众参与的计划与预算；确定感兴趣的和受影响的公众群体；考虑可以提供的技术或经济支持；提供信息及资料；开展公众咨询与参与活动；审慎考虑、使用公众的"政策输入"，并将结果反馈给公众；评估整个公众参与过程。鼓励各级政府推行公众参与，对公众参与决策实践进行评估，树立标杆。

[①] 李艳芳：《美国的公民诉讼制度及其启示——关于建立我国公益诉讼制度的借鉴性思考》，载《中国人民大学学报》2003 年第 2 期。

附：中国环境法律法规中关于公众参与的有关规定

（一）环境法律层面

中国有 20 余部环境法律，其中多数都规定有公众参与的相关条款，它们包括：

《环境保护法》

第五条 环境保护坚持保护优先、预防为主、综合治理、公众参与、损害担责的原则。

第六条 一切单位和个人都有保护环境的义务。

地方各级人民政府应当对本行政区域的环境质量负责。

企业事业单位和其他生产经营者应当防止、减少环境污染和生态破坏，对所造成的损害依法承担责任。

公民应当增强环境保护意识，采取低碳、节俭的生活方式，自觉履行环境保护义务。

第七条 国家支持环境保护科学技术研究、开发和应用，鼓励环境保护产业发展，促进环境保护信息化建设，提高环境保护科学技术水平。

第九条 各级人民政府应当加强环境保护宣传和普及工作，鼓励基层群众性自治组织、社会组织、环境保护志愿者开展环境保护法律法规和环境保护知识的宣传，营造保护环境的良好风气。

教育行政部门、学校应当将环境保护知识纳入学校教育内容，培养学生的环境保护意识。

新闻媒体应当开展环境保护法律法规和环境保护知识的宣传，对环境违法行为进行舆论监督。

第十一条 对保护和改善环境有显著成绩的单位和个人，由人民政府给予奖励。

第十四条　国务院有关部门和省、自治区、直辖市人民政府组织制定经济、技术政策，应当充分考虑对环境的影响，听取有关方面和专家的意见。

第二十六条　国家实行环境保护目标责任制和考核评价制度。县级以上人民政府应当将环境保护目标完成情况纳入对本级人民政府负有环境保护监督管理职责的部门及其负责人和下级人民政府及其负责人的考核内容，作为对其考核评价的重要依据。考核结果应当向社会公开。

第二十七条　县级以上人民政府应当每年向本级人民代表大会或者人民代表大会常务委员会报告环境状况和环境保护目标完成情况，对发生的重大环境事件应当及时向本级人民代表大会常务委员会报告，依法接受监督。

第三十六条　国家鼓励和引导公民、法人和其他组织使用有利于保护环境的产品和再生产品，减少废弃物的产生。

第三十八条　公民应当遵守环境保护法律法规，配合实施环境保护措施，按照规定对生活废弃物进行分类放置，减少日常生活对环境造成的损害。

第五十三条　公民、法人和其他组织依法享有获取环境信息、参与和监督环境保护的权利。

各级人民政府环境保护主管部门和其他负有环境保护监督管理职责的部门，应当依法公开环境信息、完善公众参与程序，为公民、法人和其他组织参与和监督环境保护提供便利。

第五十四条　国务院环境保护主管部门统一发布国家环境质量、重点污染源监测信息及其他重大环境信息。省级以上人民政府环境保护主管部门定期发布环境状况公报。

县级以上人民政府环境保护主管部门和其他负有环境保护监督管理职责的部门，应当依法公开环境质量、环境监测、突发环境事件以及环境行政许可、行政处罚、排污费的征收和使用情况等信息。

县级以上地方人民政府环境保护主管部门和其他负有环境保护监督管理职责的部门，应当将企业事业单位和其他生产经营者的环境违法信息记入社会诚信档案，及时向社会公布违法者名单。

第五十五条　重点排污单位应当如实向社会公开其主要污染物的名称、排放方式、排放浓度和总量、超标排放情况，以及防治污染设施的建设和运行情况，接受社会监督。

第五十六条　对依法应当编制环境影响报告书的建设项目，建设单位应当在编制时向可能受影响的公众说明情况，充分征求意见。

负责审批建设项目环境影响评价文件的部门在收到建设项目环境影响报

告书后，除涉及国家秘密和商业秘密的事项外，应当全文公开；发现建设项目未充分征求公众意见的，应当责成建设单位征求公众意见。

第五十七条　公民、法人和其他组织发现任何单位和个人有污染环境和破坏生态行为的，有权向环境保护主管部门或者其他负有环境保护监督管理职责的部门举报。

公民、法人和其他组织发现地方各级人民政府、县级以上人民政府环境保护主管部门和其他负有环境保护监督管理职责的部门不依法履行职责的，有权向其上级机关或者监察机关举报。

接受举报的机关应当对举报人的相关信息予以保密，保护举报人的合法权益。

第五十八条　对污染环境、破坏生态，损害社会公共利益的行为，符合下列条件的社会组织可以向人民法院提起诉讼：

（一）依法在设区的市级以上人民政府民政部门登记；

（二）专门从事环境保护公益活动连续五年以上且无违法记录。

符合前款规定的社会组织向人民法院提起诉讼，人民法院应当依法受理。

提起诉讼的社会组织不得通过诉讼牟取经济利益。

《海洋环境保护法》

第四条　一切单位和个人都有保护海洋环境的义务，并有权对污染损害海洋环境的单位和个人，以及海洋环境监督管理人员的违法失职行为进行监督和检举。

《环境影响评价法》

第十一条　专项规划的编制机关对可能造成不良环境影响并直接涉及公众环境权益的规划，应当在该规划草案报送审批前，举行论证会、听证会，或者采取其他形式，征求有关单位、专家和公众对环境影响报告书草案的意见。但是，国家规定需要保密的情形除外。

编制机关应当认真考虑有关单位、专家和公众对环境影响报告书草案的意见，并应当在报送审查的环境影响报告书中附具对意见采纳或者不采纳的说明。

第十三条　设区的市级以上人民政府在审批专项规划草案，作出决策前，应当先由人民政府指定的环境保护行政主管部门或者其他部门召集有关部门代表和专家组成审查小组，对环境影响报告书进行审查。审查小组应当提出书面审查意见。

第二十一条　除国家规定需要保密的情形外，对环境可能造成重大影响、应当编制环境影响报告书的建设项目，建设单位应当在报批建设项目环境影响报告书前，举行论证会、听证会，或者采取其他形式，征求有关单位、专家和公众的意见。

建设单位报批的环境影响报告书应当附具对有关单位、专家和公众的意见采纳或者不采纳的说明。

《清洁生产促进法》

第六条第二款　国家鼓励社会团体和公众参与清洁生产的宣传、教育、推广、实施及监督。

第十六条第二款　各级人民政府应当通过宣传、教育等措施，鼓励公众购买和使用节能、节水、废物再生利用等有利于环境与资源保护的产品。

第十七条　省、自治区、直辖市人民政府环境保护行政主管部门，应当加强对清洁生产实施的监督；可以按照促进清洁生产的需要，根据企业污染物的排放情况，在当地主要媒体上定期公布污染物超标排放或者污染物排放总量超过规定限额的污染严重企业的名单，为公众监督企业实施清洁生产提供依据。

第三十一条　根据本法第十七条规定，列入污染严重企业名单的企业，应当按照国务院环境保护行政主管部门的规定公布主要污染物的排放情况，接受公众监督。

第三十二条　国家建立清洁生产表彰奖励制度。对在清洁生产工作中做出显著成绩的单位和个人，由人民政府给予表彰和奖励。

《循环经济促进法》

第三条　发展循环经济是国家经济社会发展的一项重大战略，应当遵循统筹规划、合理布局，因地制宜、注重实效，政府推动、市场引导，企业实施、公众参与的方针。

第九条　企业事业单位应当建立健全管理制度，采取措施，降低资源消耗，减少废物的产生量和排放量，提高废物的再利用和资源化水平。

第十条　公民应当增强节约资源和保护环境意识，合理消费，节约资源。

国家鼓励和引导公民使用节能、节水、节材和有利于保护环境的产品及再生产品，减少废物的产生量和排放量。

公民有权举报浪费资源、破坏环境的行为，有权了解政府发展循环经济的信息并提出意见和建议。

第十一条　国家鼓励和支持行业协会在循环经济发展中发挥技术指导和服务作用。县级以上人民政府可以委托有条件的行业协会等社会组织开展促进循环经济发展的公共服务。

国家鼓励和支持中介机构、学会和其他社会组织开展循环经济宣传、技术推广和咨询服务，促进循环经济发展。

第十五条　对列入强制回收名录的产品和包装物，消费者应当将废弃的产品或者包装物交给生产者或者其委托回收的销售者或者其他组织。

第四十八条　县级以上人民政府及其有关部门应当对在循环经济管理、科学技术研究、产品开发、示范和推广工作中做出显著成绩的单位和个人给予表彰和奖励。

企业事业单位应当对在循环经济发展中做出突出贡献的集体和个人给予表彰和奖励。

第四十九条　县级以上人民政府循环经济发展综合管理部门或者其他有关主管部门发现违反本法的行为或者接到对违法行为的举报后不予查处，或者有其他不依法履行监督管理职责行为的，由本级人民政府或者上一级人民政府有关主管部门责令改正，对直接负责的主管人员和其他直接责任人员依法给予处分。

《大气污染防治法》

第五条　任何单位和个人都有保护大气环境的义务，并有权对污染大气环境的单位和个人进行检举和控告。

第八条第二款　在防治大气污染、保护和改善大气环境方面成绩显著的单位和个人，由各级人民政府给予奖励。

第二十三条　大、中城市人民政府环境保护行政主管部门应当定期发布大气环境质量状况公报，并逐步开展大气环境质量预报工作。

《水污染防治法》

第六条　国家鼓励、支持水污染防治的科学技术研究和先进适用技术的推广应用，加强水环境保护的宣传教育。

第十条　任何单位和个人都有义务保护水环境，并有权对污染损害水环境的行为进行检举。

县级以上人民政府及其有关主管部门对在水污染防治工作中做出显著成绩的单位和个人给予表彰和奖励。

第八十八条第二款　环境保护主管部门和有关社会团体可以依法支持因

水污染受到损害的当事人向人民法院提起诉讼。

第三款 国家鼓励法律服务机构和律师为水污染损害诉讼中的受害人提供法律援助。

《固体废物污染环境防治法》

第六条 国家鼓励、支持固体废物污染环境防治的科学研究、技术开发、推广先进的防治技术和普及固体废物污染环境防治的科学知识。

各级人民政府应当加强防治固体废物污染环境的宣传教育，倡导有利于环境保护的生产方式和生活方式。

第七条 国家鼓励单位和个人购买、使用再生产品和可重复利用产品。

第八条 各级人民政府对在固体废物污染环境防治工作以及相关的综合利用活动中作出显著成绩的单位和个人给予奖励。

第九条 任何单位和个人都有保护环境的义务，并有权对造成固体废物污染环境的单位和个人进行检举和控告。

第十九条 国家鼓励科研、生产单位研究、生产易回收利用、易处置或者在环境中可降解的薄膜覆盖物和商品包装物。

使用农用薄膜的单位和个人，应当采取回收利用等措施，防止或者减少农用薄膜对环境的污染。

第八十四条第三款 国家鼓励法律服务机构对固体废物污染环境诉讼中的受害人提供法律援助。

《放射性污染防治法》

第六条 任何单位和个人有权对造成放射性污染的行为提出检举和控告。

第七条 在放射性污染防治工作中作出显著成绩的单位和个人，由县级以上人民政府给予奖励。

《环境噪声污染防治法》

第七条 任何单位和个人都有保护声环境的义务，并有权对造成环境噪声污染的单位和个人进行检举和控告。

第八条 国家鼓励、支持环境噪声污染防治的科学研究、技术开发，推广先进的防治技术和普及防治环境噪声污染的科学知识。

第九条 对在环境噪声污染防治方面成绩显著的单位和个人，由人民政府给予奖励。

第十三条第三款 （建设项目可能产生环境噪声污染的）环境影响报告书中，应当有该建设项目所在地单位和居民的意见。

第三十条第三款　前款规定的夜间作业，必须公告附近居民。

《森林法》

第十九条　地方各级人民政府应当组织有关部门建立护林组织，负责护林工作；根据实际需要在大面积林区增加护林设施，加强森林保护；督促有林的和林区的基层单位，订立护林公约，组织群众护林，划定护林责任区，配备专职或者兼职护林员。

第二十一条　地方各级人民政府应当切实做好森林火灾的预防和扑救工作：（三）发生森林火灾，必须立即组织当地军民和有关部门扑救；

《水法》

第六条　国家鼓励单位和个人依法开发、利用水资源，并保护其合法权益。开发、利用水资源的单位和个人有依法保护水资源的义务。

第十一条　在开发、利用、节约、保护、管理水资源和防治水害等方面成绩显著的单位和个人，由人民政府给予奖励。

第十六条第三款　基本水文资料应当按照国家有关规定予以公开。

《草原法》

第五条　任何单位和个人都有遵守草原法律法规、保护草原的义务，同时享有对违反草原法律法规、破坏草原的行为进行监督、检举和控告的权利。

第六条　国家鼓励与支持开展草原保护、建设、利用和监测方面的科学研究，推广先进技术和先进成果，培养科学技术人才。

第七条　国家对在草原管理、保护、建设、合理利用和科学研究等工作中做出显著成绩的单位和个人，给予奖励。

第二十六条第二款　国家鼓励单位和个人投资建设草原，按照谁投资、谁受益的原则保护草原投资建设者的合法权益。

第二十七条　国家鼓励与支持人工草地建设、天然草原改良和饲草饲料基地建设，稳定和提高草原生产能力。

第二十八条　县级以上人民政府应当支持、鼓励和引导农牧民开展草原围栏、饲草饲料储备、牲畜圈舍、牧民定居点等生产生活设施的建设。

《渔业法》

第五条　在增殖和保护渔业资源、发展渔业生产、进行渔业科学技术研究等方面成绩显著的单位和个人，由各级人民政府给予精神的或者物质的奖励。

第十条　国家鼓励全民所有制单位、集体所有制单位和个人充分利用适于养殖的水域、滩涂，发展养殖业。

第二十二条　捕捞限额总量的分配应当体现公平、公正的原则，分配办法和分配结果必须向社会公开，并接受监督。

《野生动物保护法》

第四条　国家对野生动物实行加强资源保护、积极驯养繁殖、合理开发利用的方针，鼓励开展野生动物科学研究。

在野生动物资源保护、科学研究和驯养繁殖方面成绩显著的单位和个人，由政府给予奖励。

第五条　中华人民共和国公民有保护野生动物资源的义务，对侵占或者破坏野生动物资源的行为有权检举和控告。

《海岛保护法》

第七条　国务院和沿海地方各级人民政府应当加强对海岛保护的宣传教育工作，增强公民的海岛保护意识，并对在海岛保护以及有关科学研究工作中做出显著成绩的单位和个人予以奖励。

任何单位和个人都有遵守海岛保护法律的义务，并有权向海洋主管部门或者其他有关部门举报违反海岛保护法律、破坏海岛生态的行为。

第八条第三款　海岛保护规划报送审批前，应当征求有关专家和公众的意见，经批准后应当及时向社会公布。但是，涉及国家秘密的除外。

第三十七条第五款　任何单位和个人都有保护海岛领海基点的义务。发现领海基点以及领海基点保护范围内的地形、地貌受到破坏的，应当及时向当地人民政府或者海洋主管部门报告。

第四十四条　海洋主管部门或者其他对海岛保护负有监督管理职责的部门，发现违法行为或者接到对违法行为的举报后不依法予以查处，或者有其他未依照本法规定履行职责的行为的，由本级人民政府或者上一级人民政府有关主管部门责令改正，对直接负责的主管人员和其他直接责任人员依法给予处分。

《防沙治沙法》

第八条　在防沙治沙工作中作出显著成绩的单位和个人，由人民政府给予表彰和奖励；对保护和改善生态质量作出突出贡献的，应当给予重奖。

第二十四条第一款　国家鼓励单位和个人在自愿的前提下，捐资或者以其他形式开展公益性的治沙活动。

第三十三条　国务院和省、自治区、直辖市人民政府应当制定优惠政策，鼓励和支持单位和个人防沙治沙。

县级以上地方人民政府应当按照国家有关规定，根据防沙治沙的面积和难易程度，给予从事防沙治沙活动的单位和个人资金补助、财政贴息以及税费减免等政策优惠。

单位和个人投资进行防沙治沙的，在投资阶段免征各种税收；取得一定收益后，可以免征或者减征有关税收。

《水土保持法》

第三条　一切单位和个人都有保护水土资源、防治水土流失的义务，并有权对破坏水土资源、造成水土流失的单位和个人进行检举。

第八条　从事可能引起水土流失的生产建设活动的单位和个人，必须采取措施保护水土资源，并负责治理因生产建设活动造成的水土流失。

第十条　国家鼓励开展水土保持科学技术研究，提高水土保持科学技术水平，推广水土保持的先进技术，有计划地培养水土保持的科学技术人才。

第十一条　在防治水土流失工作中成绩显著的单位和个人，由人民政府给予奖励。

第二十三条　国家鼓励水土流失地区的农业集体经济组织和农民对水土流失进行治理，并在资金、能源、粮食、税收等方面实行扶持政策，具体办法由国务院规定。

第二十四条　各级地方人民政府应当组织农业集体经济组织和农民，有计划地对禁止开垦坡度以下，五度以上的耕地进行治理，根据不同情况，采取整治排水系统、修建梯田、蓄水保土耕作等水土保持措施。

（二）环境法规层面

《自然保护区条例》

第七条第二款　一切单位和个人都有保护自然保护区内自然环境和自然资源的义务，并有权对破坏、侵占自然保护区的单位和个人进行检举、控告。

第九条　对建设、管理自然保护区以及在有关的科学研究中做出显著成绩的单位和个人，由人民政府给予奖励。

第十四条第二款　确定自然保护区的范围和界线，应当兼顾保护对象的完整性和适度性，以及当地经济建设和居民生产、生活的需要。

《防止拆船污染环境管理条例》

第二十六条　对检举、揭发拆船单位隐瞒不报或者谎报污染损害事故，以及积极采取措施制止或者减轻污染损害的单位和个人，给予表扬和奖励。

《防治海洋工程建设项目污染损害海洋环境管理条例》

第七条　任何单位和个人对海洋工程污染损害海洋环境、破坏海洋生态等违法行为，都有权向海洋主管部门进行举报。

第九条　海洋工程环境影响报告书应当包括下列内容：（七）公众参与情况。

第十条第二款　海洋主管部门在核准海洋工程环境影响报告书前，应当征求海事、渔业主管部门和军队环境保护部门的意见；必要时，可以举行听证会。其中，围填海工程必须举行听证会。

《放射性物品运输安全管理条例》

第七条　任何单位和个人对违反本条例规定的行为，有权向国务院核安全监管部门或者其他依法履行放射性物品运输安全监督管理职责的部门举报。

《废弃电器电子产品回收处理管理条例》

第七条第三款　制订废弃电器电子产品处理基金的征收标准和补贴标准，应当充分听取电器电子产品生产企业、处理企业、有关行业协会及专家的意见。

第二十六条　任何单位和个人都有权对违反本条例规定的行为向有关部门检举。有关部门应当为检举人保密，并依法及时处理。

《建设项目环境保护管理条例》

第十五条　建设单位编制环境影响报告书，应当依照有关法律规定，征求建设项目所在地有关单位和居民的意见。

《规划环境影响评价条例》

第六条　任何单位和个人对违反本条例规定的行为或者对规划实施过程中产生的重大不良环境影响，有权向规划审批机关、规划编制机关或者环境保护主管部门举报。有关部门接到举报后，应当依法调查处理。

第十三条　规划编制机关对可能造成不良环境影响并直接涉及公众环境权益的专项规划，应当在规划草案报送审批前，采取调查问卷、座谈会、论证会、听证会等形式，公开征求有关单位、专家和公众对环境影响报告书的

附：中国环境法律法规中关于公众参与的有关规定

意见。但是，依法需要保密的除外。

有关单位、专家和公众的意见与环境影响评价结论有重大分歧的，规划编制机关应当采取论证会、听证会等形式进一步论证。

规划编制机关应当在报送审查的环境影响报告书中附具对公众意见采纳与不采纳情况及其理由的说明。

第十七条　设区的市级以上人民政府审批的专项规划，在审批前由其环境保护主管部门召集有关部门代表和专家组成审查小组，对环境影响报告书进行审查。审查小组应当提交书面审查意见。

第二十条　有下列情形之一的，审查小组应当提出对环境影响报告书进行修改并重新审查的意见：（六）未附具对公众意见采纳与不采纳情况及其理由的说明，或者不采纳公众意见的理由明显不合理的。

第二十二条　规划审批机关在审批专项规划草案时，应当将环境影响报告书结论以及审查意见作为决策的重要依据。

规划审批机关对环境影响报告书结论以及审查意见不予采纳的，应当逐项就不予采纳的理由作出书面说明，并存档备查。有关单位、专家和公众可以申请查阅；但是，依法需要保密的除外。

第二十五条　规划环境影响的跟踪评价应当包括下列内容：（三）公众对规划实施所产生的环境影响的意见。

第二十六条　规划编制机关对规划环境影响进行跟踪评价，应当采取调查问卷、现场走访、座谈会等形式征求有关单位、专家和公众的意见。

《民用核安全设备监督管理条例》

第七条　任何单位和个人对违反本条例规定的行为，有权向国务院核安全监管部门举报。国务院核安全监管部门接到举报，应当及时调查处理，并为举报人保密。

第十条第三款　制定民用核安全设备国家标准和行业标准，应当充分听取有关部门和专家的意见。

《排污费征收使用管理条例》

第五条第二款　任何单位和个人对截留、挤占或者挪用排污费的行为，都有权检举、控告和投诉。

第十七条　批准减缴、免缴、缓缴排污费的排污者名单由受理申请的环境保护行政主管部门会同同级财政部门、价格主管部门予以公告，公告应当注明批准减缴、免缴、缓缴排污费的主要理由。

227

《全国污染源普查条例》

第十五条第三款 乡(镇)人民政府、街道办事处和村(居)民委员会应当广泛动员和组织社会力量积极参与并认真做好污染源普查工作。

第十七条 拟订全国污染源普查方案,应当充分听取有关部门和专家的意见。

第三十六条 对在污染源普查工作中做出突出贡献的集体和个人,应当给予表彰和奖励。

《危险废物经营许可证管理办法》

第九条第二款 发证机关在颁发危险废物经营许可证前,可以根据实际需要征求卫生、城乡规划等有关主管部门和专家的意见。申请单位凭危险废物经营许可证向工商管理部门办理登记注册手续。

《野生植物保护条例》

第五条 国家鼓励和支持野生植物科学研究、野生植物的就地保护和迁地保护。

在野生植物资源保护、科学研究、培育利用和宣传教育方面成绩显著的单位和个人,由人民政府给予奖励。

第七条 任何单位和个人都有保护野生植物资源的义务,对侵占或者破坏野生植物及其生长环境的行为有权检举和控告。

《医疗废物管理条例》

第六条 任何单位和个人有权对医疗卫生机构、医疗废物集中处置单位和监督管理部门及其工作人员的违法行为进行举报、投诉、检举和控告。

第三十八条 卫生行政主管部门、环境保护行政主管部门接到对医疗卫生机构、医疗废物集中处置单位和监督管理部门及其工作人员违反本条例行为的举报、投诉、检举和控告后,应当及时核实,依法作出处理,并将处理结果予以公布。

(三)部门规章层面

这里只整理国务院各部、各委员会制定的部门规章中关于环境保护公众参与的有关规定,不包括各省、市、自治区人民政府以及较大的市人民政府制定的地方规章中关于环境保护公众参与的有关规定。

《环境保护法规制定程序办法》

第十条 起草环境保护法规,应当广泛收集资料,深入调查研究,广泛听取有关机关、组织和公民的意见。

听取意见可以采取召开讨论会、专家论证会、部门协调会、企业代表座谈会、听证会等多种形式。

第十三条 环境保护法规直接涉及公民、法人或者其他组织切身利益的,可以公布征求意见稿,公开征求意见。

环境保护部门规章影响贸易和投资的,应当按照国家有关规定履行对外通报程序,公布征求意见稿。

环境保护法规的征求意见稿,可以在《中国环境报》和总局网站等媒体公布。

第十八条 在（草案送审稿）审查过程中,法规司认为环境保护法规草案送审稿涉及的法律问题需要进一步研究的,法规司可以组织实地调查,并可召开座谈会、论证会,听取意见。

环境保护法规草案送审稿创设行政许可事项,或者直接涉及公民、法人或者其他组织切身利益,有关机关、组织或者公民对其有重大意见分歧的,法规司和负责起草工作的司（办、局）可以向社会公开征求意见,也可以采取听证会等形式,听取有关机关、组织和公民的意见。

第十九条第三款 （环境保护法规草案送审稿）起草说明应当包括立法必要性、起草过程、主要制度和措施的说明、征求意见情况以及未采纳意见的处理等情况的说明。

《环境保护行政许可听证暂行办法》

第六条 除国家规定需要保密的建设项目外,建设本条所列项目的单位,在报批环境影响报告书前,未依法征求有关单位、专家和公众的意见,或者虽然依法征求了有关单位、专家和公众的意见,但存在重大意见分歧的,环境保护行政主管部门在审查或者重新审核建设项目环境影响评价文件之前,可以举行听证会,征求项目所在地有关单位和居民的意见：

（一）对环境可能造成重大影响、应当编制环境影响报告书的建设项目；

（二）可能产生油烟、恶臭、噪声或者其他污染,严重影响项目所在地居民生活环境质量的建设项目。

第七条 对可能造成不良环境影响并直接涉及公众环境权益的工业、农业、畜牧业、林业、能源、水利、交通、城市建设、旅游、自然资源开发的有关专项规划，设区的市级以上人民政府在审批该专项规划草案和作出决策之前，指定环境保护行政主管部门对环境影响报告书进行审查的，环境保护行政主管部门可以举行听证会，征求有关单位、专家和公众对环境影响报告书草案的意见。国家规定需要保密的规划除外。

《环境信访办法》

第二条 本办法所称环境信访是指公民、法人或者其他组织采用书信、电子邮件、传真、电话、走访等形式，向各级环境保护行政主管部门反映环境保护情况，提出建议、意见或者投诉请求，依法由环境保护行政主管部门处理的活动。

第七条 信访人检举、揭发污染环境、破坏生态的违法行为或者提出的建议、意见，对环境保护工作有重要推动作用的，环境保护行政主管部门应当给予表扬或者奖励。

对在环境信访工作中做出优异成绩的单位或个人，由同级或上级环境保护行政主管部门给予表彰或者奖励。

《国家级自然保护区监督检查办法》

第五条 任何单位和个人都有权对污染或者破坏国家级自然保护区的单位、个人以及不履行或者不依法履行国家级自然保护区监督管理职责的机构进行检举或者控告。

第六条 国务院环境保护行政主管部门应当向社会公开国家级自然保护区监督检查的有关情况，接受社会监督。

《海洋自然保护区管理办法》

第三条 任何单位和个人都有保护海洋自然保护区的义务与制止、检举或侵占海洋自然保护区行为的权利。

《水生动植物自然保护区管理办法》

第四条 任何单位和个人都有保护水生动植物自然保护区的义务，对破坏、侵占自然保护区的行为应该制止、检举和控告。

《污染源自动监控管理办法》

第九条 任何单位和个人都有保护自动监控系统的义务，并有权对闲置、拆除、破坏以及擅自改动自动监控系统参数和数据等不正常使用自动监控系统的行为进行举报。

《汽车排气污染监督管理办法》

第七条 对控制汽车排气污染有贡献的单位或个人，应给予表彰、奖励。

《环境行政处罚办法》

第七十二条 除涉及国家机密、技术秘密、商业秘密和个人隐私外，行政处罚决定应当向社会公开。

《限期治理管理办法（试行）》

第七条 环境保护行政主管部门应当通过报刊、门户网站等便于公众知晓的方式，将下列信息向社会公开：

（一）被责令限期治理的排污单位名称、《限期治理决定书》、排污单位的限期治理方案等相关文件；

（二）完成限期治理任务后，被依法解除限期治理的排污单位名称；

（三）因逾期未完成限期治理任务，被依法责令关闭的排污单位名称。

环境保护行政主管部门不得公开涉及国家秘密、商业秘密、个人隐私的政府信息。

《环境信息公开办法（试行）》

第五条 公民、法人和其他组织可以向环保部门申请获取政府环境信息。

第十一条 环保部门应当在职责权限范围内向社会主动公开以下政府环境信息：（十一）经调查核实的公众对环境问题或者对企业污染环境的信访、投诉案件及其处理结果。

第二十六条 公民、法人和其他组织认为环保部门不依法履行政府环境信息公开义务的，可以向上级环保部门举报。收到举报的环保部门应当督促下级环保部门依法履行政府环境信息公开义务。

公民、法人和其他组织认为环保部门在政府环境信息公开工作中的具体行政行为侵犯其合法权益的，可以依法申请行政复议或者提起行政诉讼。

参考文献

一、著作类

[1] 蔡守秋：《环境政策法律问题研究》，武汉大学出版社1999年版。
[2] 吕忠梅：《环境法学》，法律出版社2004年版。
[3] 吕忠梅：《环境法新视野》，中国政法大学出版社2000年版。
[4] 陈德敏：《环境法原理专论》，法律出版社2008年版。
[5] 汪劲：《中国环境法原理》，北京大学出版社2000年版。
[6] 汪劲：《中外环境影响评价制度比较研究》，北京大学出版社2006年版。
[7] 周训芳：《环境权论》，法律出版社2003年版。
[8] 乔晓阳：《立法法讲话》，中国民主法制出版社2000年版。
[9] 王锡锌主编：《行政过程中公众参与的制度实践》，中国法制出版社2008年版。
[10] 王锡锌主编：《公众参与和中国新公共运动的兴起》，中国法制出版社2008年版。
[11] 王锡锌主编：《公众参与和行政过程》，中国民主法制出版社2007年版。
[12] 王凤：《公众参与环保行为机理研究》，中国环境科学出版社2008年版。
[13] 陈仁、朴光洙编：《环境执法基础》，法律出版社1997年版。
[14] 李艳芳：《公众参与环境影响评价制度研究》，中国人民大学出版社2004年版。
[15] 蔡定剑主编：《公众参与：风险社会的制度建设》，法律出版社2009年版。
[16] 蔡定剑主编：《公众参与：欧洲的制度和经验》，法律出版社2009年版。
[17] 洪大用：《中国民间环保力量的成长》，中国人民大学出版社2007年版。
[18] 杨朝飞：《环境保护与环境文化》，中国政法大学出版社1994年版。
[19] 陈振宇：《城市规划中的公众参与程序研究》，法律出版社2009年版。
[20] 江必新：《行政法制的基本类型》，北京大学出版社2005年版。
[21] 叶必丰：《行政法的人文精神》，北京大学出版社2004年版。
[22] 俞可平：《增量民主与善治》，社会科学文献出版社2003年版。
[23] 王维国：《公民有序政治参与的途径》，人民出版社2007年版。
[24] 魏星河等：《当代中国公民有序政治参与研究》，人民出版社2007年版。

[25] 赵成根：《民主与公共决策研究》，黑龙江人民出版社 2000 年版。

[26] 贾西津主编：《中国公民参与：案例与模式》，社会科学文献出版社 2008 年版。

[27] 晋海：《城乡环境正义的追求与实现》，中国方正出版社 2008 年版。

[28] 胡静：《环境法的正当性与制度选择》，知识产权出版社 2008 年版。

[29] 傅华：《生态伦理学探究》，华夏出版社 2002 年版。

[30] 李承宗：《和谐生态伦理学》，湖南大学出版社 2008 年版。

[31] 聂国卿：《我国转型时期环境治理的经济分析》，中国经济出版社 2006 年版。

[32] 鲁传一：《资源与环境经济学》，清华大学出版社 2004 年版。

[33] 沈满洪：《环境经济手段研究》，中国环境科学出版社 2001 年版。

[34] 史小红、胜栋：《循环型中原系统分析与发展模式》，河南大学出版社 2008 年版。

[35] 张文显：《法学基本范畴研究》，中国政法大学出版社 1993 年版。

[36] 全增嘏主编：《西方哲学史》（上册），上海人民出版社 1987 年版。

[37] [英] 洛克：《政府论》，叶启芳、瞿菊农译，商务印书馆 1964 年版。

[38] [法] 爱尔维修：《十八世纪法国哲学》，商务印书馆 1963 年版。

[39] 苗力田译：《亚里士多德全选集》（第 9 卷），中国人民大学出版社 1994 年版。

[40] [英] 亚历山大·基斯：《国际环境法》张若恩编译，法律出版社 2000 年版。

[42] [美] 克里斯托弗·卢兹主编：《西方环境运动：地方、国家和全球的向度》，徐凯译，山东大学出版社，2005 年版。

[43] [美] S. 亨廷顿：《变化社会中的政治秩序》，王冠华等译，华夏出版社 1988 年版。

[44] [美] S. 亨廷顿 琼·纳尔逊：《难以抉择：发展中国家的政治参与》，汪晓寿等译，华夏出版社 1988 年版。

[45] [日] 蒲岛郁夫：《政治参与》，解莉莉译，经济日报出版社 1989 年版。

[46] [法] 勒内·达维：《英国法与法国法：一种实质性比较》，潘华仿等译，清华大学出版社 2002 年版。

[47] 李鸿禧：《论环境权之宪法人权意义》，载《宪法与人权》，台大法学丛书。

[48] 叶俊荣：《宪法位阶的环境权：从拥有环境到参与环境决策》，载《环境政策与法律》，中国政法大学出版社 2003 年版。

二、论文类

[1] 江必新、李春燕：《公众参与趋势对行政法和行政法学提出的挑战》，载《中国法学》2005 年第 6 期。

[2] 李艳芳：《美国的公民诉讼制度及其启示——关于建立我国公益诉讼制度的借鉴性思考》，载《中国人民大学学报》2003 年第 2 期。

[3] 李艳芳：《论公众参与环境影响评价中的信息公开制度》，载《江海学刊》2004

年第 1 期。

[4] 邓庭辉：《论我国环境保护公众参与的法律制度》，载《环境科学动态》2004 年第 2 期。

[5] 潘岳：《环境保护与公众参与》，载《理论前沿》2004 年第 13 期。

[6] 李东兴、田先红：《我国公众参与环境保护的现状及其原因探析》，载《湖北社会科学》2003 年第 9 期。

[7] 姚慧娥、吴琼：《论环境保护的公众参与》，载《上海环境科学》2003 年第 22 期。

[8] 张梓太：《中国环境行政诉讼之困境与对策分析》，载《法学评论》2003 年第 5 期。

[9] 汪劲：《环境影响评价程序之公众参与问题研究——兼论我国〈环境影响评价法〉相关规定的施行》，载《法学评论》2004 年第 2 期。

[10] 方洁：《参与行政的意义——对行政程序内核的法理解析》，载《行政法学研究》2001 年第 1 期。

[11] 李峰：《试论英国的环境非政府组织》，载《学术论坛》2003 年第 6 期。

[12] 许安标：《法案公开与公众参与立法》，载《中国人大》2008 年第 5 期。

[13] 竺效：《圆明园湖底防渗工程公众听证会的法律性质研究》，载《河北法学》2005 年第 8 期。

[14] 程元元：《立法的公众参与研究》，载《重庆工商大学学报》2005 年第 3 期。

[15] 曾祥华：《论公众参与及其行政立法的正当性》，载《中国行政管理》2004 年第 12 期。

[16] 陈雪堂、黄信瑜：《公众参与环境保护立法论》，载《黑龙江省政法管理干部学院学报》2010 年第 6 期。

[17] 袁俊锋、杨云革：《美国公众参与立法机制及其启示》，载《中共四川省委省级机关党校学报》2009 年第 4 期。

[18] 赵杰：《环境公众参与制度研究》，载武汉大学环境法研究所《2003 年中国法学会环境资源法学研究会年会论文集》，武汉大学出版社 2003 年版。

[19] 员鸿琛、王小萍：《公众参与环境资源保护法律制度研究》，载武汉大学环境法研究所《2004 年中国法学会环境资源法学研究会年会论文集》，武汉大学出版社 2004 年版。

[20] 李巧玲：《环境信息公开制度研究》，载王树义主编《环境法系列专题研究》，科学出版社，2006 年版。

[21] 刘会齐：《环境利益论》，博士学位论文，复旦大学，2009 年。

三、外文著作与论文类

[1] Smith, L. G., *Public Participation in Policy Making: The State-of-the-Art in Cana-*

da, Geoforum.

[2] Langton, S., "*What is Citizen Participation*" in Stuart Langton ed. *Citizen Participation in American*, Lexington Books (1978).

[3] Cabin, Passeff, Chambers Robert. *Challenging the professions: Frontiers for Rural Development*. Intermediate Technology Publications. 1993.

[4] Swell, Coppock, Chambers Robert. Participatory Rural Development: analysis of experience. *World Evelopment*. 1994, 22 (9).

[5] Edwards M. *The irrelevance of development studies in Third World Quarterly*. 1984, June.

[6] *Ministry of Housing and Local Government, people and planning* (Skeffington Report), Her Maiestry's office (1969).

[7] Amstein, S. R., *A Ladder of Citizen Participation*, Journal of American Institute of Planners.

[8] Glass, O. J, Citizen., Participation in Panning: The Relationship between Objections and Techniques, *Journal of American Institute of Planners*.

[9] Uphoff, Esman (1990), *In "Reader of Participation"* (1992), SPRING Center, University of Gennany.

[10] D. T. Kuzmiak. The American environmental movement [J]. *The Geographical Journal*, Vol. 157, No. 3, November 1991.

[11] Felix Rauschmayer, Jouni Paavola and Heidi Wittmer, European Governance of Natural Resources and Participation in a Multi—Level Context: An Editorial [J]. *Environmental Policy and Governance*. 19, 141-149 (2009).

[12] Frans H. J. M. Coenen (ed), *Public Participation and Better Environmental Decisions: The Promise and Limits of Participatory Processes for the Quality of Environmentally Related Deision-making* [M], Springer, 2008.

[13] Thomas Dietz and Paul C. Stern, Editors, *Panel on Public Participation in Environmental Assessment, Public Participation in Environmental Assessment and Decision Making* [M], The National Academies Press, Washington D. C. 2008.

[14] Robert Grimm, Jr., Nathan Dietz, John Foster-Bey, David Reingold, Rebecca Nesbit, *Volunteer Growth in American: A review of Trends Since* 1974.

[15] U. S. Office of Policy, *Economics and Innovation, Environmental Protection Agency, Public Involvement Policy of the U. S. Environmental Protection Agency*, May, 2003: http://www.epa.gov/publicinvolvement/pdf/policy2003.pdf.

[16] U. S. Department of Transportation Federal Highway Administration/Federal Transit Administration, *Public involvement Techniques for Transportation Decision-making*, August, 2002: http://www.fhwa.dot.gov/REPORTS/PITTD/cover.htm.

[17] R. D. GUTHRIE, the ethical relationship between humans and other organisms [J]. *Perspectives in Biology and Medicine*, 1967 (11).

[18] . Buchanan, A Constraction Paradigm for Appling Economics [J], *American Economics Review*, 1975.

后 记

为切实加强环境保护、提高环境保护公众参与的成效，2010年秋天，我们组成"环境保护公众参与课题组"对环境保护活动中的公众参与行为进行系统研究。课题组由浙江大学、浙江工商大学、浙江工业大学、浙江省环境保护厅、浙江省龙泉市委党校等单位的学者和研究人员组成。课题组成员先后赴浙江嘉兴、湖州、台州、温州等地市县和江苏、广东、北京等省市进行实地调研，考察当地公众参与环境保护活动的具体做法，收集整理各地公众参与环境保护的典型案例并进行深入剖析，对我国法律法规中关于环境保护公众参与的有关规定、以及国家有关部委和各省市（区）制定的有关环境保护公众参与的规章办法进行整理分析，对国外环境保护公众参与的主要做法进行总结分析。经过近一年的深入调研，从理论与实践多个层面研究了环境保护公众参与行为及其参与活动，形成了关于环境保护公众参与的综合研究成果——"环境保护公众参与理论与实践研究"和系列研究论文。

然而，岁月匆匆，过去五年间中国的生态环境状况、政府环境治理政策、环境法制、环境治理中的公众参与等方面都发生了很大变化。过去五年，中国政府高度重视生态环境保护，"既要金山银山，也要绿水青山"，加大环境保护和环境污染治理力度，环境保护政策和环境法制日臻完善，环境保护公众参与的制度供给不断扩大。与此同时，公众参与环境保护的意识增强，参与能力、参与水平和参与效果显著提高，从被动式的参与环境保护走向了主动式的环境保护参与，节俭环保、低碳绿色的生活方式逐步养成。较之五年前，我国公众参与环境保护的主客观情势均已发生了很大变化，当时我们在研究中呼吁重视的制约公众有效参与环境保护的制度问题和其他因素已经得到了某种程度的纾解。但不容否认，环境污染、生态环境恶化的状况还没有得到根本改善，大气、水、土壤污染和生活环境污染形势依然严峻，环境保护面临的问题依然十分突出。进一步扩大公众有序参与生态环境保护，提高环境保护公众参与实效，依然是必须高度重视和深入研究的问题。本书希冀通过对环境保护公众参与问题的再探讨，总结我国环境保护公众参与的特点、规律和经验，为公众有效参与环境保护提供借鉴，为社会公众参与不同领域的公共治理活动提供借鉴。

借本书出版之机，真诚感谢原"环境保护公众参与研究课题组"成员巩固、虞伟、孙水明、兰昊，以及参与课题调研的其他成员。

真诚感谢支持本课题研究的有关单位和领导、专家学者。

作者
2016年仲夏，于杭州